elemente chemie 1B

Werner Eisner
Paul Gietz
Axel Justus
Klaus Laitenberger
Hildegard Nickolay
Werner Schierle
Bärbel Schmidt
Michael Sternberg
Thorsten Zippel

Ernst Klett Verlag
Stuttgart · Leipzig

Hinweise zu den Versuchen
Vor der Durchführung eines Versuchs müssen mögliche Gefahrenquellen besprochen werden. Die geltenden Richtlinien zur Vermeidung von Unfällen beim Experimentieren sind zu beachten.

Da Experimentieren grundsätzlich umsichtig erfolgen muss, wird auf die üblichen Verhaltensregeln und die Regeln für Sicherheit und Gesundheitsschutz beim Umgang mit Gefahrstoffen im Unterricht nicht bei jedem Versuch gesondert hingewiesen.
Beim Experimentieren muss **immer** eine Schutzbrille getragen werden.

1. Auflage

1 5 4 3 2 1 | 2013 12 11 10 09

Alle Drucke dieser Auflage sind unverändert und können im Unterricht nebeneinander verwendet werden. Die letzte Zahl bezeichnet das Jahr des Druckes.

Autoren: Werner Eisner, Paul Gietz, Axel Justus, Klaus Laitenberger, Hildegard Nickolay, Werner Schierle, Bärbel Schmidt, Michael Sternberg, Thorsten Zippel

Redaktion: Toni Cramer
Mediengestaltung: Stefanie Mayer
Umschlaggestaltung: Susanne Hamatzek, Martin Raubenheimer

Grafiken: Matthias Balonier, Lützelbach; Karin Mall, Berlin; Alfred Marzell, Schwäbisch Gmünd; Tom Menzel, Rohlsdorf; Otto Nehren, Achern;
Grundkonzeption des Layouts: KomaAmok, Stuttgart
Reproduktion: Meyle + Müller, Medien-Management, Pforzheim
Druck: Himmer AG, Augsburg

Printed in Germany
ISBN: 978-3-12-756082-4

9 783127 560824

elemente chemie ist ein Lern- und Arbeitsbuch. Es dient sowohl der unterrichtlichen Arbeit als auch dem Nachbereiten und Wiederholen von Lerneinheiten. Das Buch kann jedoch den Unterricht nicht ersetzen. Das Erleben von Experimenten und die eigene Auseinandersetzung mit deren Ergebnissen sind unerlässlich. Wissen muss erarbeitet werden.

Eine geeignete Aufbereitung soll den Umgang mit dem Buch erleichtern. Zu diesem Zwecke sind verschiedene Seitentypen, Symbole und Kennzeichnungen verwendet worden, die überall im Buch die gleiche Bedeutung haben:

Inhaltsfelder und fachliche Kontexte. Bildhaft dargestellte Phänomene ermöglichen einen motivierenden Einstieg in die Inhaltsfelder der Chemie. Kurze Einführungstexte stellen einen Alltagsbezug her und bieten einen ersten Gesprächsanlaß. Auf einer nachfolgenden Doppelseite werden alltagsrelevante Fragen aufgeworfen und fordern dazu auf, sich mit den Inhalten intensiver auseinanderzusetzen. Die Beantwortung dieser Fragen kann jedoch oft erst nach der Erarbeitung der fachwissenschaftlichen Aspekte im Lichte der neu gewonnenen Erkenntnisse erfolgen.

Praktikum. Enthält Angebote, mit denen die im Lehrplan geforderten experimentellen Untersuchungen umsetzbar sind und in denen Kontexte aus der Lebenswelt der Schülerinnen und Schüler angesprochen werden. Die ausführlich beschrieben Experimente können von den Schülerinnen und Schülern eigenständig durchgeführt werden.

Exkurs. Zu den Themen des Lehrplans passende, aber teilweise darüber hinausgehende, interessante Inhalte. Dabei wird der Blickwinkel der Chemie inbesondere zur Technik erweitert.

Impulse. Fächerverbindende Inhalte oder Inhalte, die besondere Unterrichtsmethoden erfordern.

Durchblick Zusammenfassung und Übung. Zum raschen Nachschlagen werden die wichtigsten Lerninhalte und Fachbegriffe kurz erläutert. Aufgaben unterschiedlicher Schwierigkeit dienen zur Überprüfung der in einem Kapitel erlernten konzeptbezogenen, fachwissenschaftlichen Kompetenzen.

Horizonte. Zur Förderung von prozessbezogenen Kompetenzen aus dem Bereich Erkenntnisgewinnung, Kommunikation und Bewertung schließt jedes Kapitel mit einer komplexen Lernaufgabe ab.

Basisseiten. Sachlogisch und übersichtlich strukturierte Lern- und Informationsseiten, welche einen sicheren Erwerb der im Kernlehrplan geforderten Kompetenzen ermöglichen.

Arbeitsteil (Aufgaben und Versuche). Einige Substanzen, mit denen im Chemieunterricht umgegangen wird, sind als Gefahrstoffe eingestuft. Die Bedeutung der Gefahrensymbole ist im Anhang dargestellt. Das Tragen einer Schutzbrille beim Experimentieren ist unerlässlich, weitere notwendige Schutzmaßnahmen sind beim Versuch vermerkt.
Die Versuchsanleitungen sind nach Schüler- und Lehrerversuch unterschieden und enthalten in besonderen Fällen Hinweise auf mögliche Gefahren.

V1 **Schülerversuch.** Die allgemeinen Hinweise zur Vermeidung von Unfällen beim Experimentieren müssen bekannt sein. Insbesondere ist immer eine **Schutzbrille** zu tragen. Auch Schülerversuche sind nur auf Anweisung des Lehrers auszuführen.

V1 **Lehrerversuch**

⚠ **Gefahrensymbol.** Bei Versuchen, die mit diesem Zeichen versehen sind, müssen vom Lehrer besondere Vorsichtsmaßnahmen getroffen werden.

A1 **Problem oder Arbeitsaufgabe**

[ ] Verweis auf Bild, Versuch oder Aufgabe innerhalb eines Unterkapitels.
Die Nummerierung der Aufgaben, Versuche und Bilder erfolgt unterkapitelweise.

Fettdruck (schwarz) im Text – wichtiger neuer Begriff

Texthinterlegung – Ergebnis vorangegangener Überlegungen, Definition, kurz: **Merksatz**

Exkurs, **Impulse**, **Durchblick** und **Horizonte** sind über den Lehrplan hinausgehende fakultative Inhalte, die zur Erstellung eines Schulcurriculums genutzt werden können. Die Lehrkraft kann aus diesem Angebot eine individuelle Auswahl treffen.

⊣ … ⊢ Fakultative Inhalte auf den Basisseiten, sind mit diesem Symbol gekennzeichnet.

Im Internet unter www.klett.de\online und dort unter „Elemente Chemie" findet sich eine stets aktuelle Liste zu allen im Buch verwendeten Gefahrstoffen sowie Beispiele für die Gefährdungsbeurteilung.

Rückblick Experimentieren im Chemieraum

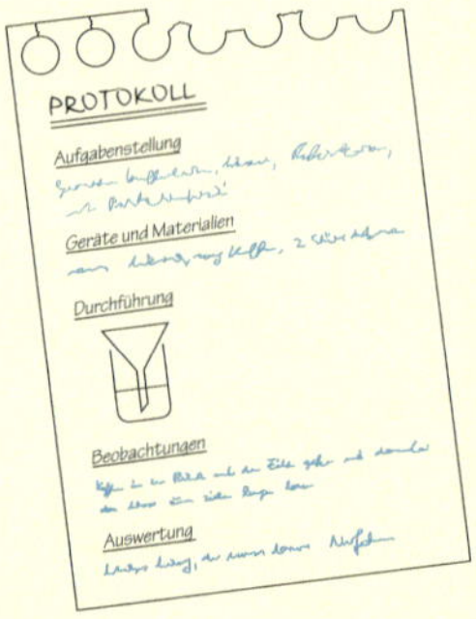

Experimentierregeln
- Informiere dich über die Sicherheitseinrichtungen im Chemieraum.
- Trage beim Experimentieren immer eine Schutzbrille.
- Lies die Versuchsanleitung genau, kläre offene Fragen vor dem Experimentieren.
- Achte auf Ordnung und Sauberkeit, arbeite exakt, beobachte sorgfältig.
- Gefährde deine Mitschüler nicht, halte Reagenzglasöffnungen immer von ihnen weg.
- Gefährde auch dich selbst nicht, führe Geruchsproben äußerst vorsichtig durch. Geschmacksproben werden höchstens auf Anweisung des Lehrers durchgeführt.
- Experimentiere immer mit möglichst geringen Chemikalienmengen.
- Entsorge die Chemikalienreste ordnungsgemäß.

Umgang mit Gefahrstoffen
Gefahrstoffe sind die Chemikalien, die Menschen und Umwelt schädigen können. Sie werden mit Gefahrstoffsymbolen und mit Kennbuchstaben gekennzeichnet.
R- und S-Sätze auf den Etiketten der Gefahrstoffbehälter weisen auf besondere Gefahren hin und geben Ratschläge zur Sicherheit.

Der Umgang mit dem Gasbrenner
- Öffne bei geschlossener Luftzufuhr die Gaszufuhr am Tisch, dann am Brenner und entzünde das ausströmende Gas.
- Reguliere die Flammenhöhe mit der Gasregulierungsschraube.
- Stelle mithilfe der Luftregulierungsschraube die nicht leuchtende oder rauschende Brennerflamme ein.
- Schließe nach Beendigung des Versuchs zuerst die Luftzufuhr, dann die Gaszufuhr am Tisch und drehe die Gasregulierungsschraube zu.

Das Versuchsprotokoll
kann so gegliedert sein:
- Aufgabenstellung (Thema)
- Geräte und Chemikalien (Materialien)
- evtl. Zeichnung des Versuchsaufbaus
- Durchführung (des Versuchs)
- Beobachtungen
- Auswertung

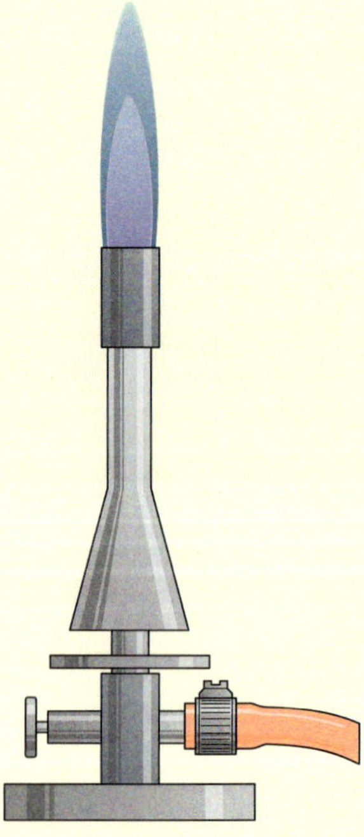

Rückblick Stoff, Teilchen, Eigenschaften

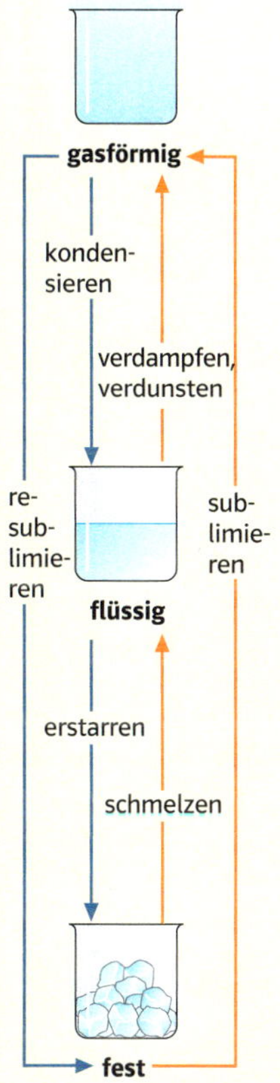

B1 Aggregatzustände und ihre Übergänge

Stoffeigenschaften
Stoffe kann man an ihren Eigenschaften erkennen. Dazu gehören z.B. Farbe, Schmelz- und Siedetemperatur, Dichte und Löslichkeit.

Aggregatzustände und ihre Übergänge, Schmelz- und Siedetemperatur. Neben der Dichte sind Schmelz- und Siedetemperatur Größen, die mit Zahlen belegt werden können und der Kennzeichnung von Stoffen dienen.

Teilchenmodell
Alle Stoffe sind aus kleinsten Teilchen aufgebaut. Sie werden meist als Kugeln dargestellt.

Dichte
Masse (*m*) und Volumen (*V*) sind Eigenschaften einer Stoffportion, aber nicht typisch für den Stoff. Der Quotient m/V ergibt eine für den Stoff typische Größe, die Dichte ρ (Rho).

$$\rho = \frac{m}{V}$$

Sie wird meist in der Einheit g/cm³ angegeben. Dichten sind abhängig von Druck und Temperatur, besonders die Dichten von Gasen.

Löslichkeit
Die Löslichkeit eines Stoffes gibt an, wie viel Gramm eines Stoffes sich in 100 g Lösungsmittel (z.B. Wasser) lösen. Lösungen haben andere Eigenschaften als die reinen Lösungsmittel (z.B. Dichte, Siedetemperatur). Die Löslichkeit vieler Stoffe nimmt mit steigender Temperatur zu.

Saure und alkalische Lösungen
Saure und alkalische Lösungen färben Indikatoren und können sich gegenseitig neutralisieren.

Identifizierung von Stoffen
Viele Stoffe stimmen in einzelnen Eigenschaften miteinander überein. Zieht man jedoch mehrere Eigenschaften heran, lassen sich Stoffe sicher identifizieren. Der Satz von Eigenschaften eines Stoffes wird auch Steckbrief genannt.

Stoffklasse
Stoffe mit gemeinsamen Eigenschafts-kombinationen lassen sich zu Stoffklassen zusammenfassen. Wichtige Stoffklassen sind die Gruppen der flüchtigen Stoffe, der Salze und der Metalle.

Aggregatzustand	fest	flüssig	gasförmig
Abkürzung Beispiel	s (solid) Aluminium(s)	l (liquid) Alkohol(l)	g (gaseous) Sauerstoff(g)
Ordnung der Teilchen und Bewegung	Schwingen um feste Gitterplätze	keine festen Plätze, gegeneinander beweglich	kein Zusammenhalt, ungeordnete Bewegung
Wirkung der Anziehungskräfte zwischen den Teilchen	sehr stark	stark	schwach bzw. nicht vorhanden
Darstellung im Modell	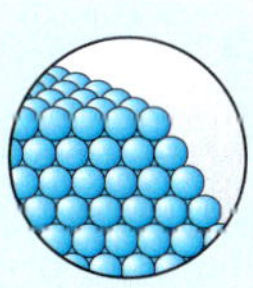	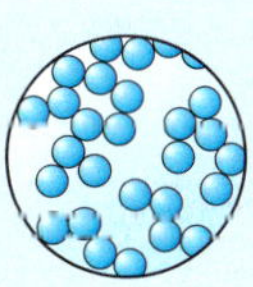	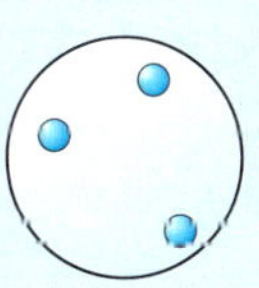

B2 Aggregatzustände und Teilchenmodell

Rückblick Mischen und Trennen

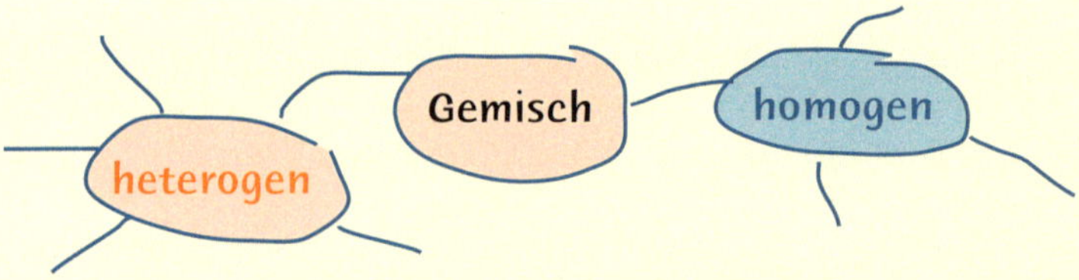

B1 Ausschnitt einer Mindmap zum Thema „Gemische"

Trennverfahren	Grundlage der Trennung	Anwendungsbeispiele
Auslesen	Aussehen (z. B. Farbe oder Partikelgröße)	Trennen von Müll, Sortieren von Diamanten
Sieben	Partikelgröße	Absieben von Spaghetti
Filtrieren	Partikelgröße	Zubereiten von Kaffee
Sedimentieren	Dichte	Trennen von Lehmwasser, Reinigen von Abwasser
Dekantieren	Dichte	Trennen von Lehmwasser, Gold waschen
Zentrifugieren	Dichte	Entrahmen von Milch
Schwimmtrennung	Dichte	Trennen von Kunststoffmüll
Extrahieren	Löslichkeit	Zubereiten von Tee, Gewinnen von Speiseöl
Chromatografieren	Löslichkeit, Haftfähigkeit	Trennen von Farbstoffgemischen
Ausschmelzen	Schmelztemperatur	Gewinnung von Fett und Speiseöl
Eindampfen	Siedetemperatur	Gewinnen von Salz
Destillieren	Siedetemperatur	Herstellen von Branntwein, Auftrennen von Erdöl

B2 Trennverfahren und ihre Grundlagen

B3 Gemische und Teilchenmodell

Reinstoffe
Reinstoffe sind Stoffe, die aus nur einem Stoff bestehen. Sie sind durch messbare Eigenschaften, wie Schmelz-, Siedetemperatur und Dichte gekennzeichnet. Sie besitzen wenigstens eine typische Kombination von Eigenschaften (einen typischen Satz von Eigenschaften).

Stoffgemische
Stoffgemische bestehen aus unterschiedlichen Reinstoffen. Sind die verschiedenen Bestandteile erkennbar, liegt ein heterogenes Gemisch vor. Demgegenüber sind bei homogenen Gemischen auch bei stärkster Vergrößerung unter dem Mikroskop die unterschiedlichen Bestandteile nicht sichtbar. Auch homogene Gemische sind durch nur einen Satz von Eigenschaften gekennzeichnet, der sich aber mit der Zusammensetzung ändert. Sofern die Bestandteile bekannt sind, kann von den Eigenschaften auf die Zusammensetzung des Gemischs geschlossen werden.

Bezeichnungen der Stoffgemische
Je nach Aggregatzustand der beteiligten Stoffe gibt es für einige Stoffgemische wichtige Bezeichnungen. Vervollständige in deinem Heft die Mindmap [B1] unter Verwendung folgender Bezeichnungen: Schaum, Suspension, Lösung, Emulsion, Rauch, Legierung, Nebel, Feststoffgemische. Gib für jedes Gemisch ein bis zwei Beispiele an sowie die daran beteiligten Bestandteile.

Trennverfahren
Zur Trennung von homogenen und heterogenen Stoffgemischen gibt es unterschiedliche Trennverfahren, die von den Eigenschaften der Gemischbestandteile abhängen [B2].

Gemische und Teilchenmodell
[B3] zeigt die Modellvorstellung der Teilchenanordnung in einigen Gemischen. Zeichne entsprechende Abbildungen für folgende Gemische (jeweils aus zwei Bestandteilen): Legierung, Gasgemisch, Emulsion, Schaum und Nebel.

Rückblick Verbrennung – eine chemische Reaktion

Chemische Reaktion
Einen Vorgang, bei dem aus Ausgangsstoffen, den Edukten, neue Stoffe entstehen, bezeichnet man als chemische Reaktion. Die neuen Stoffe nennt man Reaktionsprodukte.

Verbrennung
Die chemische Reaktion eines Stoffes mit Sauerstoff ist eine Verbrennung. Eine Verbrennung kann auch ohne Licht und Feuererscheinung ablaufen. Verbrennen Stoffe mit Luft reagiert nur der Sauerstoff. Luft ist ein Gasgemisch; der Sauerstoffanteil beträgt etwa ein Fünftel.

Oxidation
Die Reaktion eines Stoffes mit Sauerstoff bezeichnet man als Oxidation. Bei der Oxidation eines Metalls entsteht ein **Metalloxid**. Edle Metalle, z. B. Gold und Platin, reagieren nicht mit Sauerstoff.

Reaktionsschema
Das Reaktionsschema beschreibt eine chemische Reaktion mit den Namen der Ausgangsstoffe vor und der Reaktionsprodukte nach dem Reaktionspfeil.

Energie bei chemischen Reaktionen
Chemische Reaktionen, die unter Energieabgabe verlaufen, sind **exotherme** Reaktionen; solche, die nur unter dauernder Energiezufuhr ablaufen, **endotherme** Reaktionen. Chemische Reaktionen werden durch Zufuhr thermischer Energie **ausgelöst**.

Elementare Stoffe und Verbindungen
Elementare Stoffe sind Reinstoffe, die sich nicht in andere Stoffe zerlegen lassen. Verbindungen sind Reinstoffe, die sich aus Elementen aufbauen und sich in wenigstens zwei elementare Stoffe zerlegen lassen.

Atome, Zeichen für Atome
Nach DALTON sind die Atome eines elementaren Stoffes untereinander gleich. Sie unterscheiden sich von den Atomen anderer elementarer Stoffe in ihrer Größe und Masse. Die Atome der elementaren Stoffe werden durch Zeichen (Symbole) gekennzeichnet, die aus einem großen Buchstaben oder einem großen und einem kleinen Buchstaben bestehen.

Gesetz von der Erhaltung der Masse
Bei jeder chemischen Reaktion ist die Gesamtmasse der Reaktionsprodukte gleich der Gesamtmasse der Edukte. Bei jeder chemischen Reaktion bleibt die Gesamtzahl der Atome erhalten. Eine chemischen Reaktion lässt sich als **Atomumgruppierung** deuten.

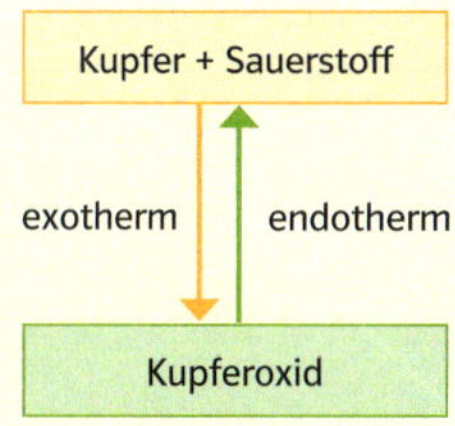

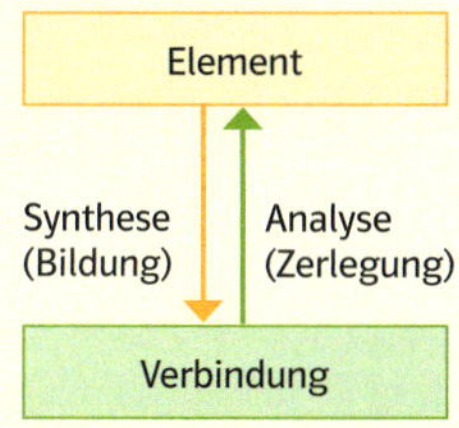

Ausgangsstoffe | **Reaktionsprodukt**

Magnesium und Sauerstoff reagieren zu Magnesiumoxid
Magnesium ı Sauerstoff ⟶ Magnesiumoxid

B1 Chemische Reaktion

Rückblick Brand- und Brandbekämpfung

B1 Aus Flamme (links) wird Glut (rechts)

Verbrennung
Reaktion eines Stoffes mit Sauerstoff unter Abgabe *von Wärme und Licht* (häufig in Form von Flammen oder Glut). In den Zellen der Lebewesen läuft eine *stille Verbrennung* (stille Oxidation) ab. Diese exotherme Reaktion liefert die Energie für die Arbeit der Zellen jedes Organismus.

B2 Bestimmung der Flammtemperatur

Flammtemperatur
Die Flammtemperatur ist die niedrigste Temperatur, bei der sich genügend Gase entwickeln, die mit Luft ein entflammbares Gasgemisch bilden [B2].

Zündtemperatur
Bei Erreichen der Zündtemperatur durch oder ohne Zündquelle erfolgt eine Reaktion mit Sauerstoff unter Bildung einer Flamme.

Nachweisreaktionen
Sauerstoff wird mit der *Glimmspanprobe* nachgewiesen; die *Trübung von Kalkwasser* ist ein Nachweis für Kohlenstoffdioxid.

B3 Verbrennungsdreieck

Flamme
Eine Flamme wird durch *brennbare Gase* gebildet.

Kerzenflamme
In einer Kerzenflamme sind verschiedene Zonen zu erkennen. In der leuchtenden Zone glühen winzige Rußpartikel.

Explosionen
Brennbare Gase, leicht verdunstende Flüssigkeiten und Stäube von brennbaren Feststoffen bilden mit Luft explosive Gemische, wenn der Anteil des Brennstoffs zwischen der oberen und unteren *Explosionsgrenze* liegt.

Löschen eines Brandes [B3]
- Entzug des brennbaren Stoffes
- Abkühlen unter die Zündtemperatur
- Entzug von Sauerstoff

Nichtmetalloxide
Nichtmetalle reagieren mit Sauerstoff zu Nichtmetalloxiden. Diese meist farblosen Gase entweichen in die Atmosphäre und *belasten* die Umwelt.

Energieversorgung
Die Verbrennungsreaktion ist die *zentrale Reaktion* unserer Energieversorgung. Verbrannt werden hauptsächlich *fossile Energieträger*. Dies führt zu einer Erhöhung des Kohlenstoffdioxidgehalts der Atmosphäre. Ziel muss sein, verstärkt *alternative, regenerative Energiequellen* zu erschließen.

Energieumwandlung
Eine Energieumwandlung ist immer mit einem *Verlust an nutzbarer Energie* verbunden *(Energieentwertung)*. So wird in einer Glühlampe weniger als 10 % der Energie des aufgenommenen Stroms in Licht umgewandelt, der größte Teil der Energie geht durch die starke Erwärmung der Glühbirne verloren [B4].

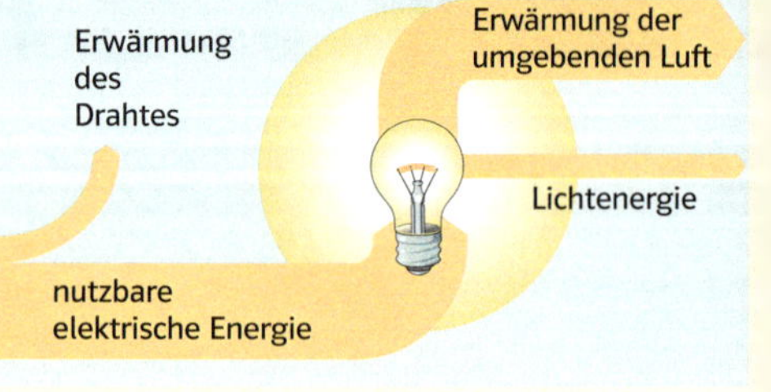

B4 Nur ein kleiner Teil der elektrischen Energie wird in Licht umgewandelt

Rückblick Luft und Wasser

Wasser
- eine Verbindung, die aus Molekülen (H_2O) besteht
- kann endotherm in Wasserstoff und Sauerstoff zerlegt und aus diesen exotherm wieder gebildet werden

Wasser ⟶ Wasserstoff + Sauerstoff
Wasserstoff + Sauerstoff ⟶ Wasser

Wasserstoff
- ist der elementare Stoff mit der geringsten Dichte
- besteht aus zweiatomigen Molekülen (H_2)
- ist brennbar
- bildet mit Sauerstoff ein explosives Gemisch
- kann durch die Knallgasprobe nachgewiesen werden

Anomalie des Wassers
Beim Abkühlen von warmem Wasser verringert sich das Volumen, bis eine Temperatur von 4 °C erreicht wird. Danach nimmt das Volumen des flüssigen Wassers wieder zu. Beim Erstarrungsprozess erfolgt eine Volumenzunahme, wobei die Temperatur konstant bleibt. Dies ermöglicht ein Überleben von Wassertieren im Winter, weil das Wasser nicht von unten her zufriert und Eis auf dem Wasser schwimmt.

Akivierungsenergie
Die Energie, mit der die Teilchen für das Eintreten der Reaktion wenigstens zusammenstoßen müssen, wird Aktivierungsenergie genannt.

Katalysator
Einen Stoff, der durch Herabsetzung der Aktivierungsenergie eine chemische Reaktion beschleunigt oder bei einer niedrigeren Temperatur ermöglicht, nennt man Katalysator. Er nimmt an der Reaktion teil, liegt aber nach der Reaktion unverandert vor.

Moleküle
nennt man Atomverbände, die in allen Aggregatzuständen erhalten bleiben. Stoffe, die aus Molekülen bestehen, molekulare Stoffe, haben meist relativ niedrige Schmelz- und Siedetemperaturen.

Schadstoffe in der Luft
Beim Verbrennen von Erdöl, Kohle oder Holz können die Gase Kohlenstoffmonooxid, Schwefeldioxid und Stickstoffdioxid entstehen. Sie schädigen Pflanzen, Tiere und Menschen. Als Schadstoffe wirken in der Luft ebenso das Gas Ozon und die Feinstäube, die bei Verbrennungsprozessen und im Verkehr entstehen.

Smog
Vor allem im Winter kann es zu Inversionswetterlagen kommen, in denen die Abgase nicht mehr weiträumig verteilt werden können. Zusammen mit der Luftfeuchtigkeit bilden sie dann Smog, der die Atemwege schädigt.

Treibhauseffekt
Erwärmung der unteren Schichten der Atmosphäre, die durch Treibhausgase wie z. B. Wasser(dampf) und Kohlenstoffdioxid hervorgerufen wird. Man unterscheidet den natürlichen Treibhauseffekt von ca. 33 °C, der das Leben auf der Erde erst ermöglicht und den vom Menschen verursachten (den anthropogenen) Treibhauseffekt. Dieser kann die mittlere Temperatur auf der Erde um 1,5 bis 4,5 °C erhöhen, unter anderem durch das zusätzlich erzeugte Kohlenstoffdioxid.

Reinigung von Abgas
Rauchgase in Kraftwerken:
- Stäube werden in Filteranlagen entfernt
- Schwefeldioxid wird in der Entschwefelungsanlage mit Kalkmilch in Gips umgewandelt
- Stickstoffdioxid reagiert in der Entstickungsanlage mit Ammoniak an Katalysatoren zu Stickstoff

Autoabgase:
- Kohlenwasserstoffe, Kohlenstoffmonooxid und Stickstoffoxide reagieren am Katalysator zu Wasser, Kohlenstoffdioxid und Stickstoff

B1 In Raktentriebwerken verbrennt Wasserstoff mit Sauerstoff

B2 Frostaufbruch durch gefrierendes Wasser

Rückblick Metalle und Metallgewinnung

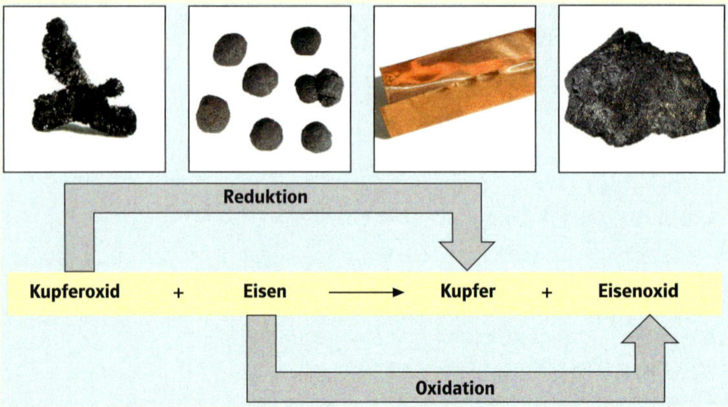

B1 Die Redoxreaktion

Erze
Rohstoffe aus Metallverbindungen und Gestein (Gangart). Der Metallanteil ist entscheidend für die Ausbeutung der Erzlagerstätten. Vor der Gewinnung der Metalle aus ihren Verbindungen muss das Gestein weitgehend entfernt werden.

Metalle
Stoffe, die den elektrischen Strom leiten, eine gute Wärmeleitfähigkeit aufweisen und als Stücke glänzen, gehören zu den Metallen. Viele Metalle lassen sich leicht verformen und damit bearbeiten.

Legierung
Ein metallischer Stoff, der aus mindestens zwei Metallen oder je einem Metall und einem Nichtmetall besteht, gehört zu den Legierungen. Legierungen haben andere Eigenschaften als die Metalle und Nichtmetalle, aus denen sie bestehen.

Leicht- und Schwermetalle
Metalle, deren Dichte größer als 5 g/cm^3 ist, gehören zu den Schwermetallen, alle übrigen zu den Leichtmetallen. Die meisten Metalle sind Schwermetalle.

Reduktion
Eine chemische Reaktion, bei der Sauerstoff abgegeben wird, ist eine Reduktion.

Reduktionsmittel
Ein Stoff, der in der Lage ist, andere Stoffe zu reduzieren, wird als Reduktionsmittel bezeichnet. Er wird dabei selbst oxidiert.

Redoxreaktion
Eine Reaktion, bei der Reduktion und Oxidation gleichzeitig stattfinden, nennt man Redoxreaktion.

Oxidationsmittel
Ein Stoff, der in der Lage ist, andere Stoffe zu oxidieren, wird als Oxidationsmittel bezeichnet. Er wird dabei selbst reduziert.

Recycling
Die Wiederverwertung bereits benutzter Rohstoffe wird Recycling genannt.

Stahl
Eisen- Kohlenstoff-Legierung, mit einem Kohlenstoffanteil von weniger als 2 %.

Gesetz von den konstanten Massenverhältnissen
Das Massenverhältnis der elementaren Stoffe, aus denen eine Verbindung entsteht oder in die sie zerlegt werden kann, ist konstant.

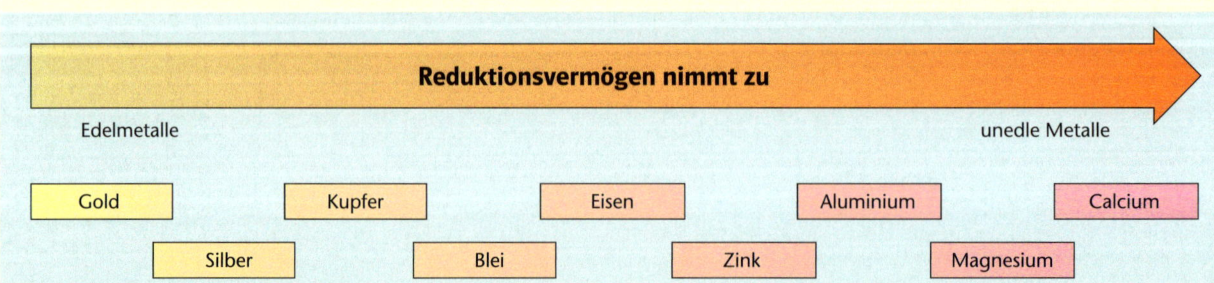

B2 Reduktionsvermögen einiger Metalle

5 Elementgruppen, Atombau und Periodensystem

**Die große Zahl von Stoffen in unserer Umwelt lässt uns oft Zusammenhänge übersehen. Viele Stoffe haben ähnliche Eigenschaften.
Es liegt also nahe, Stoffe zu gruppieren und Ordnung zu schaffen, um die stoffliche Vielfalt durchschaubar zu machen. Modelle helfen, Zusammenhänge zu erkennen und zu verstehen.**

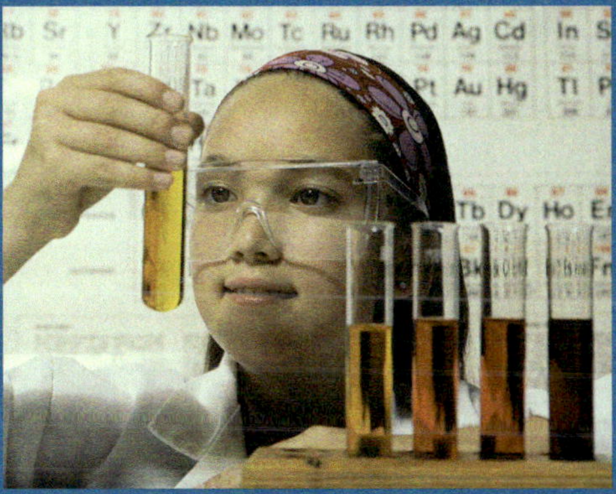

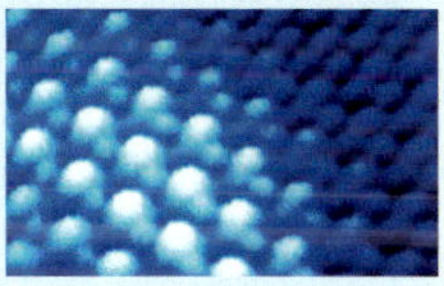

Reaktionsgleichungen und Massenberechnungen lassen sich mithilfe des einfachen Dalton'schen Atommodells verstehen.
Welcher Zusammenhang besteht aber zwischen den Eigenschaften der elementaren Stoffe und ihren Atomarten? Um darauf eine Antwort geben zu können, lernen wir ein weiteres Atommodell kennen.

Dimitrij Mendelejew und Lothar Meyer formulierten unabhängig voneinander erstmals ein System, in dem ähnliche Elemente gesetzmäßig in sich wiederholenden Reihen angeordnet sind, ein periodisches System der Elemente.
Worin ist diese Anordnung begründet? Wir werden sehen, dass ein für die Atome aller Elemente gemeinsames Bauprinzip uns diese Anordnung verstehen lässt.

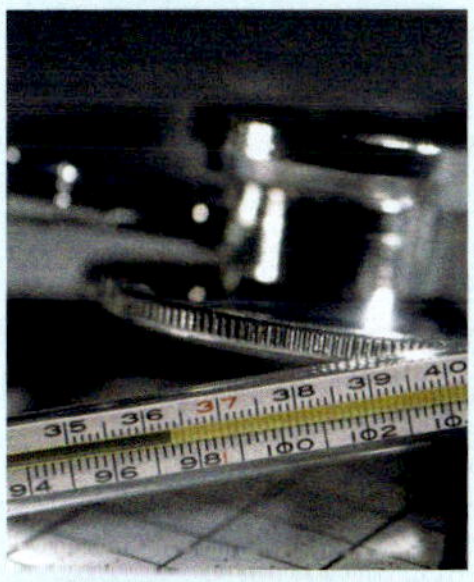

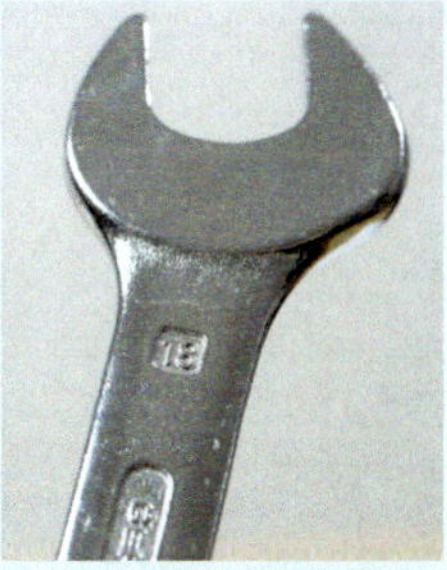

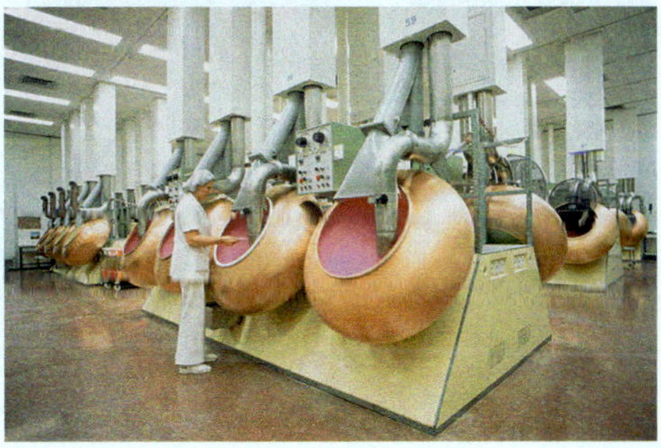

Online-Link
756082-0500

5.1 Böden und Gesteine – Vielfalt und Ordnung

Aus tiefen Quellen. Mineralwasser wird aus großen Tiefen gewonnen, es stammt aus zum Teil urzeitlichen Quellen. In ihm sind mehr Salze, die man auch Mineralien nennt, gelöst als im Trinkwasser.

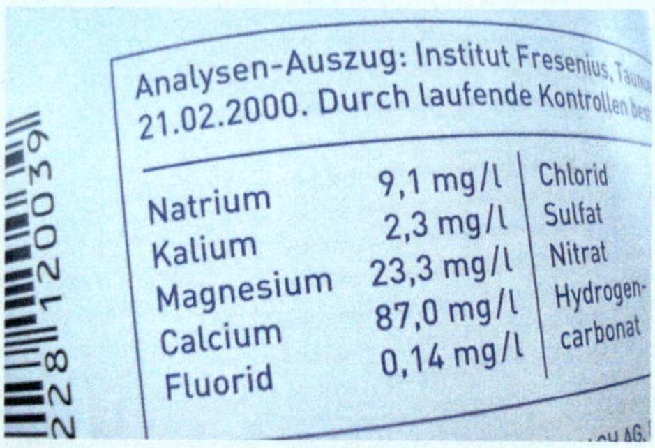

B1 Etikett einer Mineralwasserflasche

A1 Vergleiche die auf dem Etikett genannten Inhaltsstoffe mit den Elementen im Periodensystem der Elemente auf der letzten Umschlagseite des Buches. Was stellst du fest?

A2 Erhitze etwa ein Viertel Liter Mineralwasser in einem kleinen Topf auf dem Herd. Beobachte genau, was geschieht. Wenn das Wasser verdampft ist, nimm den Topf vom Herd und untersuche den Rückstand. Schreibe deine Beobachtungen auf. Tipp: Der Topf lässt sich gut mit Essig oder Essigreiniger wieder reinigen.

B2 Dolomitgebirge in den Alpen

Böden und Gesteine. Der feste äußere Teil der Erde, die Erdkruste, ist im Verlauf von Jahrmillionen entstanden. Die auch heute noch immer stattfindenden Veränderungen nehmen im Vergleich zur menschlichen Lebenserwartung so viel Zeit in Anspruch, dass wir sie kaum bemerken. Manchmal, bei Vulkanausbrüchen und Erdbeben, bekommt man jedoch einen Eindruck von solchen Veränderungen. Aus vulkanischem Gestein und aus verfestigten Ablagerungen, den Sedimentgesteinen, hat sich im Laufe der Erdgeschichte durch Einwirken von Wind und Wasser und durch Temperaturschwankungen der Boden gebildet. Er stellt die oberste Erdschicht dar. In ihm leben Pflanzen und Tiere, die ihn weiter verändern.

B3 Marmorabbau in Carrara

A3 Erarbeitet in einer Gruppenarbeit eine Ausstellung verschiedener Gesteine, wie z. B. Dolomit, Sandstein, Granit, mit einer Darstellung ihrer Entstehung.

Natürliche Baustoffe. Gebäude werden seit mehr als 5000 Jahren aus Stein errichtet. Die Steine wurden im Steinbruch gewonnen, zu Quadern behauen und aufeinander geschichtet. Man verwendete Sandstein, Kalkstein (Marmor) und Granit, je nachdem in welcher Gegend gebaut wurde. Die Steine wurden durch Zement, den man ebenfalls aus Gesteinen gewinnt, zusammengehalten. In Gegenden, in denen man keine Möglichkeit zum Steinabbau fand, wurden aus Ton Ziegelsteine gebacken, die dann als Baustoff dienten.

Heute verwendet man Baustoffe, die man in eine Form bringen kann, ohne sie zu behauen: Kalk, Sand, Beton und porenhaltige Steine aus Ton und anderen Materialien. Sie sind Verbindungen der Elemente Calcium, Magnesium und Aluminium.

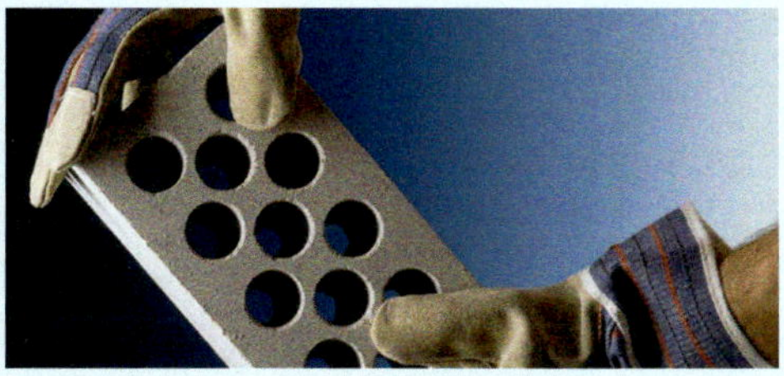

B4 Kalksandstein mit Hohlräumen

A4 Moderne Bausteine haben häufig Poren oder Röhren. Benenne den Zweck dieser Hohlräume.

A5 Zement ist ein Gemisch, das vorwiegend Kalk enthält. Kalk ist in Beton und Kalksandstein enthalten. Man gewinnt ihn im Kalksteinbruch. Was ist Kalk? Worin unterscheidet sich Kalk von Branntkalk und Löschkalk? Was geschieht im Kalkwerk?
Stelle die Antworten auf diese Fragen in einer Mindmap zusammen.

Gesteine und Mineralien. Baryt, Schwerspat, ist das Mineral, aus dem Barium hergestellt werden kann. Aus Strontianit kann man Strontium gewinnen. Beide Metalle sind wenig bekannt, werden aber, wenn auch in geringem Umfang, für wichtige Anwendungen gebraucht.

B5 Barytrose (links), Strontianit (rechts)

A6 Informiere dich, wie man Barium und Strontium aus den Mineralen gewinnt und wo sie eingesetzt werden.

Aus Halit (Steinsalz) kann man **Chlor** herstellen. **Chlor** ist ein wichtiger Grundstoff für die chemische Industrie. Außer für die Synthese von Kunststoffen wird Chlor auch zum Desinfizieren und Bleichen verwendet.

B6 Halit (Steinsalz)

A7 Recherchiere im Internet **a)** die industrielle Herstellung von Chlor und **b)** die Verwendung von Chlor als Bleichmittel für Cellulose. Fertige eine Übersicht (Plakat) an, aus der auch hervorgeht, wie problematisch der Stempel „Chlorfrei gebleicht" ist. Welche Alternativen gibt es?

Erze. Gesteine, aus denen man Metalle gewinnen kann, bezeichnet man als Erze. Zwei wichtige Eisenmineralien, die in Eisenerzen vorkommen, sind Hämatit, ein Eisenoxid, und Pyrit, ein Eisensulfid.

B7 Hämatit (links) und Pyrit (rechts)

A8 Aus dem Eisenoxid Hämatit gewinnt man Eisen durch Reduktion mit Wasserstoff oder Kohlenstoff. Formuliere das Reaktionsschema und kennzeichne Reduktion und Oxidation.

A9 Pyrit wird „geröstet", bevor man Eisen daraus erzeugen kann; dabei reagiert Sauerstoff mit Eisensulfid. Welche Stoffe entstehen wohl bei diesem Vorgang? Einer der beiden ist ein stechend riechendes Gas.

B8 Siegel für „Chlorfrei gebleichtes Papier"

5.2 Die Reaktionsgleichung

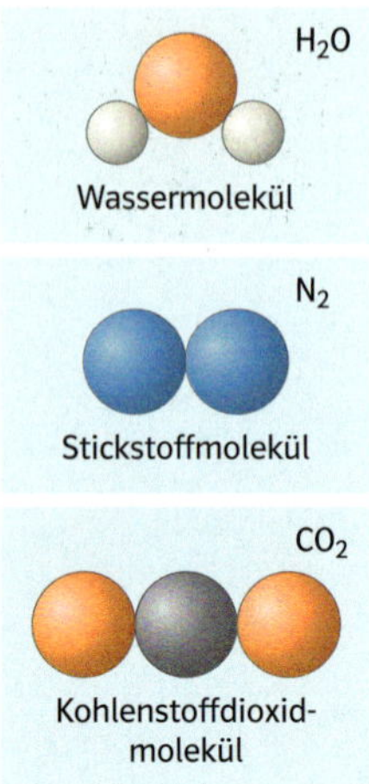

B1 Modelle von Molekülen

Die Bildung von Kupfersulfid, einem Erz (Kap. 5.1, Erze) aus Kupfer und Schwefel, lässt sich mit einem Reaktionsschema beschreiben. Eine Reaktionsgleichung macht genauere Aussagen über das Verhältnis, in dem die Atome miteinander reagieren (Kap. 5.5, Praktikum). Dafür benötigt man einfache Formeln.

Formeln für Moleküle und Atomverbände. H_2O ist die Formel für ein Wassermolekül, N_2 die für ein Stickstoffmolekül und CO_2 die Formel für ein Kohlenstoffdioxidmolekül [B1]. Mit den Formeln von Molekülen werden die Anzahl und die Art der Atome angegeben, die fest miteinander verbunden sind.

Nicht alle Verbindungen bestehen aus Molekülen. Bei den Reaktionen der Metalle mit Sauerstoff oder Schwefel bestehen die Verbindungen aus Atomverbänden. In diesen liegen die Atome der Ausgangsstoffe in einem bestimmten, festen Anzahlverhältnis vor. Im Atomverband des schwarzen Kupferoxids ist die Anzahl der Kupferatome gleich der Anzahl der Sauerstoffatome. Das Anzahlverhältnis ist 1:1 und wird durch die Verhältnisformel wiedergegeben. Für Kupferoxid ist die **Verhältnisformel** Cu_1O_1. In einer vereinfachten Schreibweise für die Verhältnisformeln wird der Index 1 nicht geschrieben. Die übliche Schreibweise ist also: CuO. Das Anzahlverhältnisse 2:1 liegt dagegen z.B. in den Atomverbänden des Silberoxids und des Kupfersulfids vor. Die Verhältnisformeln sind hier Ag_2O bzw. Cu_2S. Verhältnisformeln werden experimentell bestimmt.

Deutsch: Kupfer und Schwefel reagieren zu Kupfersulfid
$2\,Cu + S \longrightarrow Cu_2S$

Englisch: Copper and sulfur react to produce cuprous sulfide
$2\,Cu + S \longrightarrow Cu_2S$

Griechisch: Χαλκός και θείον αντιδρούν εις σουλφίδιον του χαλκού
$2\,Cu + S \longrightarrow Cu_2S$

Russisch: При реакции меди с серой образуется сульфид меди.
$2\,Cu + S \longrightarrow Cu_2S$

Arabisch: حامض الكبريت مع النحاس الأحمر = (ينتج من تفاعلها) كبريتيد النحاس الأحمر
$2\,Cu + S \longrightarrow Cu_2S$

B2 Reaktionsgleichungen sind international verständlich

Elementargruppen. Verhältnisformeln geben das Anzahlverhältnis der Atomarten in einem Teilchenverband an. Anschaulicher ist es, durch die Formel eine Atomgruppe zu kennzeichnen [B3]. Kupfersulfid ist ein Atomverband aus Kupfer- und Schwefelatomen, auf zwei Kupferatome kommt ein Schwefelatom. Man kann sich das Kupfersulfid aus kleinen Einheiten mit je zwei Kupfer- und einem Schwefelatom denken. Solche gedachten Einheiten in salzartigen Stoffe nennt man **Elementargruppen**.

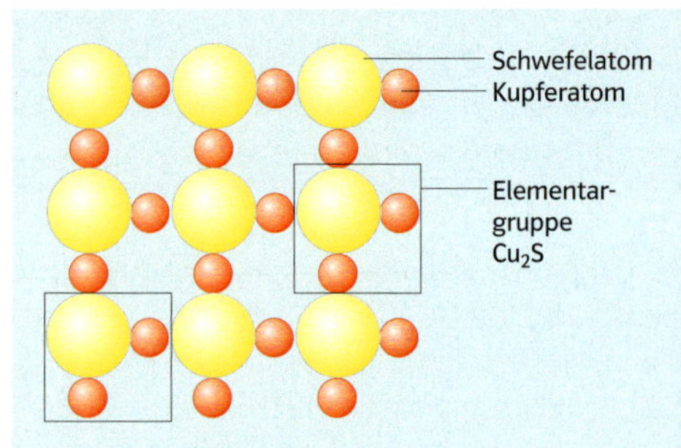

B3 Verhältnisformel von Cu_2S

Die Reaktionsgleichung. Das Reaktionsschema für die Reaktion des Kupfers mit Schwefel lautet:

Kupfer + Schwefel ⟶ Kupfersulfid

Die Kupferatome und die Schwefelatome reagieren aber nur dann vollständig miteinander, wenn das Anzahlverhältnis der Kupferatome zu den Schwefelatomen 2:1 ist. Schreibt man in ein Reaktionsschema statt der Namen für die Stoffe die Zeichen und Formeln für die Atome und Moleküle bzw. Elementargruppen, muss man dafür sorgen, dass die Anzahl der Atome der einzelnen Atomarten auf beiden Seiten des Reaktionspfeils gleich sind. Diese Schreibweise für eine chemische Reaktion heißt deshalb **Reaktionsgleichung**.

$$2\,Cu + S \longrightarrow Cu_2S$$

Wird Kupferoxid durch Zink reduziert, verläuft die Reaktion vollständig, wenn das Anzahlverhältnis der Zinkatome zu den Elementargruppen des Kupferoxids 1 :1 ist. Damit lautet die Reaktionsgleichung:

$$Zn + CuO \longrightarrow ZnO + Cu$$

Für Reaktionsgleichungen, die sich nicht so einfach aufstellen lassen, ist es vorteilhaft, nach folgenden Schritten vorzugehen [B4]:

1. **Schritt: Aufstellen des Reaktionsschemas; z. B.:**

   Magnesium + rotes Eisenoxid ⟶ Magnesiumoxid + Eisen

2. **Schritt: Zuordnung der Zeichen für die Atome und der Formeln für die Elementargruppen zu den Stoffnamen:**

   $Mg + Fe_2O_3 \mid MgO + Fe$

   Damit erhält man noch keine Reaktionsgleichung, da die Anzahlen der Atome jeder Art vor und nach der Reaktion nicht gleich sind.

3. **Schritt: Einfügen der Multiplikatoren: „Einrichten von Gleichungen"**
   Durch Vervielfachen der Anzahlen der Atome und eventuell der Elementargruppen erhält man die Reaktionsgleichung.

   $3\,Mg + Fe_2O_3 \longrightarrow 3\,MgO + 2\,Fe$

Beachte: Beim Einrichten der Reaktionsgleichung darf die Formel für die Verbindung nicht verändert werden.

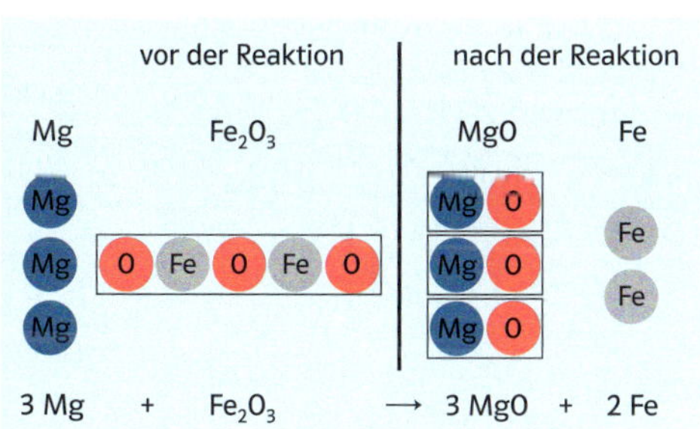

B4 Aufstellen einer Reaktionsgleichung

Reaktionsgleichungen mit Atomen und Molekülen. Kohlenstoff reagiert mit Sauerstoff zu Kohlenstoffdioxid. Kohlenstoff, in Form des elementaren Stoffs Graphit [B5], besteht aus Kohlenstoffatomen. Der elementare Sauerstoff besteht aus Molekülen, in denen je zwei Sauerstoffatome miteinander fest verbunden sind. Die Verbindung Kohlenstoffdioxid besteht aus Molekülen, in denen jeweils ein Kohlenstoffatom mit zwei Sauerstoffatomen verbunden sind. Wie für Reaktionen mit Stoffen, die aus Elementargruppen aufgebaut sind, gelten zur Aufstellung der Reaktionsgleichung die gleichen Schritte [B4].

Kohlenstoff + Sauerstoff ⟶ Kohlenstoffdioxid

$$C + O_2 \longrightarrow CO_2$$

Reaktionsgleichungen mit Atomen, Molekülen und Elementargruppen. Kupfer reagiert mit Sauerstoff zu Kupferoxid. Der elementare Stoff Kupfer besteht aus Atomen, Kupferoxid ist eine Verbindung, die aus Elementargruppen besteht.

Kupfer + Sauerstoff ⟶ Kupferoxid

$$2\,Cu + O_2 \longrightarrow 2\,CuO$$

Für das Einrichten einer Reaktionsgleichung gilt, dass die Formeln für die Teilchen nicht verändert werden dürfen.

Links und rechts vom Reaktionspfeil muss die Anzahl der Atome einer jeden Atomart gleich sein.

A1 Hält man ein brennendes Magnesiumband in einen mit Kohlenstoffdioxid gefüllten Standzylinder, so brennt es weiter. Auf dem Boden und den Wänden des Gefäßes setzen sich weißes Magnesiumoxid und Ruß ab [B6]. Die kleinsten Teilchen des Rußes sind Kohlenstoffatome.
Gib das Reaktionsschema an und stelle die Reaktionsgleichung auf.

B5 Graphit

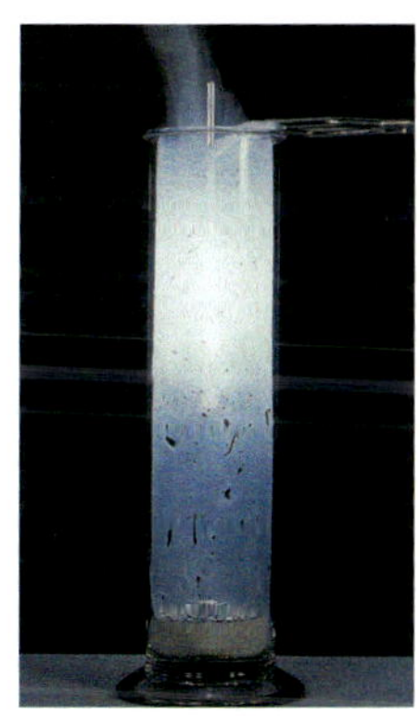

B6 Magnesium reagiert mit Kohlenstoffdioxid

5.3 Atome und ihre Masse

B1 JOHN DALTON (1766 – 1844)

Die Masse eines Atoms ist unvorstellbar klein. Der englische Gelehrte JOHN DALTON hielt die Masse eines einzelnen Atoms für nicht messbar. Seine Versuche zeigten jedoch, dass von allen Atomen das Wasserstoffatom die kleinste Masse hat. Diese Masse wählte DALTON als Bezugseinheit und berechnete, wie viel Mal so groß die Massen der Atome anderer Elemente sind.

Die atomare Masseneinheit. DALTONS Atommassen waren noch sehr ungenau. Die Zahlenwerte wurden aber von vielen Chemikern laufend verbessert und ergänzt. Heute lässt sich dagegen die Masse eines einzigen Atoms jeder Atomart genau ermitteln. Dabei wurden die bisherigen Zahlenwerte bestätigt und weiter präzisiert. Für das Atom mit der geringsten Masse, das Wasserstoffatom, ergibt sich folgender Wert:

m(Wasserstoffatom) =
0,000 000 000 000 000 000 000 001 674 g

$\frac{1}{10} = \frac{1}{10^1} = 10^{-1}$

$\frac{1}{100} = \frac{1}{10^2} = 10^{-2}$

$\frac{1}{10^{24}} = 10^{-24}$

Es ist nicht zweckmäßig, die Masse einer Mücke in Tonnen anzugeben. Ebenso ist eine Angabe der Atommasse in Gramm sehr umständlich, deshalb wurde die **atomare Masseneinheit u** (von engl. unit, Einheit) eingeführt. Die heute festgelegte atomare Masseneinheit weicht geringfügig von der Masse des Wasserstoffatoms ab:

1 u = 0,000 000 000 000 000 000 000 001 661 g = 1,661 · 10^{-24} g (1,661 quadrillionstel Gramm)

Für das Wasserstoffatom ergibt sich damit:
m_t(Wasserstoffatom) = 1,008 u ≈ 1 u

Zeichen für das Atom	Atommasse in u
H	1,008
C	12,01
N	14,01
O	16,00
Mg	24,31
Al	26,98
S	32,07
Fe	55,85
Cu	63,55
Zn	65,41
Ag	107,87
Pb	207,2

B2 Zeichen für Atome einiger Elemente und deren Atommassen

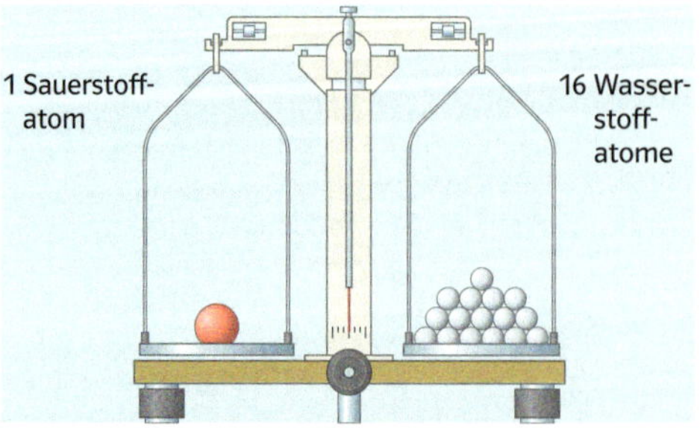

B3 Veranschaulichung von Atommassen.
m(Sauerstoffatom) = 16 · m(Wasserstoffatom)

Ein Sauerstoffatom, m_t(Sauerstoffatom) = 16,00 u, besitzt damit ungefähr die Masse von 16 Wasserstoffatomen. Die Masse eines Atoms in der Einheit u gibt damit ziemlich genau an, wie viel Mal so groß die Masse dieses Atoms im Vergleich zu der eines Wasserstoffatoms ist.

Exkurs Atommassenbestimmung im Modell

Im Modellversuch werden rollende Kugeln durch eine seitlich wirkende Kraft umso stärker abgelenkt, je kleiner die Masse der Kugel ist. Kugeln gleicher Masse gelangen an dieselbe Stelle. Im Gerät zur Bestimmung der Atommassen (Massenspektrometer) erhalten die Atome zunächst eine elektrische Ladung und werden dann beschleunigt. Die Teilchen erfahren durch elektrische und magnetische Kräfte eine Ablenkung, die von der Masse des Teilchens abhängt. Die Masse eines geladenen Teilchens unterscheidet sich von der Masse des Atoms, aus dem es entsteht, nur geringfügig. Lässt man die Atome auf einen Film auftreffen, kann man aus dem Ort der Registrierung der Atome ihre Ablenkung sichtbar machen. Da Teilchen gleicher Masse gleich weit abgelenkt werden, ergibt sich ein Streifenmuster. Es heißt Massenspektrum.

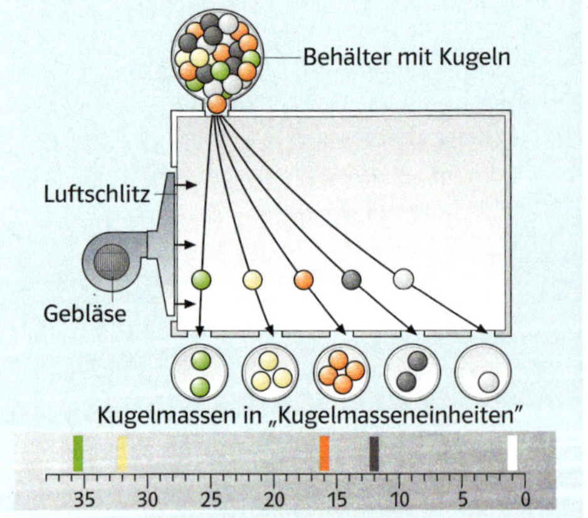

A1 Suche in der Tabelle im Anhang die Zeichen und Atommassen für folgende Elemente heraus: Helium, Titan, Chrom, Gold und Platin.

A2 Ein Atom hat die Masse 26,98 u. Um welches Atom handelt es sich?

5.4 Exkurs Formeln ermitteln

Eine Verhältnisformel lässt sich durch die Elementargruppe veranschaulichen. Die Elementargruppe enthält die Atome der Atomarten in einem bestimmten Anzahlverhältnis, dem ein bestimmtes Massenverhältnis entspricht. Beides gilt auch für den gesamten Teilchenverband. Die „Massenverhältnisse können durch Versuche ermittelt werden.

Vom Massenverhältnis zum Anzahlverhältnis. Aus schwarzem Kupferoxid kann man durch Reduktion mit Wasserstoff Kupfer gewinnen. Die Masse des Sauerstoffs ergibt sich aus der Differenz der Massen von Kupferoxid und Kupfer. Damit erhält man aus dem Experiment:

$m(\text{Kupfer}) : m(\text{Sauerstoff}) = 4:1$

Dies bedeutet, dass die Masse der Kupferatome im Teilchenverband des Kupferoxids 4 (genau 3,97) mal größer ist als die Masse der Sauerstoffatome.

Für die folgende Überlegung kann man die Masse aller Kupferatome und die Masse aller Sauerstoffatome in einer Kupferoxidportion getrennt betrachten [B1].

Mit der Atommasse $m_t(\text{Cu}) = 63{,}55\,\text{u}$ und $m_t(\text{O}) = 16\,\text{u}$ ergibt sich für eine Portion aus Kupfer- bzw. Sauerstoffatomen:

$$m(\text{Kupfer}) = N(\text{Cu}) \cdot m_t(\text{Cu}) = N(\text{Cu}) \cdot 63{,}55\,\text{u}$$
$$m(\text{Sauerstoff}) = N(\text{O}) \cdot m_t(\text{O}) = N(\text{O}) \cdot 16{,}00\,\text{u}$$

Für das Massenverhältnis ergibt sich damit:

$$\frac{m(\text{Kupfer})}{m(\text{Sauerstoff})} = \frac{3{,}97}{1} = \frac{N(\text{Cu}) \cdot 63{,}55\,\text{u}}{N(\text{O}) \cdot 16{,}00\,\text{u}}$$

Für das Anzahlverhältnis erhält man daraus:

$$\frac{N(\text{Cu})}{N(\text{O})} = \frac{3{,}97 \cdot 16{,}00\,\text{u}}{1 \cdot 63{,}55\,\text{u}} = \frac{1}{1}$$

Das Anzahlverhältnis der Kupfer- und Sauerstoffatome in Kupferoxid ist $N(\text{Cu}) : N(\text{O}) = 1:1$.

Die Verhältnisformel des schwarzen Kupferoxids ist also CuO.

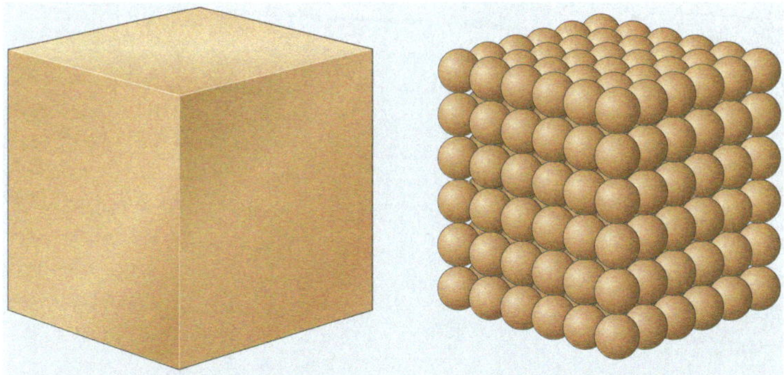

m (Stoffportion) = m (Teilchenverband)

m (Kupferportion) = N (Cu) · m_t (Cu)

Anzahl der Kupferatome · Masse eines Kupferatoms

B1 Stoffportion und Teilchenverband. Zusammenhang zwischen Massen und Teilchenzahl

Schwarzes und rotes Kupferoxid. Neben dem schwarzen Kupferoxid gibt es ein rotes Kupferoxid mit einer ganz anderen Eigenschaftskombination. Verschiedene Verhältnisformeln sind daher denkbar. Man geht zur Überprüfung von einfachen Formeln aus, z. B. Cu_2O, und berechnet aus dem Anzahlverhältnis das Massenverhältnis.
Für ein Anzahlverhältnis der Kupfer- und Sauerstoffatome von $N(\text{Cu}) \cdot N(\text{O}) = 2:1$ ergibt sich:

$$\frac{m(\text{Kupfer})}{m(\text{Sauerstoff})} = \frac{N(\text{Cu}) \cdot m_t(\text{Cu})}{N(\text{O}) \cdot m_t(\text{O})} = \frac{2 \cdot 63{,}55\,\text{u}}{1 \cdot 16{,}00\,\text{u}} = \frac{7{,}94}{1}$$

Durch Reduktion des roten Kupferoxids mit Wasserstoff kann die Verhältnisformel Cu_2O bestätigt werden, denn dabei ergibt sich das berechnete Massenverhältnis:

$m(\text{Kupfer}) : m(\text{Sauerstoff}) = 8:1$

A1 Das Massenverhältnis für die Elementportionen in der Verbindung Silbersulfid beträgt

$m(\text{Silber}) : m(\text{Schwefel}) = 6{,}73:1$

Ermittle die Verhältnisformel.

Teilchenmasse m_t
$m_t(\text{X})$ steht für die Masse eines Teilchens X.

N Zeichen für die Anzahl

B2 Schwarzes und rotes Kupferoxid

5.5 Praktikum Formeln ermitteln

Nicht vergessen:
Bei allen Versuchen Schutzbrille tragen!

V1 Die Verhältnisformel von Silberoxid
Geräte: Schutzbrille, Reagenzglas, Stativ, Klemme, Muffe, Gasbrenner, Waage.
Durchführung: Für die Versuchsreihe werden Massen von 500 mg bis 700 mg Silberoxid eingesetzt.
Wiege eine Silberoxidportion im Reagenzglas genau ab. Erhitze vorsichtig mit kleiner fächelnder Flamme so lange, bis nur noch ein weißgraues Pulver vorliegt. Lasse es abkühlen, wiege das Reagenzglas mit der Silberportion und ermittle deren Masse.
Auswertung:
Lege in deinem Heft eine Tabelle wie [B1] an.
a) Trage deine Werte in die Tabelle ein.
b) Übertrage die Werte der anderen Gruppen in deine Tabelle.
c) Berechne den Mittelwert.
d) Berechne für die Atome der beiden Elemente im Teilchenverband des Silberoxids mit den Gleichungen

m(Silber) $= N(\text{Ag}) \cdot m_t(\text{Ag})$ und
m(Sauerstoff) $= N(\text{O}) \cdot m_t(\text{O})$

das Anzahlverhältnis. Welche Verhältnisformel ergibt sich für Silberoxid?

V2 Überprüfung der Verhältnisformel von Kupfersulfid
Es gibt zwei verschiedene Kupfer-Schwefel-Verbindungen mit den Verhältnisformeln CuS und Cu_2S.
Berechne zur Bestätigung einer dieser Formeln aus dem jeweiligen Anzahlverhältnis der Atome das Massenverhältnis mithilfe folgender Gleichung:

$$\frac{m(\text{Kupferportion})}{m(\text{Schwefelportion})} = \frac{N(\text{Cu}) \cdot m_t(\text{Cu})}{N(\text{S}) \cdot m_t(\text{S})}$$

Achtung!
Beim Experimentieren mit Schwefel können giftige Schwefeloxide entstehen. Daher den Versuch unter dem Abzug durchführen

Nr. der Gruppe	m(Silberoxid)	m(Silber)	m(Sauerstoff)	$\frac{m(\text{Silber})}{m(\text{Sauerstoff})}$
1				
2				
3				

B1 Tabelle für V1 und V2

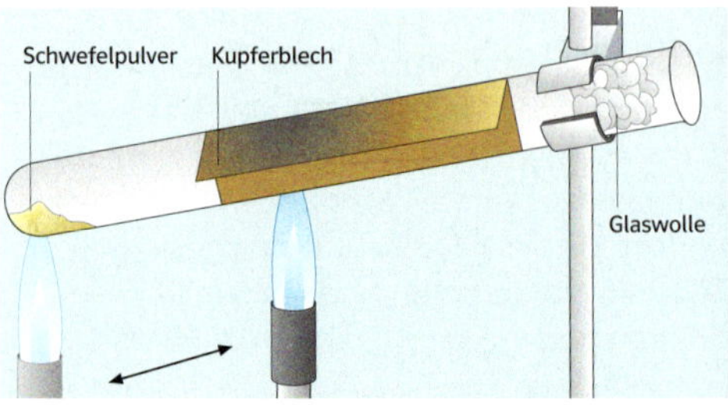

B2 Bestimmung eines Massenverhältnisses

Vergleiche dein Ergebnis mit dem im folgenden Versuch ermittelten Massenverhältnis.

Geräte, Materialien, Chemikalien:
Schutzbrille, 2 Reagenzgläser, Glaswolle, Stativ, Klemme, Muffe, Gasbrenner, Pinzette, Waage, Kupferblech (0,1 mm dick), Schwefelpulver.
Durchführung: Gib unter dem Abzug in ein Reagenzglas etwa 1 g Schwefel und spanne das Reagenzglas schräg ein. Schiebe in die Mitte des Reagenzglases ein genau abgewogenes (etwa 0,5 g; 1 g; 1,3 g) Kupferblech, das zuvor entlang der Mitte geknickt wurde. Verschließe das Reagenzglas locker mit einem Glaswollebausch [B2]. Erhitze anschließend das Kupferblech und dann den Schwefel, sodass der Schwefeldampf über das heiße Kupferblech streicht. Entferne nach der Reaktion den Kupfersulfidstreifen vorsichtig mit der Pinzette aus dem ersten Reagenzglas und gib ihn in ein zweites Reagenzglas, das ebenfalls wie das erste Reagenzglas verschlossen wird. Erhitze das Reaktionsprodukt kräftig, um noch anhaftenden Schwefel zu entfernen. Wiege das Reaktionsprodukt nach dem Abkühlen.
Lege in deinem Heft eine Tabelle wie in [B1] an.
Auswertung:
a) Berechne die Masse der reagierenden Schwefelportion.
b) Trage deine Werte in die Tabelle ein.
c) Übertrage die Werte der anderen Gruppen in deine Tabelle.
d) Berechne den Mittelwert.

Vergleiche das experimentell ermittelte Massenverhältnis mit den berechneten Werten. Welche Verhältnisformel lässt sich für Kupfersulfid bestätigen?

► Chemische Reaktion

5.6 Exkurs Massenberechnung

Frage: Wie groß ist die Masse des Kupfers, das sich aus 1 t schwarzem Kupferoxid durch Reduktion mit Kohlenstoff gewinnen lässt?

1. Reaktionsgleichung:

$$2\,CuO + C \longrightarrow 2\,Cu + CO_2$$

1 Kupferatom kann aus 1 Elementargruppe des schwarzen Kupferoxids gewonnen werden.

2. Massenverhältnis:

$$\frac{m(\text{Kupfer})}{m(\text{Kupferoxid})} = \frac{m_t(\text{Cu})}{m_t(\text{CuO})} \quad \Big| \cdot m(\text{Kupferoxid})$$

3. Für die gesuchte Masse ergibt sich:

$$m(\text{Kupfer}) = \frac{m_t(\text{Cu})}{m_t(\text{CuO})} \cdot m(\text{Kupferoxid})$$

4. Einsetzen der Werte nach Berechnung der Teilchenmasse der Elementargruppe CuO

$$m(\text{Kupferportion}) = \frac{63{,}55\,\text{u}}{79{,}55\,\text{u}} \cdot 1\,\text{t} = 0{,}799\,\text{t}$$

Ergebnis: Aus 1 t schwarzem Kupferoxid können 799 kg Kupfer gewonnen werden.

B1 Beispiel für eine Massenberechnung

Chemische Reaktionen führt man durch, um Stoffe zu gewinnen. Deshalb ist es wichtig zu wissen, wie viel man unter bestimmten Bedingungen von einem Stoff erhalten kann. Dies lässt sich mit der Verhältnisformel oder der Reaktionsgleichung ausrechnen.

Berechnungen von Massen aus Verhältnisformeln und Reaktionsgleichungen. Wird Kupfer aus schwarzem Kupferoxid gewonnen, entsteht aus einer Elementargruppe des Kupferoxids ein Kupferatom [B1].
Das Massenverhältnis der Stoffportionen ist gleich dem der Teilchen. Multipliziert man die Gleichung mit der bekannten Masse, erhält man die gesuchte Masse. Die Masse der Elementargruppe ergibt sich aus der Masse ihrer Atome.

Pyrit	Elementargruppe	Verhältnisformel Formel der Elementargruppe
		FeS_2

$m(\text{Pyritportion}) = N(FeS_2) \cdot m_t(FeS_2)$

Reaktionsgleichung für die Zerlegung der Pyritportion und Massenermittlung:

Teilchenverband	$N\ FeS_2$	$\longrightarrow$	$N\ Fe$	+	$2\ N\ S$
	$N \cdot m_t(FeS_2)$	=	$N \cdot m_t(Fe)$	+	$2\ N \cdot m_t(S)$
	$N \cdot 120\,\text{u}$	=	$N \cdot 55{,}8\,\text{u}$	+	$2\ N \cdot 32{,}1\,\text{u}$
Stoffportionen	120 g	=	55,8 g	+	64,2 g
	1 g	=	55,8 g/120	+	64,2 g/120

Aus 120 g Pyrit können 55,8 g Eisen und 64,2 g Schwefel gebildet werden.

B2 Verhältnisformel, Reaktionsgleichung, Massenermittlung

Aus Pyrit, einem Eisensulfid, kann sowohl Eisen als auch Schwefel gewonnen werden. Die Reaktionsgleichung für die Zerlegung des Pyrits lautet:

$$FeS_2 \longrightarrow Fe + 2\,S$$

Aus einer Elementargruppe des Pyrits entstehen ein Eisenatom und zwei Schwefelatome. Die Masse eines Teilchenverbands ergibt sich immer aus dem Produkt der Anzahl und der Masse der Teilchen. Es ist deshalb möglich, bei Kenntnis der Formel Massenberechnungen vorzunehmen [B2].

A1 Wie groß ist die Masse der Eisenportion, die sich aus 1 t Pyrit (FeS_2) gewinnen lässt?

A2 Wie groß muss die Masse der Schwefelportion sein, die vollständig mit 2,5 t Kupfer zu Kupfersulfid (Verhältnisformel: Cu_2S) reagiert?

A3 Es gibt zwei unterschiedliche Kupferoxide. Rotes Kupferoxid (Cu_2O) und schwarzes Kupferoxid (CuO). Aus welchem der beiden Kupferoxide lässt sich mehr Kupfer gewinnen? Berechne jeweils dessen Masse, wenn von beiden Oxiden 1 kg eingesetzt wird.

A4 Eine Elementargruppe aus Zink- und Schwefelatomen hat die Masse 97,5 u. Wie lautet die Verhältnisformel?

5.7 Masse und Teilchenzahl

In einer Reaktionsgleichung stehen Zahlen und Zeichen für Atome. Aus der Reaktionsgleichung lässt sich ablesen, in welchem Anzahlverhältnis z. B. Zink- und Schwefelatome vollständig zu Zinksulfid reagieren. Allerdings können die Zink- und Schwefelatome nicht gezählt, sondern nur die Zink- und Schwefelportionen gewogen werden.
Welcher Zusammenhang besteht zwischen der Masse und der Teilchenanzahl?

Zählen mit der Waage. Ein Wasserstoffatom besitzt die winzige Masse 1 u. Selbst die genaueste Waage würde bei einem Wasserstoffatom 0 g anzeigen, denn 1 u sind nur $\frac{1}{6{,}022 \cdot 10^{23}}$ g.

Wenn ein Wasserstoffatom etwa $\frac{1}{6 \cdot 10^{23}}$ g wiegt, dann wiegen $6 \cdot 10^{23}$ Wasserstoffatome 1 g. Mithilfe des Umrechnungsfaktors lässt sich also der Zusammenhang zwischen der Masse und der Teilchenanzahl herstellen.

Dieses gilt nicht nur für Wasserstoffatome, sondern für alle Teilchen wie Atome und Moleküle und es gilt auch für Elementargruppen. Ein H_2O-Molekül hat die Masse 18 u, demnach haben $6 \cdot 10^{23}$ Wassermoleküle die Masse 18 g. Will man also mit Massen und Anzahlen rechnen, ist es sinnvoll, „Packungseinheiten" von $6 \cdot 10^{23}$ Teilchen zu verwenden, denn eine Packungseinheit wiegt genauso viel in g wie ein einzelnes Teilchen in u [B3].

Die Stoffmenge *n*. Es ist allerdings etwas umständlich, mit $6 \cdot 10^{23}$ zu rechnen. Diese Anzahl wird daher in der Einheit Mol (Einheitenzeichen: mol) zusammengefasst.
Mit dem genaueren Wert gilt:

$6{,}022 \cdot 10^{23} = 1\,\text{mol}$.

Verwendet man die Einheit Mol, spricht man statt von der Anzahl von der Stoffmenge *n*.
Beispiel: $n(\text{C}) = 1\,\text{mol}$.
Die Stoffmenge hat den Vorteil, dass mit kleinen Zahlen gerechnet werden kann.

Atomare Masseneinheit u

$1\,\text{u} = \frac{1}{6 \cdot 10^{23}}\,\text{g}$

$1\,\text{g} = 6 \cdot 10^{23}\,\text{u}$

$1\,\text{mol} = 6 \cdot 10^{23}$

$6 \cdot 10^{23} = \frac{1\,\text{g}}{1\,\text{u}}$

$\frac{1\,\text{g}}{1\,\text{u}} = 1\,\text{mol}$

$1\,\text{u} = \frac{1\,\text{g}}{1\,\text{mol}}$

$1000 = 10^3$
$1\,000\,000 = 10^6$
$1\,000\,000\,000 = 10^9$

Sehr große Zahlen lassen sich übersichtlich als Potenzen mit der Basis 10 schreiben.

B1 Zehnerpotenzen erleichtern den Überblick

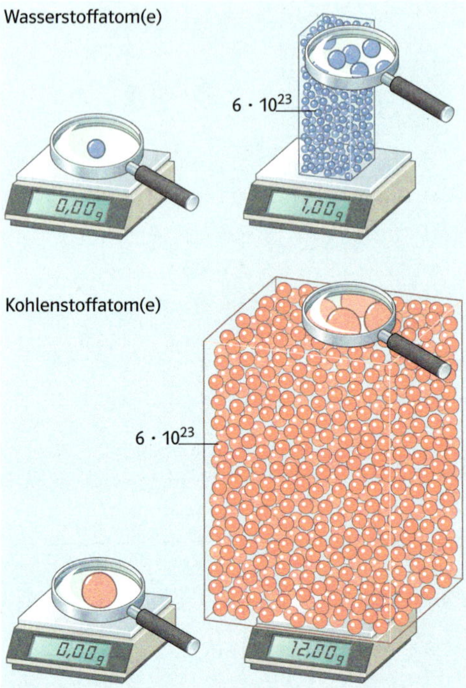

B3 Bestimmung von Atommassen im Gedankenexperiment

Stoffportion	Teilchen	Teilchenmasse m_t	Teilchenanzahl N	Stoffmenge n
12,0 g Kohlenstoff	C	12,0 u	$6 \cdot 10^{23}$	$n(\text{C}) = 1\,\text{mol}$
64,2 g Schwefel	S	32,1 u	$2 \cdot 6 \cdot 10^{23}$	$n(\text{S}) = 2\,\text{mol}$
32,0 g Sauerstoff	O_2	32,0 u	$6 \cdot 10^{23}$	$n(O_2) = 1\,\text{mol}$
22,0 g Kohlenstoffdioxid	CO_2	44,0 u	$0{,}5 \cdot 6 \cdot 10^{23}$	$n(CO_2) = 0{,}5\,\text{mol}$
162,8 g Zinkoxid	ZnO	81,4 u	$2 \cdot 6 \cdot 10^{23}$	$n(\text{ZnO}) = 2\,\text{mol}$
44,0 g Eisensulfid	FeS	87,9 u	$0{,}5 \cdot 6 \cdot 10^{23}$	$n(\text{FeS}) = 0{,}5\,\text{mol}$

B2 Teilchenanzahl und Stoffmenge von Stoffportionen

Wozu wird die Einheit „Mol" benötigt? Aus der Reaktionsgleichung

$$Zn + S \longrightarrow ZnS$$

lässt sich ablesen, dass ein Zinkatom mit einem Schwefelatom zu einer Elementargruppe Zinksulfid reagiert.
Es gilt auch: 1 mol Zinkatome reagiert mit 1 mol Schwefelatome zu 1 mol Zinksulfid-Elementargruppen.

Die molare Masse. 24,3 g Magnesium enthalten **$6 \cdot 10^{23}$** bzw. 1 mol Magnesiumatome. Zur doppelten Masse gehört die doppelte Anzahl der Atome. Trägt man für einige Massen die jeweilige Stoffmenge in einem Diagramm auf, lassen sich die Punkte zu einer Ursprungsgeraden verbinden. Es liegt eine proportionale Zuordnung von Masse und Stoffmenge vor. Geht man in entsprechender Weise bei Massen anderer Stoffe und deren zugehörigen Teilchen (Atome, Moleküle, Elementargruppen) vor, erhält man ebenfalls Ursprungsgeraden, die aber jeweils eine andere Steigung zeigen [B4]. Für jeden Stoff ist der Quotient aus Masse und Stoffmenge ein charakteristischer konstanter Wert, der als molare Masse bezeichnet wird.

$$\text{molare Masse} = \frac{\text{Masse}}{\text{Stoffmenge}} \qquad M = \frac{m}{n}$$

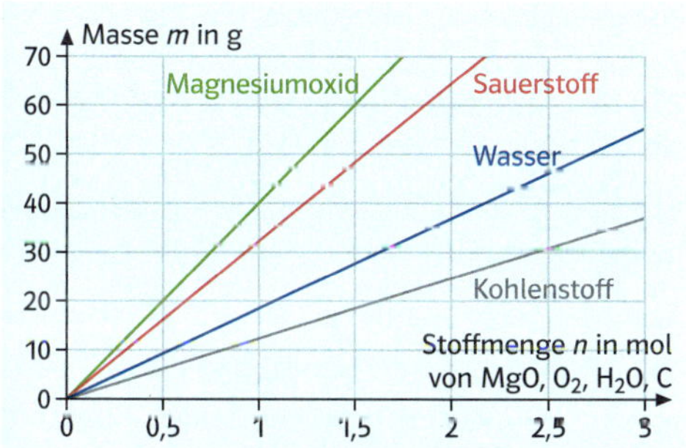

B4 Zusammenhang zwischen Masse und Stoffmenge. Die Masse ist proportional zur Stoffmenge

1) Ein Großhändler möchte wissen, wie viele Schrauben in einer Lieferung von 25 Packungseinheiten (PE) enthalten sind und welche Masse die Lieferung hat?

Bekannt: 1 PE = 1000, m_t(Schraube) = 1,8 g
Gesucht: N(Schrauben), m(Schrauben)

Lösung:
N(Schrauben) = 25 PE = 25 · 1000 = 25 000
m(Schrauben) = N(Schrauben) · m_t(Schraube)
= 25 000 · 1,8 g = 45 000 g
= 45 kg

2) Zink ist ein Metall, das z.B. bei Dachrinnen verwendet wird. Wie viele Atome befinden sich in einer Zinkportion der Stoffmenge n(Zn) = 25 mol? Welche Masse hat diese Zinkportion?

Bekannt: 1 mol = $6 \cdot 10^{23}$, m_t(Zn) = 65,4 u
Gesucht: N(Zn), m(Zink)

Lösung:
N(Zn) = 25 mol = $25 \cdot 6 \cdot 10^{23} = 150 \cdot 10^{23}$
m(Zink) = N(Zn) · m_t(Zn)
= $150 \cdot 10^{23} \cdot 65{,}4$ u
= $150 \cdot 10^{23} \cdot 65{,}4 \cdot \frac{1}{6 \cdot 10^{23}}$ g
= 1635 g ≈ 1,64 kg
Einfachere Berechnung mit der Stoffmenge
m(Zink) = m_t(Zn) · n(Zn)
= 65,4 u · 25 mol
= $64{,}5 \frac{g}{mol} \cdot 25$ mol
= 1635 g ≈ 1,64 kg

B5 Rechenbeispiel für Teilchenanzahlen und Massen

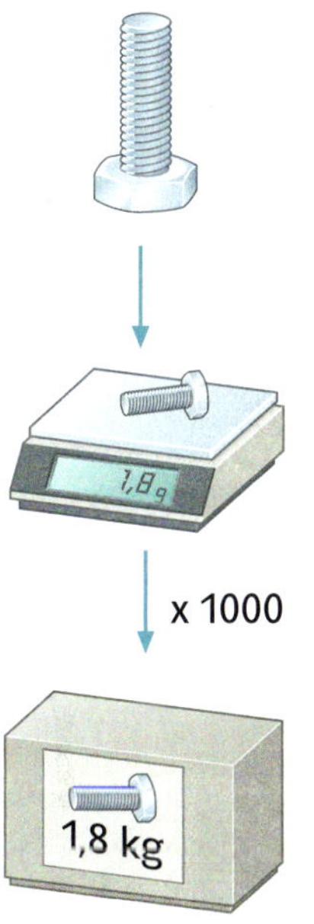

B7 Wie viele Schrauben sind in einer Packungseinheit?

A1 Ermittle die Anzahl der Eisenatome und der Sauerstoffatome in einer Portion von 79,8 g rotem Eisenoxid (Fe_2O_3).

	2 Mg	+ O_2	⟶ 2 MgO
Teilchenanzahl N	2	1	2
oder	200	100	200
oder	$2 \cdot 6 \cdot 10^{23}$	$1 \cdot 6 \cdot 10^{23}$	$2 \cdot 6 \cdot 10^{23}$
Stoffmengen n	2 mol	1 mol	2 mol
Massen m			
$N \cdot m_t$	2 · 24,3 u	+ 1 · 32,0 u	= 2 · 40,3 u
mit 1 u = 1 g/1 mol			
$n \cdot m_t$	2 mol · 24,3 g/mol	+ 1 mol · 32,0 g/mol	= 2 mol · 40,3 g/mol
	48,6 g	+ 32,0 g	= 80,6 g

B6 Teilchenanzahl, Stoffmenge und Masse am Beispiel der Reaktion des Magnesiums mit Sauerstoff.

5.8 Exkurs Volumen und Teilchenanzahl von Gasen

B1 Amedeo Avogadro (1776 – 1856)

Gase nehmen im Gegensatz zu festen und flüssigen Stoffen bei gleicher Masse einen viel größeren Raum ein. So hat z. B. 1 g Wasser im flüssigen Zustand bei 20 °C und 1013 hPa ein Volumen von etwa 1 cm³. Verdunstet diese Wasserportion, so nimmt das Wasser das ca. 1300 fache Volumen, also 1300 cm³ ein.

Ein Stoff im gasförmigen Zustand besteht aus einzelnen frei beweglichen Teilchen, die im Vergleich zu ihrer eigenen Größe weit voneinander entfernt sind. Der leere Raum zwischen den einzelnen Teilchen bestimmt das Volumen einer Gasportion.
Die *Teilchengröße* hat auf das *Volumen* des Gases *keinen Einfluss*.

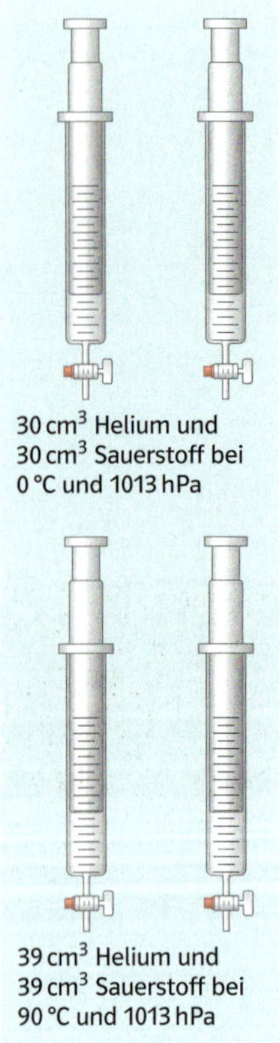

B2 Volumenvergrößerung bei der Erwärmung von Gasen

Das Volumen von Gasportionen bei Temperatur- und Druckänderungen. Erwärmt man z. B. 30 cm³ Helium, Sauerstoff oder Luft von 0 °C auf 90 °C, so weisen alle drei Gasportionen ein Volumen von etwa 39 cm³ auf. Erwärmt man Portionen gleichen Volumens *verschiedener Gase*, so beobachtet man also bei *gleicher Temperaturerhöhung* immer die gleiche *Volumenvergrößerung*. Portionen verschiedener Flüssigkeiten und Feststoffe gleichen Volumens dehnen sich im Gegensatz zu den Gasen unterschiedlich stark aus. Auch bei gleicher Druckänderung ist die Änderung des Volumens bei allen Gasen gleich groß, wenn die Temperatur gleich bleibt.

Dieses *Gleichverhalten der Gase* legt die Vermutung nahe, dass in gleichen Volumina verschiedener Gase unter gleichen Bedingungen gleich viele Teilchen enthalten sind. Diese Vermutung formulierte der italienische Physiker Amedeo Avogadro bereits 1811 als Hypothese.

In gleichen Volumina verschiedener Gase sind gleich viele Teilchen enthalten, wenn der Druck der Gasportionen und deren Temperatur gleich sind.

Das molare Volumen. Nach Avogadro müssen Gasportionen mit gleichen Teilchenanzahlen auch gleiche Volumina besitzen.
Diese Gemeinsamkeit aller Gase wird besonders deutlich bei der Betrachtung des

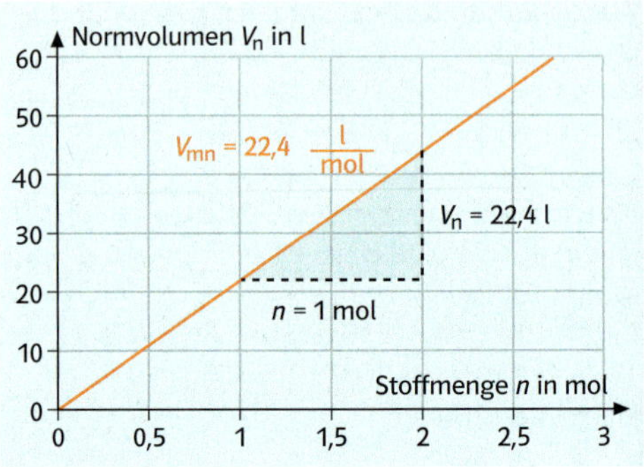

B3 Zusammenhang zwischen Stoffmenge und Volumen bei Gasen

Zusammenhangs zwischen dem Volumen einer Gasportion und deren Stoffmenge. Für alle gasförmigen Stoffe ergibt sich derselbe Zusammenhang.

Charakteristisch ist der Quotient aus dem Volumen V und der Stoffmenge n. Man bezeichnet diesen als molares Volumen V_m.

$V_m = \frac{V}{n}$ Einheit: $\frac{\text{Liter}}{\text{Mol}}$ (Zeichen: $\frac{l}{mol}$)

Bei gleichem Druck und gleicher Temperatur haben alle Gase (im Gegensatz zu Flüssigkeiten und Feststoffen) das gleiche molare Volumen. Bei *Normbedingungen* ist das molare Volumen von Gasen $\boldsymbol{V_{mn} = 22{,}4\ l/mol}$. Bei *Zimmertemperatur* (etwa 20 °C) und einem Luftdruck, der nicht weit vom Normdruck (1013 hPa) abweicht, kann man mit dem Wert **24 l/mol** rechnen. (Der Index n in V_{mn} steht für „Norm" und ist nicht mit dem kursiven „n" für Stoffmenge zu verwechseln.)

A1 **a)** Berechne die molare Masse bzw. Teilchenmasse für Sauerstoffteilchen.
Hilfen: Für Gase gilt: $M = \rho \cdot V_{mn}$
ρ(Sauerstoff) = 1,429 g/l bei Normbedingungen.
b) Warum ist das Ergebnis ein Hinweis darauf, dass Sauerstoff aus Molekülen und nicht aus Atomen besteht?

5.9 Durchblick Zusammenfassung und Übung

B1 Bleiglanz

Masse Stoff	26,98 g Aluminium	12,01 g Graphit	18,02 g Wasser	32,0 g Sauerstoff	87,92 g Eisensulfid
Stoffportion					
Stoffmenge	1 mol	1 mol	1 mol	1 mol	1 mol
Teilchenanzahl	$6{,}022 \cdot 10^{23}$	$6{,}022 \cdot 10^{23}$	$6{,}022 \cdot 10^{23}$	$6{,}022 \cdot 10^{23}$	$6{,}022 \cdot 10^{23}$
Teilchenart	Al-Atome	C-Atome	H_2O-Moleküle	O_2-Moleküle	FeS-Gruppen
Teilchenmasse	26,98 u	12,01 u	18,02 u	32,00 u	87,92 u

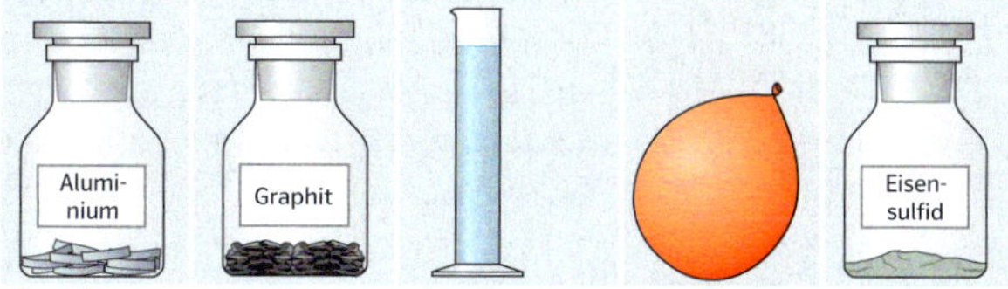

B2 Verschiedene Stoffportionen enthalten Teilchen in der gleichen Anzahl

Reaktionsgleichung
Stehen im Reaktionsschema an Stelle der Namen für die Stoffe die Formeln, erhält man die Reaktionsgleichung. Die Anzahl der Atome auf beiden Seiten des Reaktionspfeils muss gleich sein.

Verhältnisformel, Elementargruppe
Die Zusammensetzung einer Verbindung wird durch die Verhältnisformel angegeben. Sie besteht aus den Zeichen und dem Anzahlverhältnis der Atome. Eine Elementargruppe ist eine gedachte Einheit in einem Atomverband. Mit den Formeln von Molekülen werden dagegen die Anzahl und Art der Atome angegeben, die fest miteinander verbunden sind.

Atommasse
Die Masse von Atomen wird durch die Einheit u angegeben. Die Masse des Wasserstoffatoms ist $m_t(\mathrm{H}) \approx 1\,\mathrm{u}$.

Massenverhältnis und Teilchenanzahl
Mithilfe von Teilchenmassen und Anzahl der Teilchen lassen sich Massenverhältnisse von Stoffportionen berechnen.

Masse und Teilchenanzahl
Der Quotient aus Masse einer Stoffportion und der Masse eines Teilchens des Atomverbands ergibt die Teilchenanzahl. Diese wird in der Einheit Mol angegeben.

$1\,\mathrm{mol} = 1\frac{\mathrm{g}}{\mathrm{u}} \approx 6 \cdot 10^{23}$

A1 Das wichtigste Bleierz besteht hauptsächlich aus Bleiglanz. [B1]. Aus diesem Sulfiderz wird Blei gewonnen, indem Bleisulfid mit Luft zu Bleioxid und Schwefeldioxid reagiert. Umgesetzt wird jedoch nur ein Anteil von zwei Dritteln der Gesamtmasse des Bleisulfids. Das restliche Drittel des Bleisulfids lässt man dann unter Luftabschluss mit dem entstandenen Bleioxid zu Blei und Schwefeldioxid reagieren.
a) Formuliere für die beschriebenen Reaktionen die Reaktionsschemata.
b) Ermittle mithilfe der Massen für die Elementargruppen bzw. für die Moleküle die jeweiligen Formeln und formuliere damit die Reaktionsgleichungen.

m_t (Bleisulfid)	239,3 u
m_t (Bleioxid)	223,2 u
m_t (Sauerstoff)	32 u
m_t (Schwefeldioxid)	64,1 u

A2 Berechne die Masse der Bleiportion, die aus einer Tonne Bleisulfid hergestellt werden kann.

A3 Der Inhalt einer Packung Bastelperlen hat die Masse 496 g. Wie viele Perlen sind enthalten, wenn die Masse von 10 Perlen 8 g beträgt?

B3 Bastelperlen

A4 Graphit ist ein Stoff, der z. B. in Bleistiftminen enthalten ist und zum Schmieren von Türschlössern verwendet wird. Eine Graphitportion enthält $3 \cdot 10^{23}$ Kohlenstoffatome. Gib ihre Anzahl in der Einheit Mol an. Welche Masse hat die Graphitportion?

5.10 Alkalimetalle – eine Elementgruppe

Die bisher behandelten Metalle unterscheiden sich trotz gemeinsamer Eigenschaften deutlich voneinander. Im Gegensatz dazu gibt es eine Gruppe von Metallen mit außergewöhnlichen und auffällig ähnlichen Eigenschaften.

Schon die Aufbewahrung ist überraschend. Lithium-, Natrium- und Kaliumstücke werden in Paraffinöl aufbewahrt. Rubidium und Caesium sind in Ampullen eingeschmolzen.
Lithium, *Natrium*, *Kalium*, *Rubidium* und *Caesium* bilden die Elementgruppe der *Alkalimetalle*. Die Zeichen der Atome sind: Li, Na, K, Rb, Cs.

B1 Schneiden von Natrium an Luft

Vergleich der Eigenschaften. So wie die Lithium-, Natrium- und Kaliumstücke aussehen und aufbewahrt werden, könnte man bezweifeln, dass es sich dabei um Metalle handelt. Überraschenderweise lassen sie sich mit dem Messer schneiden. Es zeigt sich, dass die Stücke von einer Kruste überzogen sind. Die frischen Schnittflächen glänzen silbrig. Sie überziehen sich aber schnell wieder mit einem matten Belag. Beim etwas zähen Lithium zeigt sich der Glanz ein wenig länger als beim weichen Natrium, dessen Schnittfläche sofort wieder matt wird. Das noch weichere Kalium überzieht sich schon während des Schneidens mit einer matt bläulichen Schicht.
Lithium, Natrium und Kalium leiten den elektrischen Strom.

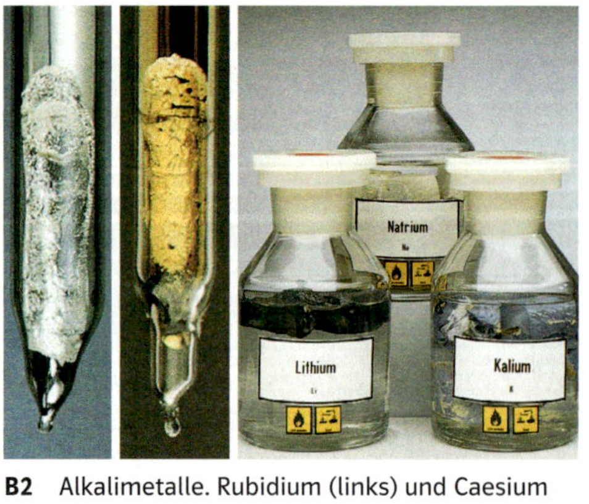

B2 Alkalimetalle. Rubidium (links) und Caesium (Mitte) werden in Ampullen, die anderen unter Paraffinöl aufbewahrt

Glanz, Verformbarkeit und elektrische Leitfähigkeit zeigen, dass Metalle vorliegen.

Lithiumstücke schwimmen auf Paraffinöl. Von diesen Feststoffen hat Lithium die geringste Dichte. Auch Natrium und Kalium haben kleinere Dichten als Wasser [B4].

Alkalimetalle haben niedrige Schmelztemperaturen. Lediglich Lithium schmilzt bei einer Temperatur von über 100 °C. Erhitzt man frisch geschnittene Stückchen von Lithium, Natrium und Kalium gleicher Größe auf einem Keramik-Drahtnetz, sodass alle von der erhitzten Stelle gleich weit entfernt sind, entzündet sich Kalium sehr schnell und brennt mit hellvioletter Flamme. Es folgt Natrium mit leuchtend gelber Flamme. Zuletzt brennt Lithium sehr hell. Die Flamme zeigt einen roten Saum. Rubidium und Caesium sind so reaktionsfreudig, dass sie in Glasampullen aufbewahrt werden. Kommen Caesium bzw. Rubidium mit Luft in Berührung, so entzünden sie sich schon bei Zimmertemperatur.

Die Reaktion der Alkalimetalle mit Wasser. Legt man ein kleines entrindetes Stückchen Natrium auf ein nasses Filterpapier, schmilzt das kantige Stückchen durch die bei der exothermen Reaktion mit Wasser frei werdende thermische Energie sofort zu einer Kugel und entzündet sich. Wird ein frisch geschnittenes Natriumstückchen in eine große mit Wasser gefüllte Schale geworfen, bildet sich sofort eine Kugel, die auf der Wasseroberfläche zischend hin- und herfährt und eine Spur von Gasbläschen hinterlässt. Die Kugel wird schnell kleiner und verschwindet.

B3 Die Reaktion des Natriums mit Wasser verläuft stark exotherm

Element	Zeichen für das Atom	Dichte in g/cm³	Schmelztemperatur in °C	Siedetemperatur in °C	Härte	Entzündungstemperatur	Heftigkeit der Reaktion mit Wasser	Flammenfärbung
Lithium	Li	0,53	180	1342	nimmt ab ↓	nimmt ab ↓	nimmt zu ↓	karminrot
Natrium	Na	0,97	98	883				gelb
Kalium	K	0,86	63	760				violett
Rubidium	Rb	1,53	39	686				dunkelrot
Caesium	Cs	1,88	28	669				blau

B4 Eigenschaften der Alkalimetalle im Vergleich. Viele Eigenschaften, in denen sich die Alkalimetalle ähnlich sind, ändern sich in abgestufter Weise

Ein Stückchen Lithium reagiert bei diesem Versuch wie Natrium, jedoch langsamer und ohne zu schmelzen. Gelangt ein Stückchen Kalium auf die Wasseroberfläche, schmilzt es und entzündet sich sofort. Rubidium und Caesium reagieren mit Wasser explosionsartig.

Bei der Reaktion der Alkalimetalle mit Wasser entstehen Wasserstoff und ein gelöster Stoff. Dampft man die jeweilige Lösung ein, so bleibt ein weißer Feststoff zurück. Bei diesen festen Reaktionsprodukten handelt es sich um eine Alkalimetall-Wasserstoff-Sauerstoff-Verbindung. Diese Verbindungen werden **Alkalimetallhydroxide** genannt. Die Reaktionen verlaufen exotherm.

Beispiel Natrium:

$$2\,Na + 2\,H_2O \longrightarrow 2\,Na(OH) + H_2$$

Für die Hydroxide der Alkalimetalle ergeben sich folgende Verhältnisformeln: Li(OH), Na(OH), K(OH), Rb(OH), Cs(OH).

Die Atomgruppe OH, die **Hydroxidgruppe**, ist verantwortlich für die alkalische Lösung, die bei der Reaktion mit Wasser entsteht. Dies wird durch die Rotfärbung von Phenolphthalein angezeigt.

Vorkommen der Alkalimetalle. In der Natur kommen diese Metalle nur in Form ihrer Verbindungen vor. Der Name al-kali ist das arabische Wort für Pottasche, eine Kaliumverbindung, die man aus Pflanzenasche gewinnen kann.

Wie die Verbindungen des Kaliums sind auch die des Natriums schon seit mehreren tausend Jahren bekannt. Natron (von ägyptisch Neter) und Soda sind Natriumverbindungen, die in Salzseen und Salzablagerungen vieler Trockengebiete vor kommen. Im Alltag begegnet uns Natron z. B. im Back- und Brausepulver, Soda in vielen Waschmitteln. Kalium und Natrium wurden als erste Alkalimetalle 1807 entdeckt.

Flammenfärbung. Bringt man eine Natriumverbindung in die nichtleuchtende Brennerflamme, leuchtet diese wie die Flamme des brennenden Natriums intensiv gelb. Auch die anderen Alkalimetalle und ihre Verbindungen erzeugen charakteristische Flammenfarben [B5].

A1 Erkläre, warum ein Natriumbrand nicht mit Wasser gelöscht werden darf. Schlage ein Löschmittel für einen kleinen Natriumbrand vor.

A2 Auf einem Etikett einer Mineralwasserflasche ist zu lesen „Kalium 2,3 mg/l" (Kap. 5.1, B1). Begründe, dass das Mineralwasser nicht den elementaren Stoff Kalium enthalten kann.

V1 (Schutzbrille!) Man erhitzt im Reagenzglas ein kleines Stück Natrium unter Paraffinöl.

V2 (Schutzbrille!) Man prüft die elektrische Leitfähigkeit eines Natriumstücks aus der Vorratsflasche. Dazu berührt man zunächst mit den beiden Elektroden die Oberfläche. Danach werden die Elektroden in das Natriumstück gesteckt.

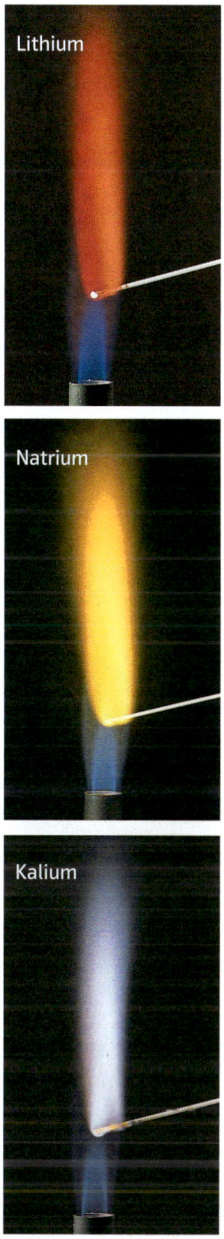

B5 Flammenfärbung durch Verbindungen der Alkalimetalle

5.11 Exkurs Erdalkalimetalle

B1 Calciumkörner

Ähnliche Eigenschaften wie bei den Alkalimetallen findet man bei den Elementen Beryllium, Calcium, Magnesium, Strontium und Barium. Da ihre Verbindungen wesentlich am Aufbau des Erdmantels beteiligt sind, bezeichnet man die Elementgruppe als Erdalkalimetalle.

Calcium. Das Metall Calcium wird im Labor meist in Form von Körnern, die man manchmal auch unter Paraffinöl aufbewahrt, verwendet [B1]. Reines Calcium glänzt silbrig und leitet den elektrischen Strom. Wird es an der Luft aufbewahrt, überzieht es sich mit einem matten, grauen Belag, der sich abschleifen lässt [V1]. Die glänzende Fläche wird nach einiger Zeit wieder matt. Wird ein Calciumkorn erhitzt, brennt es mit heller, rötlicher Flamme. Dabei entsteht ein weißer Rauch. In dieser Reaktion reagiert Calcium mit Sauerstoff zu Calciumoxid, einem Feststoff mit der Verhältnisformel CaO. Die Reaktionsgleichung lautet:

$$2\,Ca + O_2 \longrightarrow 2\,CaO$$

Mit Wasser reagiert Calcium unter Bildung von Wasserstoff und Calciumhydroxid [V2, B2]. Seine Formel lautet $Ca(OH)_2$, die Atomgruppe OH ist in dieser Verbindung doppelt so häufig vertreten wie die Calciumatome.

$$Ca + 2\,H_2O \longrightarrow Ca(OH)_2 + H_2$$

Sowohl Calciumoxid als auch Calciumhydroxid ergeben mit Wasser alkalische Lösungen [V2].

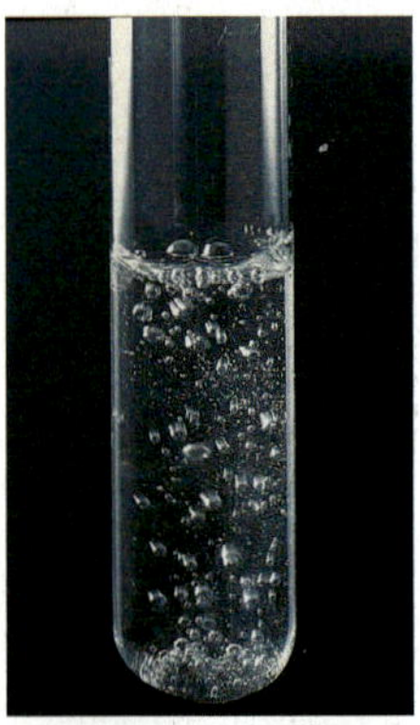

B2 Reaktion von Calcium mit Wasser

A1 Gebrannter Kalk und gelöschter Kalk sind Baustoffe (Kap. 5.1). Gelöschter Kalk wird aus gebranntem Kalk (Calciumoxid) und Wasser hergestellt.
a) Formuliere die Reaktionsgleichung für die Bildung des gelöschten Kalks aus Branntkalk.
b) Warum sollte ein Bauarbeiter bei der Herstellung des gelöschten Kalks eine Schutzbrille tragen?

V1 (Schutzbrille! Hautkontakt vermeiden!) Bringe ein größeres Calciumkorn mithilfe einer Tiegelzange oder einer Pinzette unter die Öffnung eines mit Wasser gefüllten Reagenzglases. Das Reagenzglas steht umgekehrt in einem Becherglas, das als pneumatische Wanne dient. Wiederhole den Versuch so lange, bis das Reagenzglas mindestens bis zur Hälfte mit Gas gefüllt ist. Nimm das Reagenzglas aus dem Wasser heraus und halte es mit der Mündung über eine Flamme (Knallgasprobe). Gib in eine Probe der im Versuch entstandenen Flüssigkeit einen Tropfen Phenolphthaleinlösung.

V2 Gib ein Stück abgeschliffenes Magnesiumband in ein Reagenzglas mit Wasser. Beobachte etwa zwei Minuten und füge dann einige Tropfen Phenolphthaleinlösung zu.

V3 (Blinzeln! Nicht in das Licht schauen! Feuerfeste Unterlage verwenden!) Ein Stück Magnesiumband wird in der Brennerflamme entzündet und außerhalb der Brennerflamme gehalten.

B3 Reaktion von Magnesium mit Wasser

Element	Zeichen für das Atom	Atommasse in u	Dichte in g/cm^3	Schmelztemperatur in °C	Härte	Heftigkeit der Reaktion mit Wasser	Flammenfärbung	Verhältnisformel des Oxids	Verhältnisformel des Hydroxids
Magnesium	Mg	24,3	1,74	649	nimmt zu		--	MgO	$Mg(OH)_2$
Calcium	Ca	40,1	1,54	839		nimmt zu	orange	CaO	$Ca(OH)_2$
Strontium	Sr	87,6	2,60	769	nimmt zu		karminrot	SrO	$Sr(OH)_2$
Barium	Ba	137,3	3,51	725			grün	BaO	$Ba(OH)_2$

B4 Eigenschaften der Erdalkalimetalle im Vergleich

► Struktur der Materie

Magnesium. Das Metall Magnesium zeigt ähnliche Reaktionen wie Calcium. Magnesium wird häufig als Band oder in Form von Spänen verwendet. An der Luft wird die Metalloberfläche nach einiger Zeit matt. Magnesium verbrennt mit weißem, gleißend hellem Licht zu Magnesiumoxid, MgO [V5]. Auch Magnesium reagiert mit Wasser, die Reaktion ist jedoch nicht so heftig wie die mit Calcium [V4, B3]. Das in dieser Reaktion gebildete Magnesiumhydroxid, $Mg(OH)_2$, ist noch weniger in Wasser löslich als Calciumhydroxid. Magnesiumoxid reagiert kaum mit Wasser.

Strontium und Barium. Diese beiden Metalle reagieren wesentlich heftiger mit Sauerstoff und Wasser als Magnesium und Calcium. Strontium und Barium müssen daher unter Paraffinöl aufbewahrt werden. In ihrem Verhalten sind sie den Alkalimetallen noch ähnlicher als Calcium und Magnesium. Strontium- und Bariumverbindungen werden als „Farbgeber" in Feuerwerken eingesetzt. Strontium ist für die rote, Barium für die grüne Farbe verantwortlich [B6].

A2 Schreibe in einer Tabelle die Eigenschaften des Calciums und des Natriums auf. Vergleiche.

A3 Magnesium verbrennt in Sauerstoff mit grell leuchtendem Licht zu Magnesiumoxid. Formuliere die Reaktionsgleichung.

A4 Brennendes Magnesium kann man nicht mit Wasser löschen. Warum nicht?

A5 Schreibe die Verhältnisformeln der Hydroxide von Lithium, Natrium, Kalium, Calcium, Magnesium und Barium auf. Vergleiche.

A6 Magnesiumfackeln werden zur Beleuchtung bei Tauchgängen in Tiefen verwendet, in denen Unterwasserscheinwerfer zerstört würden. Allerdings trübt sich beim Verbrennen des Magnesiums die Umgebung sehr schnell, sodass die Sicht eingeschränkt wird. Erkläre, worauf diese Trübung des Wassers in der Umgebung der brennenden Fackel zurückzuführen ist.

Praktikum Flammenfärbung

Bringt man Proben von Alkalimetallen, einigen Erdalkalimetallen oder ihren Verbindungen in die nicht leuchtende Flamme eines Gasbrenners, so zeigen sich charakteristische Flammenfärbungen, die zum Nachweis der jeweiligen Elemente dienen können.

Geräte und Chemikalien: Schutzbrille! Gasbrenner, Stativ, Doppelmuffe, Universalklemme, Becherglas (100 ml), 8 Uhrgläser, 2 Magnesiastäbchen, Cobaltglas, Tropfpipette; Lithiumchlorid, Natriumchlorid, Kaliumchlorid, Strontiumchlorid, Bariumchlorid, Speisesalz, Pflanzenasche, Backpulver, unbekannte Alkali- oder Erdalkalimetallverbindung, Salzsäure ($c \approx 2\,mol/l$).

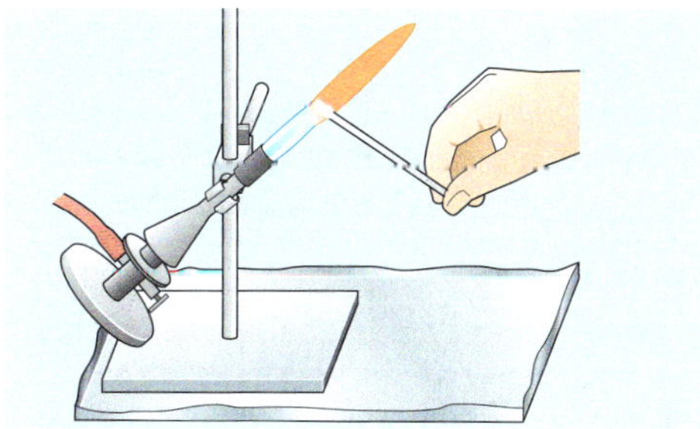

B5 Versuchsaufbau

Durchführung: Spanne den Gasbrenner wie in [B5] gezeigt ein. Tauche ein Magnesiastäbchen in die verdünnte Salzsäure (im Becherglas) und glühe es in der rauschenden Brennerflamme so lange aus, bis die Flamme nicht mehr gefärbt ist. Tauche dann das abgekühlte Magnesiastäbchen noch einmal kurz in die Salzsäure ein, damit es befeuchtet ist, und tupfe es auf die Kristalle der Probe. Halte nun das Stäbchen mit der Stoffprobe etwas oberhalb des hellblauen Innenkegels der rauschenden Brennerflamme. Beobachte die Flammenfärbung und notiere die Farbe.
Reinige das Magnesiastäbchen vor jeder weiteren Untersuchung einer neuen Probe durch Eintauchen in Salzsäure und Ausglühen. Betrachte die Flammen auch durch das Cobaltglas.

Auswertung:
1. Beschreibe das Aussehen der Flammen.
2. Welche Alkali- oder Erdalkalielemente sind in den Verbindungen des Speisesalzes, der Pflanzenasche (z. B. Holzasche), des Backpulvers oder der unbekannten Substanz enthalten?
3. Bei welchen Proben war das Cobaltglas nützlich? Erkläre seinen Nutzen.

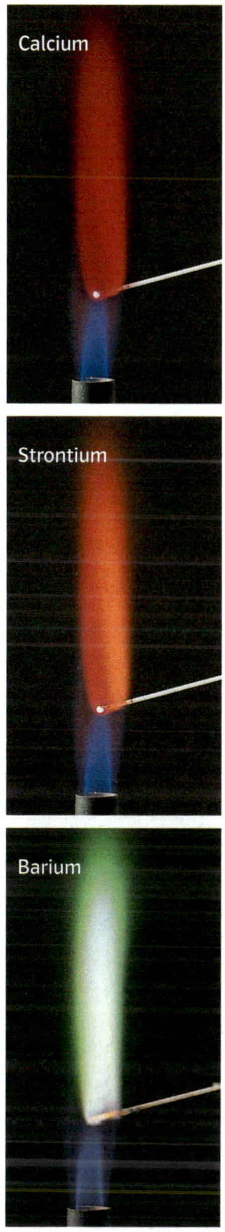

B6 Flammenfärbungen durch Verbindungen der Erdalkalimetalle

5.12 Halogene

B1 Bleichende Wirkung von Chlor. Farbstoffe werden zerstört

Die in diesem Kapitel vorgestellten Elemente Fluor, Chlor, Brom und Iod sind Nichtmetalle, die alle gesundheitsschädlich bis sehr giftig sind.

Chlor ist ein stechend riechendes, gelbgrünes Gas, das seinen Namen von dieser Farbe erhalten hat (von griech. chloros, grün). Es besitzt eine höhere Dichte als Luft [B5]. Chlor löst sich in Wasser. In 100 g Wasser lösen sich ca. 0,74 g Chlor, das entspricht einem Volumen von ca. 0,25 l (bei 25 °C und 1013 hPa).
Chlor kann im Labor aus seinen Verbindungen, Calciumhypochlorit bzw. Salzsäure, hergestellt werden [V1]. Industriell wird es aus Kochsalz gewonnen.

Giftwirkung von Chlor. Eingeatmetes Chlor verätzt die Schleimhäute der Atemwege und die Lungenbläschen. Beim Experimentieren sind daher besondere Vorsichtsmaßnahmen erforderlich, die verhindern, dass Chlorgas in die Atemluft gelangt. Experimente werden deswegen entweder unter dem Abzug ausgeführt oder es werden Aktivkohlefilter auf die Öffnungen der Apparatur aufgesetzt. Solche Filter werden auch in Atemschutzgeräten eingesetzt, um bei Unglücksfällen eventuell enthaltenes Chlor aus der Atemluft zu adsorbieren.

Vorsicht

Nicht zusammen mit Säuren und sauren Reinigern, z. B. WC-Reinigern und Entkalkern, verwenden. Es können gefährliche Chlordämpfe entstehen. Bei Spritzern in die Augen sofort mit Wasser ausspülen. Bei irrtümlicher Einnahme viel Wasser oder Milch trinken. In beiden Fällen sofort Arzt aufsuchen.

B2 Sicherheitshinweise auf dem Etikett eines Sanitärreinigers

Verwendung. Viele Farbstoffe werden von Chlor gebleicht [B1]. Sie verlieren ihre ursprüngliche Farbe, werden „bleich", weil sich ihre Moleküle bei der Reaktion mit Chlor verändern. Auf dieser Reaktionsfähigkeit beruht auch der Einsatz von Chlor zum Bleichen von Papier und Textilien. Alle Farbstoffe darin werden zerstört. Chlorbleichlaugen und manche Haushaltsreiniger [B2] enthalten Chlorverbindungen, die zu Chlorgas und anderen Reaktionsprodukten reagieren können.
Ein wichtiger Einsatzbereich für Chlor liegt in der Wasseraufbereitung. Bei der *Chlorung* wird dem Trinkwasser Chlor oder Chlordioxid zugesetzt, damit sich in den Leitungen keine Bakterien ansiedeln und vermehren können.

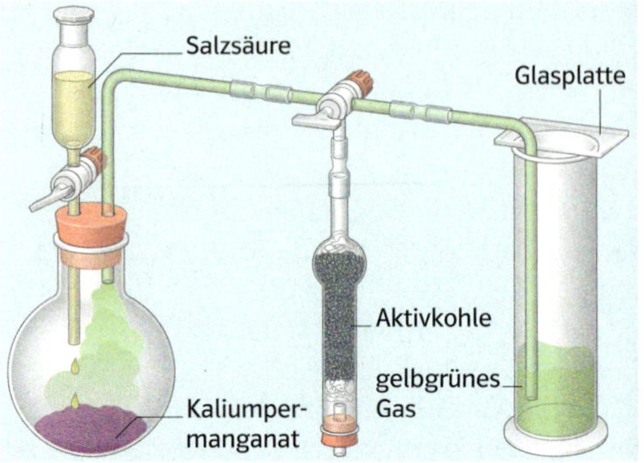

B3 Herstellung von Chlor aus Salzsäure

Um die Gesundheit nicht zu gefährden, wird die Dosierung möglichst niedrig gehalten: in Trinkwasser 0,1 mg Chlor, in Schwimmbädern dagegen 0,3 bis 0,6 mg Chlor pro Liter Wasser. Zur Herstellung von PVC (Polyvinylchlorid) und anderen Kunststoffen sowie vielen weiteren Produkten kommt Chlor in der Industrie in großen Mengen zum Einsatz.

V1 (Vorsicht! Abzug!) Zur Herstellung von Chlor lässt man halbkonzentrierte Salzsäure mit Calciumhypochlorit oder Kaliumpermanganat [B3] reagieren. Die Standzylinder mit dem aufgefangenen Chlorgas verschließt man sofort.
Ein mit Aktivkohle als Adsorptionsmittel gefülltes Rohr wird angeschlossen.

V2 (Abzug!) In ein Gefäß mit Chlor gibt man farbige Blüten [B1] oder ein angefeuchtetes Stück farbig gemustertes Textilgewebe.

V3 (Abzug!) Man gibt in ein mit Bromdampf bzw. Chlorgas gefülltes Gefäß etwas Aktivkohle und schüttelt.

V4 **a)** Versuche, im Reagenzglas durch Schütteln etwas Iod in Wasser zu lösen.
b) Wiederhole den Versuch mit Alkohol (Brennspiritus) als Lösungsmittel.

A1 Welches Volumen an Chlor benötigt man im Durchschnitt, um 1 l Schwimmbadwasser zu chloren?

► Struktur der Materie

B4 Halogene Chlor, Brom, Iod (von links) und ihre Farben im gasförmigen Zustand

Halogen	Molekülformel	Atommasse (u)	Farbe (Gas)	Schmelztemperatur in (°C)	Siedetemperatur in (°C)	Dichte bei 20 °C (g/ml)	Gefahrensymbol
Fluor	F_2	19	hellgelb	−219	−188	0,0016	T+, C
Chlor	Cl_2	35,5	gelbgrün	−101	−35	0,0030	T, N
Brom	Br_2	80	rotbraun	−7	59	3,12	T+, C, N
Iod	I_2	127	violett	113	184	4,93	Xn, N

B5 Die Eigenschaften der Halogene verändern sich innerhalb der Elementgruppe in gleichmäßiger Weise

Brom ist eine leicht verdunstende, rotbraune, sehr giftige Flüssigkeit. Der unangenehme Geruch der Bromdämpfe (von griech. bromos, übel riechend) hat dem Element den Namen gegeben. Bei Kontakt mit Brom kann es zu starker Reizung der Augen und der Atmungsorgane kommen, auf der Haut entstehen tief gehende Verätzungen.

Iod ist bei Zimmertemperatur ein Feststoff, der in Form von metallisch glänzenden, grauschwarzen Plättchen vorliegt. Bereits bei geringer Erwärmung sublimiert er merklich. Dabei entsteht violetter Ioddampf. Der Farbe des Dampfes (von griech. iodes, veilchenblau) verdankt das Element seinen Namen. Ioddämpfe sind giftig.

Fluor ist ein hellgelbes Gas mit einem chlorähnlichen Geruch. Es verursacht schwere Verätzungen der Atemwege und der Haut. Wegen seiner außerordentlichen Reaktionsfähigkeit ist im Umgang mit Fluor größte Vorsicht geboten. Viele Stoffe reagieren mit Fluor unter Flammenerscheinung. Weil es auch Glas zerstört, wird Fluor in Kupfergefäßen aufbewahrt.

Elementgruppe. Viele Eigenschaften der Elemente Fluor, Chlor, Brom und Iod ändern sich gleichmäßig in einer Reihe vom Fluor zum Iod [B5]. Man fasst diese Elemente zu einer Elementgruppe zusammen, die man Halogene nennt. Die Halogene bestehen aus zweiatomigen Molekülen: F_2, Cl_2, Br_2, I_2.

Exkurs Die Arbeitsplatzgrenzwerte

	Halogene			
AGW	**Fluor**	**Chlor**	**Brom**	**Iod**
β in mg/m³	0,16	1,5	0,7	1,1
σ in ml/m³	0,1	0,5	0,1	0,1

Beschäftigte, die mit Gefahrstoffen arbeiten, müssen vor den Auswirkungen giftiger Stoffe in der Atemluft geschützt werden. Auch sehr kleine Anteile geruchloser, giftiger Stoffe können die Gesundheit gefährden.
Dem Schutz der Gesundheit am Arbeitsplatz dienen die **A**rbeitsplatz**g**renz**w**erte (**AGW**).
Sie geben die höchstzulässige Konzentration eines Arbeitsstoffes als Gas, Dampf oder Schwebstoff in der Luft am Arbeitsplatz an. Bei Einhaltung der Werte wird bei einer wöchentlichen Arbeitszeit von 40 Stunden nach gegenwärtigem Stand der Wissenschaft auch bei langfristiger Einwirkung die Gesundheit i. Allg. nicht beeinträchtigt.
Die AGW werden immer wieder überprüft und neu festgesetzt, wenn es medizinisch erforderlich und messtechnisch möglich ist. Bei den AGW ist zwischen der Massenkonzentration β (Einheit mg/m³) und der Volumenkonzentration σ (Einheit ml/m³ = ppm, parts per million) zu unterscheiden.

A2 Der Umgang mit Iod ist weniger gefährlich als der mit anderen Halogenen. Der Arbeitsplatzgrenzwert σ (Einheit ml/m³) ist aber genauso hoch wie der von Brom und Fluor. Wie ist das zu erklären?

5.13 Halogene sind Salzbildner

B1 Natrium reagiert heftig mit Chlor

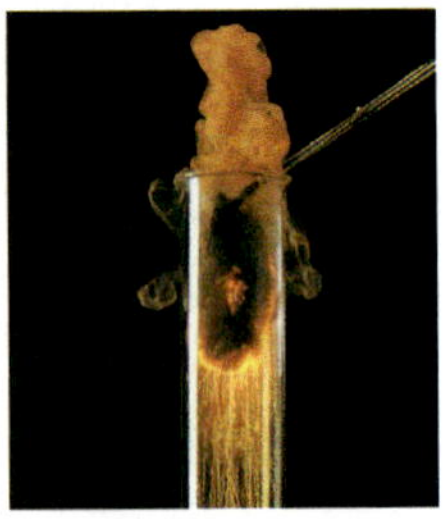

B2 Reaktion von Eisenwolle mit Chlor

B3 Reaktion von Brom mit Aluminium

B4 Bromwasser reagiert mit Kupfer

Halogen bedeutet **Salzbildner** (von griech. hals für Salz und griech. gennan, bilden). Wenn Halogene Salze bilden können, müssen sie reaktionsfähige elementare Stoffe sein. Als Reaktionspartner wählen wir zuerst verschiedene Metalle, wie z. B. Natrium.

Reaktion von Chlor mit Natrium. Lässt man Chlorgas auf geschmolzenes Natrium einwirken [B1, V1], so setzt unter Aussendung von gelbem Licht eine heftige Reaktion ein. Dabei verschwindet die gelbgrüne Farbe des Chlors und es entsteht ein *weißer Feststoff*, der als **Kochsalz** identifiziert werden kann. Zum Beispiel löst er sich gut in Wasser und es sind nach dem Verdunsten des Lösungsmittels die für Kochsalz typischen quaderförmigen Kristalle zu erkennen.

Natrium(s) + Chlor(g) ⟶ Natriumchlorid(s)
$2\,Na + Cl_2 \longrightarrow 2\,NaCl$

Im Gegensatz zu den Ausgangsstoffen ist Natriumchlorid ein lebensnotwendiger Stoff, den jeder Mensch in kleinen Mengen mit der Nahrung aufnehmen muss (Kap. 6.7).

Andere Metallchloride lassen sich aus dem jeweiligen Metall durch Reaktion mit Chlor synthetisieren. Mit Eisen erhält man *Eisenchlorid* [B2, V2], mit Kupfer *Kupferchlorid*.

$2\,Fe + 3\,Cl_2 \longrightarrow 2\,FeCl_3$
$Cu + Cl_2 \longrightarrow CuCl_2$

Alle drei Reaktionen verlaufen exotherm, jedoch mit unterschiedlicher Heftigkeit. Von den eingesetzten Metallen reagiert Natrium am heftigsten, Kupfer am wenigsten heftig. Natrium ist also am reaktionsfähigsten. Entsprechend ist die Bindungsfestigkeit im Endprodukt Natriumchlorid am größten, im Kupferchlorid dagegen am kleinsten. Die Metalle verhalten sich in ihrer Reaktionsfähigkeit und Bindungsfestigkeit mit Chlor ähnlich wie mit Sauerstoff oder mit Schwefel.

Bromide und Iodide. Aus Aluminium und Brom entsteht in einer exothermen Reaktion *Aluminiumbromid* [B3, V3]:

$2\,Al + 3\,Br_2 \longrightarrow 2\,AlBr_3$

Kupfer reagiert mit in Wasser gelöstem Brom zu löslichem Kupferbromid [B4, V4].
Aus Magnesium und Iod entsteht in einer exothermen Reaktion *Magnesiumiodid* [V5]. Die Reaktion wird durch Zugabe von Wasser ausgelöst.

$Mg + I_2 \longrightarrow MgI_2$

Die Reaktionsprodukte aus Metallen und Halogenen, die **Metallhalogenide**, sind feste Stoffe mit meist hohen Schmelztemperaturen, viele lösen sich gut in Wasser.
Die Ähnlichkeit der Eigenschaften dieser Stoffe mit denen des Natriumchlorids („Salz") führte zum Oberbegriff **Salze** zunächst für alle Verbindungen aus Metallen und Halogenen, Metallhalogeniden.

Metall + Halogen ⟶ Metallhalogenid

So wird verständlich, warum Halogene als **Salzbildner** bezeichnet werden.

V1 (Abzug, Schutzbrille!)
a) In ein bis zum Erweichen erhitztes Reagenzglas bläst man ca. 2 cm über dem Boden ein Loch. Ein erbsengroßes, entkrustetes Natriumstück wird darin erhitzt. Kurz bevor sich das Natrium entzündet, taucht man das Reagenzglas in einen Zylinder mit Chlor.
b) Der entstandene weiße Stoff wird in möglichst wenig Wasser gelöst. Einen Tropfen der Lösung lässt man auf einem Objektträger eintrocknen und betrachtet den Rückstand unter dem Mikroskop.

V2 (Abzug!) Ein Standzylinder, dessen Boden mit Sand bedeckt ist, wird mit Chlor gefüllt. In das Gas wird erhitzte Eisenwolle getaucht. Der Versuch wird mit erhitztem Kupferblech wiederholt.

Zu den Salzen zählen auch *Oxide* und *Sulfide*. Salze entstehen z. B. bei der Reaktion von *Metallen* und *Nichtmetallen*. Zur systematischen Benennung von Salzen wird zuerst das Metall genannt, dann die Stammsilbe aus dem griechischen bzw. lateinischen Namen des Nichtmetalls mit angehängter Endung **-id**.

Reaktionsfähigkeit der Halogene. Vergleicht man die Reaktionsfähigkeit der Halogene Chlor, Brom und Iod mit jeweils *demselben* Metall [B5, V6], stellt man fest, dass auch die Halogene eine unterschiedliche Reaktionsfähigkeit zeigen. Sie nimmt von Chlor über Brom zum Iod hin ab.

Abnehmende Reaktionsfähigkeit →

F_2 Cl_2 Br_2 I_2

Dies entspricht einer Abnahme der Bindungsfestigkeit in den Kupferhalogeniden von Kupferchlorid bis Kupferiodid.

In der Elementgruppe der Halogene erkennt man eine abgestufte Änderung der jeweiligen Eigenschaften. Auch die Reaktionsfähigkeit mit Metallen ist eine Stoffeigenschaft. Sie nimmt von Fluor zu Iod hin ab.

Nachweis von Halogeniden. Gibt man zu Lösungen von Chloriden Silbernitratlösung, so entsteht jeweils eine weiße, trübe Flüssigkeit, eine Suspension, in der sich sofort ein weißer flockiger Feststoff absetzt. Man sagt: *Es ist ein weißer Niederschlag ausgefallen.* Das feste weiße Produkt ist aus den in beiden Lösungen enthaltenen Teilchen durch Umgruppierung dieser Teilchen entstanden. Der neue Stoff heißt *Silberchlorid*.
Entsprechend erhält man bei der Reaktion von Bromiden mit Silbernitratlösung weißgelbes *Silberbromid*, bei Iodiden gelbes *Silberiodid*. An der Farbe des Niederschlags ist erkennbar, welches Halogenid vorliegt.

Silbernitratlösung ist ein Nachweismittel für in Wasser gelöste Chloride, Bromide und Iodide. Man kann sie an der Farbe des Niederschlags unterscheiden.

V3 (Abzug!) In ein Reagenzglas füllt man ca. 1 cm hoch Brom und stellt es in Sand. Hierzu gibt man frisch abgerissene, aufgerollte Alufolie (ca. 5 cm x 3 cm).

V4 (Abzug!) Man gibt im Reagenzglas zu Bromwasser etwas Kupferpulver bzw. Zinkpulver und schüttelt kräftig. Beobachte die Farbänderung.

V5 (Abzug!) Man verreibt 1 g Magnesiumpulver mit ca. 2 g Iod und bildet daraus einen flachen Kegel. Man tropft etwas Wasser auf das Gemisch.

V6 (Abzug!) Man hält eine Kupferfolie (Blattmetall) in je einen Standzylinder mit Chlor-, Brom- und Ioddampf. Vergleiche die Reaktionsabläufe.

V7 Stelle jeweils eine Lösung von Natriumchlorid, Kaliumchlorid, Calciumchlorid, Natriumbromid, Kaliumbromid, Natriumiodid und Kaliumiodid in dest. Wasser her und gib in jedes Reagenzglas einige Tropfen Silbernitratlösung. (Vorsicht! Silbernitratlösung darf nicht in die Augen gelangen!) Beschreibe deine Beobachtungen.

A1 Formuliere für die Reaktionen von Aluminium mit Chlor und Kupfer mit Brom die Reaktionsgleichungen. Die Formel für Aluminiumchlorid ist: $AlCl_3$, die für Kupferbromid: $CuBr_2$.

A2 Vergleiche die Reaktionsfähigkeiten in den Elementgruppen der Alkalimetalle und der Halogene.

A3 Natriumchlorid, -bromid und -iodid sind weiße kristalline Substanzen. Proben von ihnen werden auf je ein Uhrglas gegeben und so vertauscht, dass ihre Herkunft nicht mehr erkennbar ist. Wie können die Substanzen identifiziert werden? Erstelle eine Versuchsplanung. Gib die zu erwartenden Ergebnisse an.

B5 Reaktion von Halogenen mit Kupfer. Die Reaktionsfähigkeit nimmt von Chlor (oben) über Brom (Mitte) zu Iod (unten) ab

5.14 Impulse Geschichte der Salzgewinnung

B1 Lüneburger Heide

Brauch:
Den neuen Haus- bzw. Wohnungsbewohnern bringen Gäste nach dem Umzug Brot und Salz mit. Diese drücken den Wunsch aus, dass kein Mangel an Lebensmitteln eintreten möge.

Natriumchlorid nimmt unter den in der Natur vorkommenden Salzen eine Sonderstellung ein. Es war in der Geschichte das teuer gehandelte „weiße Gold" und aller Einfallsreichtum wurde aufgeboten, um dieses Produkt zu gewinnen.

Siedesalz. Die Salzgewinnung durch Erhitzen von Sole (Salzlösung) war in Mitteleuropa die gebräuchlichste Herstellungsmethode [B2]. Man nutzte Solequellen oder laugte vorhandene Salzlager durch Zuleiten von Wasser aus; die entstehende Sole wurde in Brunnen gefördert und erhitzt. Dies erfolgte in Salinen. Die Betriebe konnten nur wirtschaftlich arbeiten, wenn billiges Brennmaterial in großen Mengen zur Verfügung stand. Viele Jahrhunderte lang war man auf Holz angewiesen; der Betrieb von Salinen führte zur Entwaldung ganzer Landstriche. So bildete sich z. B. die Lüneburger Heide aufgrund der Entwaldung durch den hohen Holzbedarf der Salinen von Lüneburg. Mit Beginn des Eisenbahnzeitalters konnte auch Kohle eingesetzt werden. Je geringer der Massenanteil des Salzes in der Sole ist (z. B. in Bad Kreuznach ca. 2 %, in Bad Dürkheim ca. 1 %), desto mehr Brennmaterial muss eingesetzt werden, um z. B. 1 kg Salz zu gewinnen. Zur Nutzung auch der salzärmeren Quellen baute man **Gradierwerke**: große, offene Gebäude mit Gestellen, gefüllt mit Schwarzdornreisig, über die die Sole herabrieselte und mehrfach umgepumpt wurde. Dadurch, dass die Sole über das Gradierwerk rieselte, verdunstete ein Teil des Wassers und hinterließ eine Lösung mit höherem Salzgehalt, die mit einem geringeren Aufwand an Brennmaterial eingedampft werden konnte. Heute spielen die Gradierwerke für die technische Salzgewinnung keine Rolle mehr. Trotzdem stehen sie noch in vielen Solebädern [B3], da der Aufenthalt in „salzhaltiger Luft" in der Umgebung der Gradierwerke eine ähnlich lindernde oder heilende Wirkung auf die Erkrankung der Atemwege besitzt wie ein Spaziergang am Meer.

B2 Salzgewinnung in Schwäbisch Hall um 1715

Steinsalz. Im 19. Jahrhundert wurden in Deutschland neue Salzlagerstätten erbohrt, die dann bergmännisch abgebaut werden konnten. Eines der größten Salzbergwerke der Welt liegt in Borth am Niederrhein. Auf einer Fläche von 88 km² wird die 200 Meter mächtige Salzlagerstätte abgebaut.

Das Borther Steinsalz ist bekannt für seine hohe Reinheit. Im Jahr werden etwa 2 Mio. t Steinsalz gefördert. Dieses wird aufbereitet und als Speisesalz, in der Medizin und der chemischen Industrie verwendet. Ein großer Absatzbereich ist auch der Einsatz als Streu- oder Auftausalz im Straßenverkehr.

B3 Großes Gradierwerk in Bad Salzuflen

B4 Salztransport im Mittelalter

Hinweise auf Salz in Ortsnamen. Die Salzvorkommen, besonders die Solequellen, waren häufig Keimzellen sich entwickelnder Siedlungen. Orts- und Flussnamen wie -salz, -sulz, -sol oder -hall (von kelt. hal, Sal) weisen noch heute auf alte Stätten der Salzgewinnung hin.

Salzstraßen. Häufig waren die ersten Straßen und Wege, die angelegt wurden, Salzstraßen, wie z. B. die erste Handelsstraße Roms, die „via salaria". Auch Deutschlands erste Straßen waren Salzhandelswege. So exportierte man z.B. Salz von Reichenhall aus nach Bayern, Württemberg, Böhmen und in die Schweiz.

Wasserwege. Besonders günstig war der Salztransport auf dem Wasser. Lübeck war z. B. der Verschiffungshafen für das Lüneburger Salz, das zunächst mit dem Schiff nach Lauenburg (Elbe) und dann mit Pferdefuhrwerken nach Lübeck transportiert wurde. Von Lübeck ging das Salz nach Friesland und vor allem nach Skandinavien, wo aufgrund des Hering- und Kabeljau-Fangs ein hoher Bedarf bestand. Die Salinen Lüneburgs stellten mit einer Produktion von ca. 22 000 t Salz pro Jahr im 16./17. Jahrhundert die größte Industrieansiedlung in Mitteleuropa dar. Schon 1390 wurde der Elbe-Trave-Kanal gegraben, der Lüneburg direkt mit Lübeck verband. Die Bedeutung Lüneburgs zeigt sich auch in der Aufnahme der Stadt in den Bund der Norddeutschen Hanse.
Wie die Produktion von Salz führte auch der Salzhandel zu Gründungen bzw. zur Entwicklung von Siedlungen, an Furten oder Brücken der Handelsstraßen, an Flussmündungen, Umladeplätzen, Maut- oder Zollstationen.

Salz und Geld. Arabischen Schriftstellern zufolge wurden in manchen Gebieten Afrikas Salz und Gold im Verhältnis 1:1 getauscht. Salz war jedoch nicht nur Tauschmaterial, sondern wurde auch als Zahlungsmittel verwendet.

Auch in Europa verweist Salz auf Geld. Im 13. Jahrhundert wurde in Schwäbisch Hall zur Bezahlung der Salinenarbeiter der „Häller" (später: Heller) geprägt. Er verbreitete sich in ganz Süddeutschland und ist auch heute noch in vielen Redensarten enthalten wie z. B. „auf Heller und Pfennig", „bis zum letzten Heller" oder „keinen roten Heller mehr besitzen".

Die Gewinnung von Salz brachte den entsprechenden Städten Blüte und großen Reichtum. In den Städten kam es zur Herausbildung einer selbstbewussten Bürgerschaft mit wachsendem politischen Einfluss gegenüber den Landesherren. Das städtische Selbstbewusstsein zeigte sich auch im Stadtbild mit entsprechend prachtvollen Bauten.

B5 Händleinheller, Schwäbisch Hall, 14. Jhdt.

A1 Zur Schonung der Salinen-Wälder bestand schon vor ca. 500 Jahren in Bad Reichenhall die Vorstellung des „ewigen Waldes"; d. h., es durfte in einem Jahr nur so viel Holz gefällt werden, wie in dieser Zeit auch wieder nachwuchs. In welchen Bereichen spricht man heute von nachhaltiger Nutzung nachwachsender Rohstoffe?

A2 Was versteht man unter Sole?

A3 Erläutere mit eigenen Worten die frühere und heutige Aufgabe eines Gradierwerkes.

A4 Der Hellweg verbindet einige Städte des Ruhrgebietes. Die Deutung des Namens als Salzweg trifft wahrscheinlich nur auf Teile dieser Straße zu. Recherchiere mindestens vier Städte, die am Hellweg liegen, und die weitere Bedeutung des Namens Hellweg.

A5 Recherchiere, wie die ausgehöhlten Salzlagerstätten heute genutzt werden.

5.15 Der Boden

B1 Bodenprofil

Der Boden ist ein Teil der belebten oberen Erdkruste (Kap. 5.1, Böden und Gesteine). Er entsteht als Verwitterungsprodukt von Gesteinen im Zusammenspiel mit organischen Substanzen. An seinem Aufbau sind Tonmineralien (Verbindungen von Aluminium, Calcium, Eisen, Kalium, Magnesium, Natrium, Silicium und Sauerstoff) sowie Humusstoffe (pflanzliche und tierische Stoffe abgestorbener Organismen) beteiligt.

Aufbau des Bodens. Wenn eine Baugrube ausgehoben wird, kann man häufig eine Schichtung des Bodens erkennen [B1]. Die oberste Schicht, der **A-Horizont**, ist der von Pflanzen durchwurzelte Oberboden, der **B-Horizont** enthält nur noch wenige organische Bestandteile, der **C-Horizont** besteht nur noch aus teilweise verwittertem Gestein.

Böden sind nicht einheitlich aufgebaut [B2], sie kommen meist als Mischformen vor. So findet man z. B. lehmigen Sand, sandigen Lehm oder lehmigen Ton.

Durchmesser von Bodenbestandteilen in mm	
Steine	> 20
Kies	20 bis 2
Sand	2 bis 0,05
Schluff	0,05 bis 0,002
Ton	< 0,002

Bodenart	Zusammensetzung
Steinboden	überwiegend Gestein, wenig Feinerde
Sandboden	etwa drei Viertel Sand, ein Viertel Feinerde
Lehmboden	Sand und Ton zu gleichen Teilen
Tonboden	überwiegend Ton, weniger Sand

B2 Bodenarten

Düngung des Bodens. Pflanzen benötigen außer Licht und Kohlenstoffdioxid aus der Luft Wasser und in ihm gelöste Mineralsalze zum Wachsen. Stellt der Boden diese Salze nicht in ausreichendem Maß zur Verfügung, müssen sie ihm zugeführt werden. Das geschieht durch die Düngung. Ein Gärtner oder Landwirt muss die Menge des zugefügten Düngers genau auf das zum guten Wachstum der Pflanzen nötige Maß einstellen, sonst wird der Boden überdüngt und die Pflanzen wachsen nicht wie gewünscht.

Exkurs Bodenversalzung in Trockengebieten

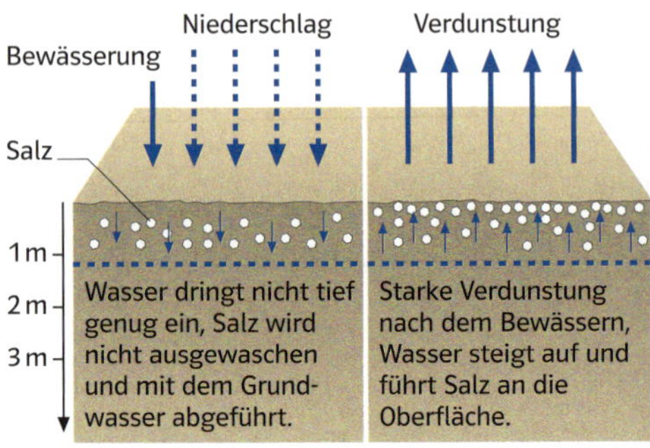

Salz kommt in Salzseen und Salzpfannen vieler Trockengebiete vor. Es werden dort auch Salze ausgeschieden, wenn Süßwasser mit geringem Salzgehalt lange Zeit ständig verdunstet. Der Bau von Staudämmen ermöglichte es, durch Bewässerung viele Trockengebiete landwirtschaftlich intensiv zu nutzen. Inzwischen trifft man aber auch immer häufiger auf verödete Felder inmitten des Kulturlandes. Auf Böden sind weiße Salzflecken oder Krusten zu erkennen, die Erde ist hart und rissig. Durch Bewässerung werden Salze des Bodens gelöst. Sie gelangen durch ständige Verdunstung laufend nach oben und scheiden sich ab. Auf versalztem Boden können keine Nutzpflanzen mehr wachsen.

1. Gib mit Hilfe eines Atlasses Trockengebiete mit ausgedehnten Bewässerungsflächen an.
2. In Trockengebieten gibt es große Salzseen und ausgedehnte Salzsümpfe. Erkläre diesen Sachverhalt und stelle einige Beispiele zusammen.
3. Eine Maßnahme gegen die Bodenversalzung ist der Bau von Entwässerungskanälen, die salzhaltiges Grundwasser aufnehmen und ableiten. Erläutere mit Hilfe der oben stehenden Grafik dieses Verfahren.

Salzkrusten auf einem Feld

5.16 Praktikum Salz im Boden – schädlich für Pflanzen?

Jeden Winter liest man in der Zeitung, dass man kein Streusalz verwenden soll, da die Pflanzen an der Straße geschädigt werden.

Flüssigkeitstransport in der Pflanze. Eine Pflanze entnimmt dem Boden Wasser und mit ihm gelöste Stoffe. Eine wesentliche Ursache für den Flüssigkeitstransport in Pflanzen liegt in der Osmosewirkung der Zellmembran.
Im Bodenwasser, das die Pflanzen entnehmen, sind im Wesentlichen Salze (Mineralstoffe) gelöst. Wie viel Salz (z. B. Natriumchlorid) eine Pflanze verträgt, hängt vor allem von der Pflanzenart ab. So leben am Meeresrand oder im Wattenmeer Salz tolerierende Pflanzen, die **Halophyten**, wie z. B. der Queller [B2]. Sie haben Mechanismen, die sie befähigen, überschüssiges Salz auszuscheiden. Pflanzen an den Straßen, die mit Streusalz im Winter belastet werden, haben diese Fähigkeit nicht.

Osmose. Trennt man eine Salzlösung durch eine feinporige Wand (Membran) von reinem Wasser, beobachtet man eine Zunahme des Volumens der Lösung [B3]. Wassermoleküle sind durch die Membran in die Salzlösung eingedrungen und haben sie verdünnt. Sie sind klein genug, um durch die feinen Poren zu gelangen, die Salzteilchen sind hierfür zu groß [B4]. Diesen Vorgang, bei dem Lösungsmittelmoleküle durch halbdurchlässige Membranen diffundieren und eine Lösung verdünnen, nennt man **Osmose**.
Zellen von Pflanzen sind von halbdurchlässigen Membranen umgeben. Kommt eine Zelle mit Wasser in Berührung, kann dieses in die Zelle eindringen, da gelöste größere Teilchen nicht nach außen können. Durch die Wasseraufnahme entsteht in den Zellen ein Druck, der sie strafft und der Pflanze Halt gibt. Kommt eine Zelle mit einer Salzlösung in Berührung, tritt Wasser aus der Zelle aus, wenn die Salzkonzentration außerhalb der Zelle größer ist als in der Zelle. Fehlt Wasser in den Zellen, welkt die Pflanze und fällt in sich zusammen.

V1 Wie viel Salz verträgt Basilikum?
Geräte und Chemikalien: Messbecher, Teelöffel, Esslöffel, Kochsalz, Wasser, 3 Basilikumpflanzen.

Durchführung: Besorgt im Supermarkt drei Töpfchen mit Basilikum. Stellt zwei Salzlösungen her, für die verdünntere Lösung gebt einen Teelöffel Kochsalz in 0,5 l Wasser, für die konzentriertere Lösung gebt einen Esslöffel Kochsalz in 0,5 l Wasser. Die beim Lösen entstehende Trübung kann unberücksichtigt bleiben, sie rührt her von weiteren Inhaltsstoffen im verwendeten Kochsalz. Die Trübstoffe setzen sich mit der Zeit am Boden ab. Für euren Versuch benötigt ihr drei Gießlösungen: **a)** Leitungswasser, **b)** verdünnte und **c)** konzentrierte Kochsalzlösung.
Stellt die drei Basilikumpflanzen auf kleine Teller ans Fenster. Gießt sie mit den drei Lösungen und notiert den Gießzeitpunkt. Beobachtet die Pflanzen zunächst im Abstand von ca. einer dreiviertel Stunde. Gießt sie evtl. nach 1,5 Stunden noch einmal. Schreibt die Beobachtungszeitpunkte jeweils auf, notiert den Zustand der Pflanzen, ihr könnt auch Fotos zu diesen Zeitpunkten machen.
Setzt die Beobachtung etwa einen Tag lang (24 Stunden) fort.

Auswertung: Stellt die Ergebnisse (Beobachtungszeiten, Beschreibung, Zeichnungen, Fotos der Pflanzen) auf einem Plakat zusammen und präsentiert sie eurer Klasse. Erstellt eine Beurteilung zum Einfluss des Salzes auf die Basilikumpflanzen.

B1 Basilikum - eine Kräuterpflanze

B2 Queller - eine Salzpflanze im Watt

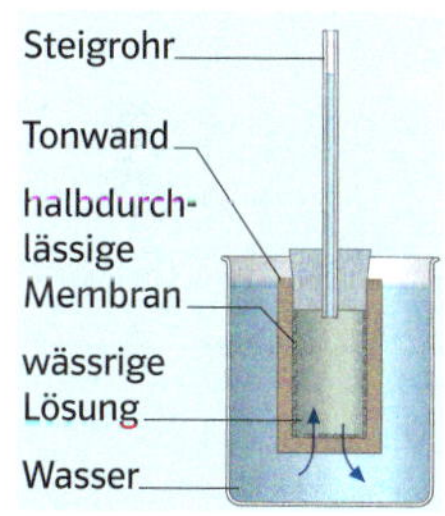

B3 Versuch zur Osmose

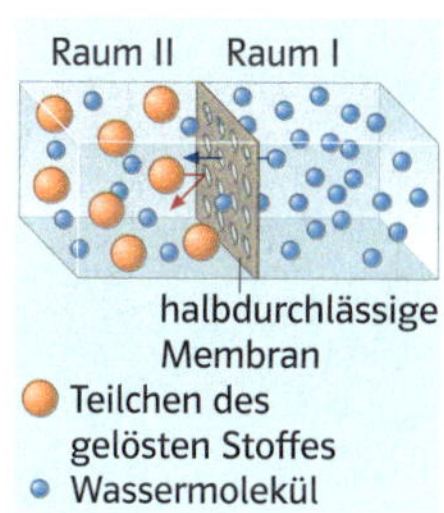

B4 Osmose im Teilchenmodell

5.17 Durchblick Zusammenfassung und Übung

B1 Alkalimetalle

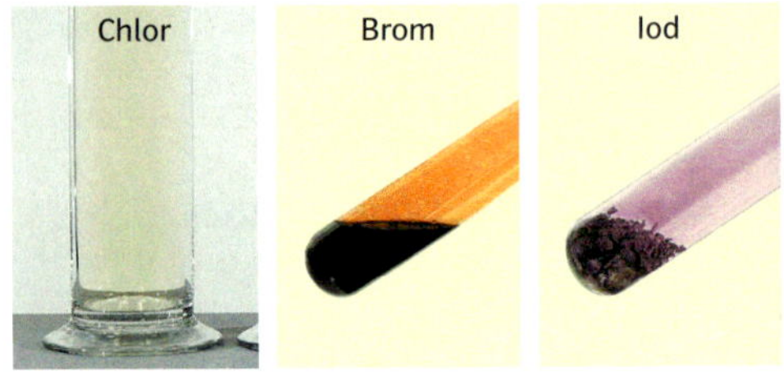

B3 Die Halogene

Alkalimetalle
Eine Gruppe von sehr reaktionsfähigen Metallen, die in ihren Eigenschaften sehr ähnlich sind. Zu ihr gehören (Reihenfolge nach steigender Atommasse): Lithium (Li), Natrium (Na), Kalium (K), Rubidium (Rb), Caesium (Cs) und das radioaktive Element Francium (Fr).

Erdalkalimetalle
Eine Gruppe von Elementen, die den Alkalimetallen ähnlich sind. Sie unterscheiden sich von diesen im Wesentlichen in der Zusammensetzung ihrer Verbindungen. Zu ihr gehören: Beryllium (Be), Magnesium (Mg), Calcium (Ca), Strontium (Sr), Barium (Ba) und das radioaktive Element Radium (Ra).

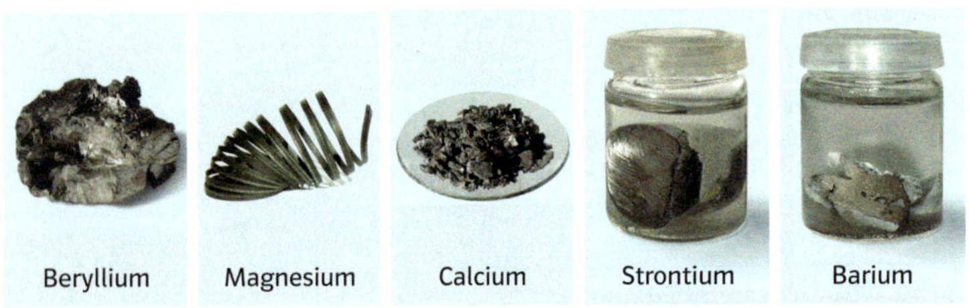

B2 Erdalkalimetalle

Verbindungen der Alkali- und Erdalkalimetalle
Alle Alkalimetalle bilden Hydroxide der Zusammensetzung MOH und Chloride der Zusammensetzung MCl. Alle Erdalkalimetalle bilden Hydroxide der Zusammensetzung $M(OH)_2$ und Chloride der Zusammensetzung MCl_2. (M steht hier jeweils für das Alkali- oder Erdalkalimetallatom).

Halogene
Zur Elementgruppe der Halogene (Salzbildner) gehören die Elemente Fluor (F), Chlor (Cl), Brom (Br) und Iod (I) sowie das radioaktive Element Astat (At). Bei Zimmertemperatur sind die elementaren Stoffe Fluor und Chlor gasförmig, Brom flüssig und Iod fest. Die Farben im Gaszustand sind charakteristisch: Fluor hellgelb, Chlor gelbgrün, Brom braunorange, Iod violett.

Eigenschaften, Reaktionsfähigkeit
In den Elementgruppen der Alkali- und Erdalkalimetalle sowie der Halogene erkennt man eine abgestufte Änderung der jeweiligen Eigenschaften. Die Reaktionsfähigkeit der Alkali- und Erdalkalimetalle nimmt mit steigender Atommasse zu, die Reaktionsfähigkeit der Halogene nimmt mit steigender Atommasse ab.

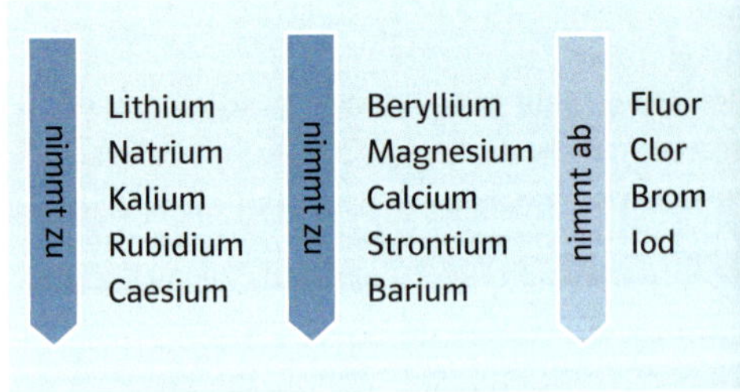

B4 Reaktionsfähigkeit der Elemente der drei Elementgruppen

A1 Frische Schnittflächen eines Natriumstücks überziehen sich an feuchter Luft sofort mit einem grauen Belag. In völlig trockener Luft könnte man den Glanz längere Zeit beobachten. Was schließt du daraus?

A2 Alkali-, Erdalkalimetalle und Halogene kommen in der Natur nicht als elementare Stoffe vor, dagegen gibt es viele Verbindungen dieser Elemente. Erkläre.

B5 zu Aufgabe 3

A3 An vielen Straßen und Straßenkreuzungen hat man Lampen aufgestellt, die ein intensiv gelbes Licht ausstrahlen. In der Lampe befindet sich eine Glasröhre, in der sich unter geringem Druck ein unter diesen Bedingungen gasförmiges Metall befindet. Bei Energiezufuhr durch den elektrischen Strom leuchtet es gelb. Um welches Metall kann es sich handeln?

A4 Bariumhydroxid ist wie Calciumhydroxid nur mäßig in Wasser löslich. Seine wässrige Lösung heißt Barytwasser. Wie Kalkwasser kann man Barytwasser zum Nachweis von Kohlenstoffdioxid einsetzen, auch hier entsteht eine Trübung beim Einleiten von Kohlenstoffdioxid. Welche Formel hat Bariumhydroxid?

A5 Die Formeln einiger Alkali- und Erdalkalihalogenide lauten: LiCl, $MgCl_2$, NaBr, MgI_2, KI, $CaBr_2$. Gib die Namen der Verbindungen an. Ordne die Formeln nach Alkali- und Erdalkalimetallverbindungen. Erkläre die Unterschiede.

A6 Kochsalz enthält in geringen Mengen hygroskopisches (Wasser anziehendes) Magnesiumchlorid. Diesem Salz ist es zuzuschreiben, dass das Salz „klebrig" wird und die Löcher des Salzstreuers verstopft. In vielen Haushalten ist es üblich, Reis in den Salzstreuer zu geben, um das Salz rieselfähig zu halten. Was bewirkt der Reis?

A7 Ein Detektiv vermutet bei seinem täglichen Abendessen im Restaurant, dass der Koch aus den zurückgelassenen Knochen am nächsten Tag eine Suppe kocht. Er macht ein Experiment: Auf die Reste seines Abendessens gibt er etwas Lithiumchlorid. Am Abend darauf lässt er die aufgetischte Suppe zurückgehen, füllt aber vorher eine Probe in ein Röhrchen und untersucht diese im Labor. Schreibe auf, wie seine Untersuchung im Labor ablaufen wird. Wie stellt er fest, ob die Suppe mit Restknochen gekocht wurde?

A8 Plane einen Versuch, in dem du nachweisen kannst, dass sich in einem Gemisch neben Natriumchlorid auch Kaliumchlorid befindet.

A9 Übertrage und vervollständige die folgende Mindmap in deinem Heft z. B. mit diesen Begriffen: Barium, Brom, Caesium, Calcium, Chlor, Fluor, Iod, Kalium, Lithium, Magnesium, Rubidium, Strontium, Flammenfärbung, Silbernitratprobe, gelb, rot, violett, blau, grün, ziegelrot, orange, dunkelrot, weißer Niederschlag, weißgelber Niederschlag, gelber Niederschlag.

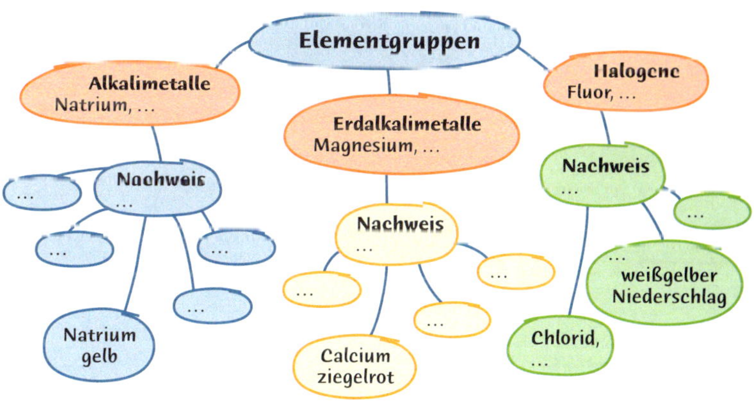

5.18 Elementgruppen und Periodensystem

Exkurs Die Elementgruppe der Edelgase

Element, Zeichen des Atoms	Atommasse in u	Siedetemperatur in °C	Dichte (20 °C, 1013 hPa) in g/l	1 l Luft enthält (ml)	Licht der Leuchtstoffröhre
Helium, He	4,0	−269	0,17	0,0046	gelb
Neon, Ne	20,2	−246	0,84	0,016	rot
Argon, Ar	39,9	−186	1,66	9,3	violett
Krypton, Kr	83,8	−152	3,48	0,0011	gelbgrün
Xenon, Xe	131,3	−107	5,49	0,00008	violett

B1 Die Edelgase bilden eine Elementgruppe

Eine Gruppe von Elementen, die ihre Verwandtschaft auf besonders einfache Weise erkennen lassen, sind die *Edelgase* [B1]. Diese wurden erst Ende des 19. Jahrhunderts entdeckt. Die elementaren Stoffe Helium, Neon, Argon, Krypton und Xenon sind alle in der Luft enthalten. Ihr Anteil ist, mit Ausnahme des Argons, sehr gering. Es zeigte sich, dass das zuerst entdeckte Argon (von griech. argos, träge) mit keinem anderen Stoff reagiert. Entsprechend verhielten sich die anderen oben erwähnten elementaren Stoffe. Deshalb nannte man sie wegen ihres „edlen Charakters" Edelgase. Erst seit 1962 weiß man, dass Krypton und Xenon in besonderen Fällen reagieren.

Wegen ihrer Reaktionsträgheit werden Edelgase als Schutzgase verwendet, um unerwünschte Reaktionen zu verhindern, z. B. die Oxidation von Metallen beim Schweißen. Edelgase erzeugen in Leuchtstoffröhren charakteristische Farben [B2]. Viele Glühlampen sind mit Krypton und Xenon gefüllt, um ein Durchschmelzen der Glühwendel zu erschweren. Dadurch kann die Glühtemperatur auf über 2500 °C gesteigert und damit die Lichtausbeute erhöht werden. Alle Edelgase sind farblos und geruchlos; sie bestehen aus einzelnen, nicht gebundenen Atomen.

Neon Argon Krypton

B2 Anwendungsbeispiele für die Edelgase

Ein auffälliges Ausstattungsmerkmal des Chemiesaals ist eine besondere Tabelle, in der die Zeichen aller Atomarten stehen. In diesem als *Periodensystem der Elemente* bezeichneten System sind die Elemente in Reihen und Spalten angeordnet.

Das System der Elemente von Mendelejew und Meyer. Bis Mitte des 19. Jahrhunderts waren etwa 50 Elemente bekannt. Zahlreiche Forscher beschäftigte damals die chemische Verwandtschaft der Elemente. Es wurden bereits Elemente mit ähnlichen Eigenschaften zu Gruppen zusammengefasst, z. B. Lithium, Natrium und Kalium.

Der russische Forscher Dimitrij Mendelejew [B3] und der deutsche Chemiker Lothar Meyer [B4] ordneten die Elemente nach steigender Atommasse. Beide erkannten unabhängig voneinander in der Abfolge der Elemente eine Regelmäßigkeit. So folgte z. B. auf jedes Alkalimetall als siebtes Element wieder ein Alkalimetall [B6a]. Auf jedes Element bis zum Element Calcium (Ca) folgte als siebtes Element wieder ein Element mit ähnlichen Eigenschaften. In der Reihe fehlen die damals noch unbekannten Edelgase.
Teilt man die Reihe in Abschnitte, die jeweils mit dem Alkalimetall beginnen, und stellt diese untereinander, so erhält man [B6b]. Hier stehen jeweils die verwandten Elemente untereinander.
In Mendelejews System der Elemente stehen verwandte Elemente nebeneinander [B5].

B3 Dimitrij Mendelejew (1834 – 1907)

B4 Lothar Meyer (1830 – 1895)

MENDELEJEW ordnete die ihm bekannten Elemente nicht alle fortlaufend an, sondern hielt Plätze für noch nicht entdeckte Elemente frei. Er versah diese mit einem Fragezeichen. Durch Vergleich mit den daneben stehenden Elementen gelang es ihm, manche Eigenschaften von fehlenden Elementen, z. B. Gallium (Ga) [B8] und Germanium (Ge) vorherzusagen.

Periodensystem der Elemente. MENDELEJEWS System konnte durch viele Elemente erweitert werden. Heute sind mehr als 110 bekannt. Die aktuelle Anordnung der Elemente entspricht im Wesentlichen den Systemen von MENDELEJEW und MEYER. Verwandte Elemente stehen jetzt in Spalten untereinander. Reihen von Elementen, die jeweils mit einem Alkalimetall beginnen, nennt man *Perioden*. Eine solche Anordnung zeigt das periodische Auftreten verwandter Elemente und wird daher *Periodensystem* (PSE) genannt.

Untereinander in Spalten stehende Elemente gehören zu einer Elementgruppe. Das Periodensystem in [B7] enthält nur die Elemente der Hauptgruppen. Ein PSE, das auch die Elemente der Nebengruppen berücksichtigt, befindet sich in diesem Buch hinter dem Anhang. Die erste Periode umfasst nur zwei Elemente – Wasserstoff und Helium –, die dadurch eine Sonderstellung einnehmen. Wasserstoff wird meist der ersten Hauptgruppe zugeordnet, obwohl er nicht zu den Alkalimetallen gehört. Bei einer Anordnung nach steigender Atommasse müsste Kalium (K) vor Argon (Ar) und Iod (I) vor Tellur (Te) stehen. Um zu erreichen, dass in einer Gruppe immer nur Elemente mit ähnlichen Eigenschaften stehen, mussten die Entdecker an einigen Stellen des Periodensystems die Plätze von jeweils zwei Elementen vertauschen. Dabei hatte das Ordnungsprinzip der chemischen Ähnlichkeit Vorrang vor der Atommasse. Die sich so ergebende Reihenfolge der Elemente wurde durch eine *Ordnungszahl* festgelegt.

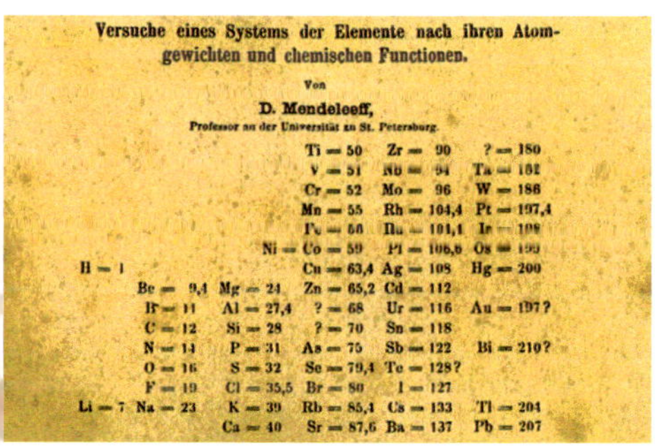
Versuche eines Systems der Elemente nach ihren Atomgewichten und chemischen Functionen.

Von

D. Mendeleeff,

Professor an der Universität zu St. Petersburg.

			Ti — 50	Zr — 90	? — 180
			V — 51	Nb — 94	Ta — 182
			Cr — 52	Mo — 96	W — 186
			Mn — 55	Rh — 104,4	Pt — 197,4
			Fe — 56	Ru — 104,4	Ir — 198
			Ni — Co — 59	Pl — 106,6	Os — 199
H — 1			Cu — 63,4	Ag — 108	Hg — 200
	Be — 9,4	Mg — 24	Zn — 65,2	Cd — 112	
	B — 11	Al — 27,4	? — 68	Ur — 116	Au — 197?
	C — 12	Si — 28	? — 70	Sn — 118	
	N — 14	P — 31	As — 75	Sb — 122	Bi — 210?
	O — 16	S — 32	Se — 79,4	Te — 128?	
	F — 19	Cl — 35,5	Br — 80	I — 127	
Li — 7	Na — 23	K — 39	Rb — 85,4	Cs — 133	Tl — 204
		Ca — 40	Sr — 87,6	Ba — 137	Pb — 207

B5 MENDELEJEWS System der Elemente von 1869

a) Anordnung nach steigender Atommasse in u

Li	Be	B	C	N	O	F	Na	Mg	Al	Si	P	S	Cl	K	Ca
6,9	9	10,8	12	14	16	19	23	24,3	27	28,1	31	32,1	35,5	39,1	40,1

b) Verwandte Elemente werden untereinander gestellt. Für die Elemente stehen die Zeichen ihrer Atome.

Li	Be	B	C	N	O	F
Na	Mg	Al	Si	P	S	Cl
K	Ca					

B6 Ansatz zur Ordnung der Elemente

Perioden	I	II	III	IV	V	VI	VII	VIII
1	1,0 $_{1}H$							4,0 $_{2}He$
2	6,9 $_{3}Li$	9,0 $_{4}Be$	10,8 $_{5}B$	12,0 $_{6}C$	14,0 $_{7}N$	16,0 $_{8}O$	19,0 $_{9}F$	20,2 $_{10}Ne$
3	23,0 $_{11}Na$	24,3 $_{12}Mg$	27,0 $_{13}Al$	28,1 $_{14}Si$	31,0 $_{15}P$	32,1 $_{16}S$	35,5 $_{17}Cl$	39,9 $_{18}Ar$
4	39,1 $_{19}K$	40,1 $_{20}Ca$	69,7 $_{31}Ga$	72,6 $_{32}Ge$	74,9 $_{33}As$	79,0 $_{34}Se$	79,9 $_{35}Br$	83,8 $_{36}Kr$
5	85,5 $_{37}Rb$	87,6 $_{38}Sr$	114,8 $_{49}In$	118,7 $_{50}Sn$	121,8 $_{51}Sb$	127,6 $_{52}Te$	126,9 $_{53}I$	131,3 $_{54}Xe$
6	132,9 $_{55}Cs$	137,3 $_{56}Ba$	204,4 $_{81}Tl$	207,2 $_{82}Pb$	209,0 $_{83}Bi$	209 $_{84}Po$	210 $_{85}At$	222 $_{86}Rn$

B7 PSE der Hauptgruppenelemente. Die Ordnungszahl steht unter, die Atommasse in u über der Atomart

A1 Warum fehlte im Periodensystem von MENDELEJEW die 8. Hauptgruppe?

A2 In welchem Bereich des Periodensystems der Hauptgruppenelemente stehen die dir bekannten Metalle bzw. Nichtmetalle?

A3 Nenne die Gruppe und Periode, in der das Element Stickstoff bzw. das Element Magnesium steht. Gib jeweils die Ordnungszahl und die Atommasse an.

A4 Welche Ordnungsprinzipien wurden bei der Aufstellung des PSE berücksichtigt?

B8 Gallium schmilzt wie vorhergesagt in der Hand

5.19 Elektrische Ladung im Atom

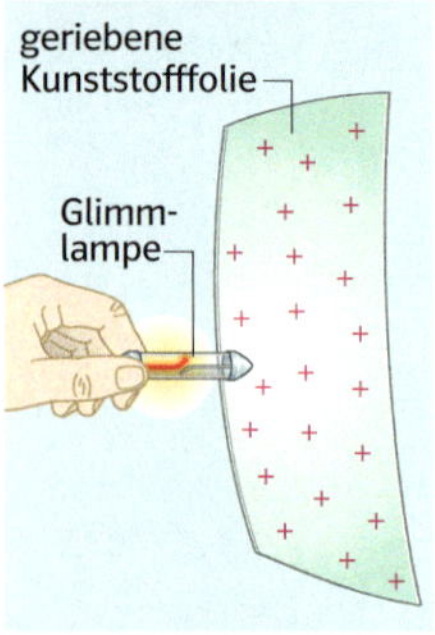

B1 Oben: Nachweis der Ladung einer Kunststofffolie mit dem Elektroskop
unten: Nachweis der Polung: Die Glimmlampe leuchtet am negativen Pol

MENDELEJEW und anderen Forschern seiner Zeit gelang es noch nicht, die Rätsel zu lösen, die das Periodensystem aufgab. Er gab aber einen wichtigen Hinweis: „Aller Wahrscheinlichkeit nach liegt die Ursache in der inneren Mechanik der Atome und Moleküle." Durch welche Erkenntnisse erhalten wir „Einblicke" in das Atominnere?

Stoffe können sich elektrisch aufladen. Verbindet man ein Metallstück mit dem Pol einer Spannungsquelle, wird es elektrisch aufgeladen. Gegenstände können sich jedoch auch ohne Spannungsquelle *elektrisch aufladen*. Reibt man eine Kunststofffolie mit Papier [V2], so ziehen sich beide gegenseitig an. Werden zwei Folien jeweils mit Papier gerieben und zusammengebracht, so stoßen sie sich ab. Am Zeigerausschlag des Elektroskops ist zu erkennen, dass Folie und Papier elektrisch aufgeladen sind [B1, oben]. Mit der Glimmlampe lässt sich zeigen, dass die Folie bei unserem Versuch *positiv* und das Papier *negativ* aufgeladen wird [B1, unten].

Alle Stoffe besitzen positive und negative Ladungen. Ladung kann portionsweise mit einem Ladungsträger, z. B. mit einer Metallkugel mit Isoliergriff, transportiert werden. Auch im Stromkreis erfolgt der Ladungstransport durch Ladungsträger. Es handelt sich dabei um geladene Teilchen. Sie sind in allen Gegenständen, die weder positiv noch negativ aufgeladen sind, enthalten. Die positiven und negativen Ladungsportionen sind hier gleich groß und heben sich in ihrer Wirkung nach außen auf. Sie neutralisieren sich.
Durch innige Berührung (z. B. beim Reiben) können Ladungsportionen von einem Gegenstand auf einen anderen übertragen werden. Dabei kann ein Überschuss an positiver oder negativer Ladung entstehen. Gleichnamig aufgeladene Gegenstände stoßen sich ab, zwischen entgegengesetzt aufgeladenen wirkt eine Anziehungskraft.

In Metallen lassen sich geladene Teilchen verschieben, wie der folgende Versuch zur elektrischen Influenz zeigt. Bringt man eine positiv oder negativ geladene Kugel in die

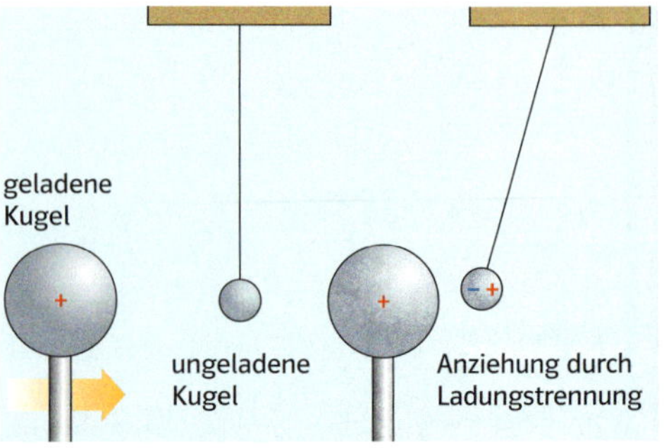

B2 Elektrische Influenz. Die isoliert aufgehängte Metallkugel wird von der geladenen Kugel angezogen

Nähe einer neutralen, isoliert aufgehängten Metallkugel, so wird diese angezogen.
Die zunächst gleichmäßig verteilten positiven und negativen Ladungen werden durch die von der geladenen Kugel ausgehenden Kraft getrennt [B2]. Dabei müssen die Ladungsträger gegeneinander verschoben worden sein, eine Ladungstrennung hat stattgefunden.

Welche Ladungsträger sind beweglich?
In einem luftleeren (evakuierten) Glaskolben befindet sich eine Metallplatte und ihr gegenüber eine Glühwendel aus dünnem Draht. Die Metallplatte ist positiv geladen, wenn sie mit einem positiv geladenen Elektroskop verbunden wird [B3]. Glüht die Drahtwendel, kann beobachtet werden, dass der Zeigerausschlag zurückgeht. Das Elektroskop wird entladen.

V1 Reibe nacheinander zwei Acetatfolien (Arbeitsprojektorfolien) mit Papier. Halte beide Folien parallel und nähere sie einander.

V2 Reibe zwei Acetatfolien mit je einem gleich großen, dicht aufliegenden Blatt Papier. Trenne das Papier von der Folie und lege eine Folie kurz auf die Metallplatte eines Elektroskops [B1]. Verbinde die zweite Folie mit einer geerdeten Glimmlampe. Führe diese Versuche auch mit dem zum Reiben verwendeten Papier durch.

Wird das Elektroskop und damit auch die Metallplatte negativ aufgeladen, verändert sich der Zeigerausschlag dagegen nicht.
Das Elektroskop wird nicht entladen. Dieser glühelektrische Effekt ist ein Hinweis darauf, dass in Metallen nur Teilchen mit negativer Ladung beweglich sind. Die Glühwendel gibt negativ geladene Teilchen ab, die zur positiv geladenen Platte gelangen, von der negativ geladenen aber abgestoßen werden. Diese Teilchen heißen **Elektronen**.
Sie haben alle die gleiche, im Vergleich zu den Atomen, sehr geringe Masse. Die gleich große Ladung der Elektronen ist die vom Betrag her kleinste auftretende negative Ladungsportion, die *negative Elementarladung*.

Fließt Strom durch einen metallischen Leiter, so bedeutet dies, dass Elektronen fließen. Sie stammen von den Metallatomen.
Der festsitzende positive Rest des Atoms ist charakteristisch für das betreffende Metall und besitzt fast die ganze Masse des Metallatoms. Auch Verbindungen von Nichtmetallatomen können Elektronen abgeben [V2]. In fast allen Teilchenverbänden aus Nichtmetallatomen sind Elektronen aber kaum beweglich.

Von den Atomen aller Atomarten lassen sich Elektronen abspalten. Sie sind Bauteilchen der Atome.

A1 Wie lässt sich die Ladungsart einer elektrisch geladenen Kugel nachweisen?

A2 Was lässt sich beobachten, wenn zwei baugleiche Elektroskope, von denen eines positiv, das andere bis zum gleichen Ausschlag negativ aufgeladen ist, mit einem Experimentierkabel verbunden werden?

A3 Der Zeiger eines ungeladenen Elektroskops schlägt aus, wenn sich diesem eine geladene Kugel nähert, ohne dass ein Kontakt erfolgt. Erkläre.

A4 Beim glühelektrischen Effekt bleibt der Zeigerausschlag des negativ aufgeladenen Elektroskops erhalten. Nenne die Ursache.

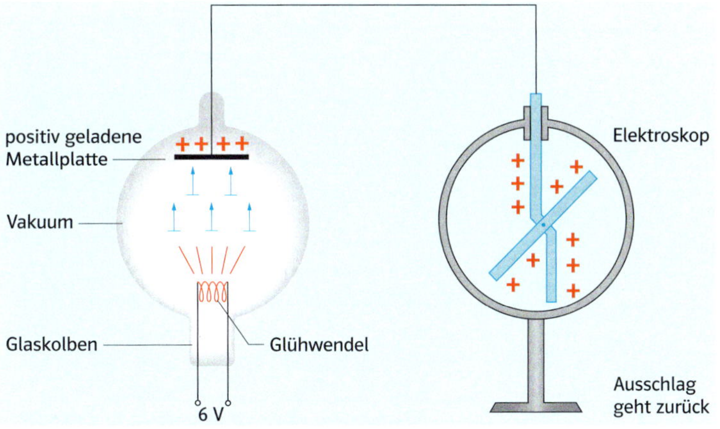

B3 Glühelektrischer Effekt. Ein glühender Metalldraht sendet negative Ladung aus

Exkurs Marie Curie

Wesentliche Erkenntnisse über den Atombau ergaben sich durch die Entdeckung der Radioaktivität. 1896 beobachtete der Physiker Henri Becquerel, dass Uranverbindungen unsichtbare Strahlen aussenden, die eine lichtgeschützte Fotoplatte schwärzen. Von Marie Curie wurden diese Untersuchungen weitergeführt. Dabei entdeckte sie, dass die Strahlung des Uranerzes Pechblende intensiver ist als die des Urans. Auf der Suche nach der Ursache fand sie zwei stark strahlende Elemente, die in winzigen Spuren im Erz enthalten sind. Marie Curie, die auch den Begriff Radioaktivität prägte, gab ihnen die Namen Radium (von lat. radius, Strahl) und Polonium (nach Polen, dem Land ihrer Herkunft).
Zusammen mit ihrem Ehemann, dem Physiker Pierre Curie, entdeckte sie, unabhängig von den zeitgleichen Forschungsergebnissen Rutherfords, dass Radium drei verschiedene Strahlenarten aussendet, α-, β- und γ- Strahlen.
Bis 1902 hatte Marie Curie in mühevoller und gefährlicher Arbeit aus zwei Tonnen Pechblende 100 mg Radiumchlorid gewonnen.
Ein Jahr später erhielt sie den Nobelpreis für Physik, zusammen mit ihrem Ehemann und Henri Becquerel. Für ihre Forschung auf dem Gebiet der Radiochemie wurde sie 1911 mit dem Nobelpreis für Chemie ausgezeichnet.

Zunächst waren die Gefahren, die von radioaktiver Strahlung ausgehen, nicht bekannt. Zunehmend an den Folgen durch Strahlung leidend, starb Marie Curie 1934, ein Jahr vor der Auszeichnung ihrer Tochter Irene Joliot-Curie mit dem Nobelpreis. Sie erhielt ihn zusammen mit ihrem Ehemann Frederic Joliot für die gemeinsame Forschung auf dem Gebiet der Radiochemie.

5.20 Das Kern-Hülle-Modell

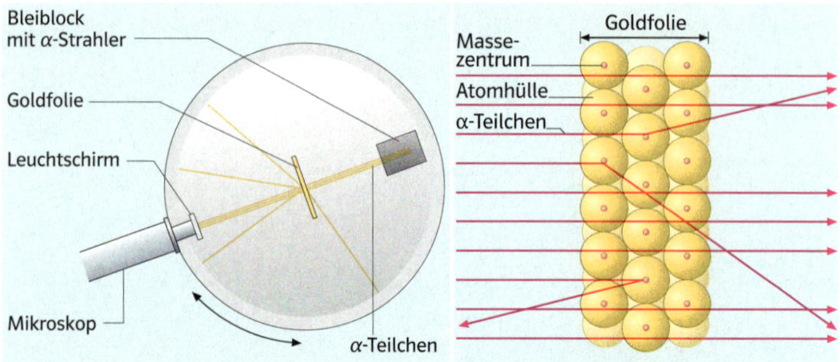

B1 Streuversuch. Durch Drehen von Folie und Strahlungsquelle ließen sich die abgelenkten α-Teilchen erfassen. Nur wenige wurden abgelenkt

Wie sind die Elektronen eines Atoms und der positiv geladene Atombestandteil angeordnet? Wir betrachten dazu Experimente, die zu einem Kern-Hülle-Modell des Atoms geführt haben.

Experimente zum Atombau. Zu Beginn des 20. Jahrhunderts zeigten Versuche mit Kathodenstrahlen, dass stark beschleunigte Elektronen dünne Metallschichten durchdringen können, obwohl diese aus vielen Lagen dicht gepackter Atome bestehen. Daraus wurde geschlossen, dass die Atome keine massiven Kugeln sein können, sondern zum größten Teil aus leerem Raum bestehen.

B2 Ernest Rutherford (1871–1937)

Um weitere Aufschlüsse über den Bau der Atome zu erhalten, bestrahlte der Physiker Ernest Rutherford [B2] ebenfalls dünne Metallschichten. Er verwendete dazu jedoch die von ihm entdeckten α-Strahlen, eine von radioaktiven Elementen ausgehende Strahlenart. Die schnell fliegenden Teilchen dieser Strahlung sind positiv geladen und ihre Masse ist ungefähr 7000-mal so groß wie die Masse eines Elektrons. Als Strahlenquelle diente ein Radiumpräparat in einem Bleiblock. Rutherford erhielt dadurch einen scharf begrenzten Strahl von α-Teilchen. Diesen richtete er in einer evakuierten Apparatur auf eine dünne Goldfolie [B1].

Um auf den weiteren Weg der α-Teilchen schließen zu können, benutzte Rutherford einen Leuchtschirm. Auf diesem ließen sich Lichtblitze beobachten, die von den auftreffenden α-Teilchen verursacht wurden. Zur Auswertung des Experiments mussten die Blitze mühsam ausgezählt werden. Später war es möglich, für derartige Untersuchungen das von Rutherfords Mitarbeiter Hans Geiger entwickelte Zählgerät (Geigerzähler) einzusetzen. Als experimenteller Befund ergab sich, dass nahezu alle α-Teilchen die Goldfolie (mit einer Schichtdicke von etwa 2000 Atomen) ungehindert durchdrangen. Nur ein sehr geringer Anteil wurde deutlich abgelenkt [B1].

Atomkern und Atomhülle. Rutherford ging davon aus, dass die α-Teilchen abgelenkt werden, wenn sie in die Nähe von positiv geladenen Teilchen gelangen [B1, V1]. Aus den Versuchsergebnissen schloss er, dass die positiv geladenen Teilchen und mit ihnen fast die ganze Masse eines Goldatoms in einem winzigen Bereich vereinigt sind. Dieser liegt im Zentrum des Atoms und wird Atomkern genannt. Die Größe des Atomkerns konnte berechnet werden. Der Kerndurchmesser beträgt etwa 1/100 000 des Atomdurchmessers [B3].
Aus den Bahnen der abgelenkten α-Teilchen ergab sich, dass der Kern des Goldatoms eine hohe positive Ladung besitzt. Untersuchungen mit Folien verschiedener Metalle führten zu entsprechenden Ergebnissen.

Durch seine Untersuchungen kam Rutherford zu einer Modellvorstellung vom Bau der

V1 Modellversuch zur Ablenkung von α-Teilchen in Atomen: Ein mit Aluminiumbronze überzogener Tischtennisball wird an einem langen Faden aufgehängt. Dicht daneben stellt man eine große, isolierte Metallkugel und lädt diese mit einem geriebenen Kunststoffstab auf. Die kleine Kugel wird durch Berührung mit der großen Kugel gleichsinnig aufgeladen. Man lässt die kleine Kugel an der großen vorbeipendeln und beobachtet die Bahn.

► Struktur der Materie

Atome. Danach enthalten alle Atome einen **positiv geladenen Atomkern** und eine **negativ geladene Atomhülle**. Der Atomkern besitzt nahezu die gesamte Masse des Atoms.
Die positive Ladung des Kerns wird durch die negative Ladung der Elektronen ausgeglichen, die sich im Anziehungsbereich des Kerns befinden und die Atomhülle bilden. Dieser kugelförmige Raum wird auch als *Elektronenhülle* bezeichnet [B5a].

Heute weiß man, dass die Elektronen sich nicht auf Bahnen bewegen. Ein Elektron kann überall in der Elektronenhülle angetroffen werden. Der Weg eines Elektrons in der Hülle lässt sich nicht verfolgen. Die Ladung des Elektrons ist damit über die gesamte Hülle verteilt. Um die Verteilung zu veranschaulichen, denken wir uns viele Momentaufnahmen des Elektrons übereinandergelegt [B5b]. Je dichter die Punkte erscheinen, desto größer ist die Wahrscheinlichkeit, das Elektron in diesem Bereich zu finden.

Elementarteilchen. Die Größe der positiven Ladung der Atomkerne ist charakteristisch für eine Atomart. Von allen Atomkernen hat der Kern des Wasserstoffatoms die kleinste Masse. Seine Ladung ist die kleinste positive Ladungsportion, die *positive Elementarladung*. Ihr Betrag entspricht dem der negativen Elementarladung, der Ladung eines Elektrons.
Den Kern des Wasserstoffatoms nennt man **Proton** (von griech. proton, das Erste). Protonen sind am Aufbau der Kerne aller Atomarten beteiligt und sind wie die Elektronen Atombausteine. Mit Ausnahme des Wasserstoffatomkerns enthalten alle anderen Atomkerne einen weiteren *Kernbaustein*: das **Neutron**. Neutronen besitzen keine Ladung. Die Masse eines Neutrons unterscheidet sich nur wenig von der Masse eines Protons. *Elektronen*, *Protonen* und *Neutronen* sind Bauteilchen der Atome. Man nennt sie **Elementarteilchen.** In B4 sind wichtige Daten dieser Elementarteilchen zusammengefasst.

	Elektron	**Proton**	**Neutron**
Zeichen	e^-	p^+	n
Masse in kg	$9{,}109 \cdot 10^{-31}$	$1{,}673 \cdot 10^{-27}$	$1{,}675 \cdot 10^{-27}$
Masse in u	0,0005	1,0073	1,0087
Ladung in Elementarladungen	−1	+1	0

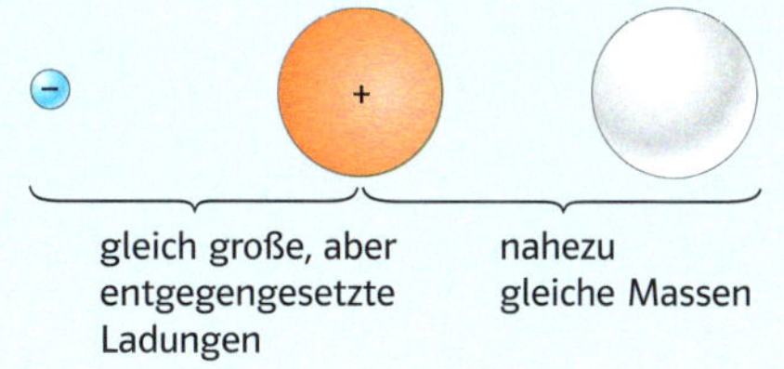

B4 Bauteilchen der Atome. Die Elementarteilchen unterscheiden sich in ihrer Masse und Ladung

A1 In einer Metallportion liegen die Atome dicht aneinander. Welche Länge würde sich ergeben, wenn die Atomkerne eines Metallstabes von 1 m Länge dicht aneinander liegen würden?

a) Kugelförmige Elektronenhülle um den Atomkern

b) Viele Momentaufnahmen eines Elektrons im Atom

c) Schemabild eines Atoms

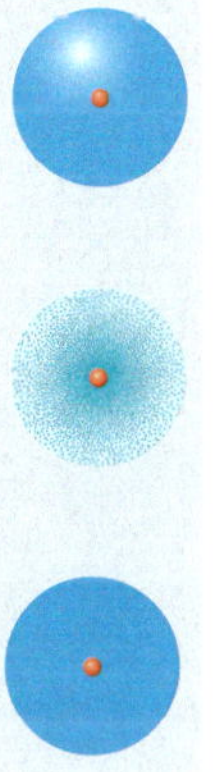

B5 Kern-Hülle-Modell eines Atoms in verschiedenen Darstellungen. Der positiv geladene Kern (rot) wird vom negativ geladenen Elektron umhüllt (blau)

B3 Veranschaulichung der Größenverhältnisse im Atom

5.21 Atomkern und Isotope

Atom		Zusammensetzung des Atomkerns Proton Neutron	Zeichen
Wasserstoff			${}^{1}_{1}\mathrm{H}$
Helium			${}^{4}_{2}\mathrm{He}$
Lithium			${}^{7}_{3}\mathrm{Li}$
Beryllium			${}^{9}_{4}\mathrm{Be}$
Bor			${}^{11}_{6}\mathrm{C}$
Kohlenstoff			${}^{12}_{6}\mathrm{C}$

B1 Schematische Darstellung der Kerne von Atomen der Elemente mit der Ordnungszahl 1 bis 6

Welche Informationen kann man der Kennzeichnung des Atoms einer Atomart und des Atomkerns entnehmen?

Allgemein:

Nukleonenzahl (Massenzahl) — Protonenzahl (Kernladungszahl) — ${}^{A}_{Z}\mathrm{X}$ — Zeichen für das Atom

Nukleonenzahl (A)
– Protonenzahl (Z)
= Anzahl der Neutronen

Atommasse in u — Ordnungszahl — ${}^{m}_{Z}\mathrm{X}$

Aus dem Zahlenwert der Atommasse erhält man durch Runden auf eine natürliche Zahl die Nukleonenzahl (Massenzahl) eines Atomkerns der Atomart.

Beispiel: Aluminiumatom:

Atommasse in u — Ordnungszahl — ${}^{26,98}_{13}\mathrm{Al}$

Für die Nukleonenzahl ergibt sich durch Runden 27.

Atomkern:

Nukleonenzahl (Massenzahl) — Protonenzahl — ${}^{27}_{13}\mathrm{Al}$

Anzahl der Neutronen:
27 – 13 = 14

B2 Kennzeichnung des Atoms einer Atomart und des Atomkerns

Die Zugehörigkeit zu einer Atomart ist durch den Atomkern festgelegt.

Aus Streuversuchen RUTHERFORDS mit verschiedenen Metallfolien (Kap. 5.20) gelang es, nicht nur die Größe, sondern auch die Ladung der betreffenden Atomkerne zu bestimmen. Sie ist ein ganzzahliges Vielfaches der positiven Elementarladung. Die Anzahl der Elementarladungen des Kerns, d.h., die Anzahl der Protonen, nennt man die **Kernladungszahl**.
Die Bestimmung der Kernladungszahlen, zeigte, dass diese mit den Ordnungszahlen der Elemente im Periodensystem übereinstimmen.

Erst mit der Entdeckung der Neutronen war es möglich, auch die Zusammensetzung der Atomkerne anzugeben.

Die Atomkerne verschiedener Atomarten. Bei den Atomen der Elemente, die im Periodensystem aufeinander folgen, nimmt die Anzahl der Protonen (und Elektronen) jeweils um 1 zu [B1]. Der Kern des Wasserstoffatoms besteht nur aus einem Proton. Der Kern des Sauerstoffatoms enthält 8 Protonen. Da die Masse des Protons etwa 1u und die Masse z.B. des Sauerstoffatoms 16u beträgt, muss dessen Kern 8 Neutronen enthalten. Die Masse der Elektronen ist gegenüber der Masse des Atomkerns verschwindend klein. Seine Masse entspricht daher ziemlich genau der Atommasse.
Zur Kennzeichnung eines Atoms und seines Kerns wird die in [B2] erläuterte Schreibweise verwendet. Die Kernbausteine Protonen und Neutronen bezeichnet man als **Nukleonen** und den Atomkern als **Nuklid.** Die Nukleonen werden im Kern durch riesige Kräfte zusammengehalten, die durch einfache Modellvorstellungen nicht erklärt werden können.
Die Anzahl der Nukleonen nennt man die Massenzahl. Sie unterscheidet sich unwesentlich von der Atommasse.

Ein Atomkern wird durch Protonen- und Nukleonenzahl, das Atom durch Ordnungszahl und Atommasse gekennzeichnet.

Atome, deren Kerne sich nur in der Anzahl ihrer Neutronen unterscheiden, werden **isotope Atome** genannt oder kurz: **Isotope** (von griech. isos, gleich und topos, Platz). Isotope sind Bestandteil eines Elements und stehen daher am gleichen Platz im Periodensystem.

Es gibt nur 22 Elemente, die **Reinelemente**, deren Atome mit jeweils nur einer Atomkernsorte vorkommen [B5]. Allein bei diesen Elementen ist die Massenzahl und der Zahlenwert der Atommasse annähernd gleich groß. Für die Atome dieser Atomarten erhält man bei der Massenbestimmung mit dem Massenspektrometer (Kap. 5.3) nur einen Wert. Für die Atome aller übrigen Atomarten ergeben sich für die Atommassen mehrere Werte.
Atome z. B. mit der Kernladungszahl 12 haben nicht die Masse 24,3 u, sondern drei verschiedene Massen: 24,0 u, 25,0 u, 26,0 u. Daraus folgt, dass es drei Arten von Magnesiumatomen gibt. Das Verfahren der Massenbestimmung liefert zugleich die Teilchenzahlanteile. Da die Isotopenzusammensetzung von Magnesiumportionen unterschiedlichen Ursprungs gleich ist, lässt sich eine allgemeingültige mittlere Atommasse für Magnesium berechnen [B3].

Elemente, die aus einem Isotopengemisch bestehen, werden als **Mischelemente** bezeichnet.

Isotope unterscheiden sich nicht in ihrem chemischen Verhalten. Man verwendet deshalb dieselben Zeichen für die isotopen Atome.

A1 Gib die Anzahl der Nukleonen, Protonen, Neutronen und Elektronen für folgende Atome an: $_9F$, $_{73}I$, $_{79}Au$.

A2 Schweres Wasser (D_2O) ist zu einem geringen Anteil Bestandteil des Wassers. In einigen wenigen Kernkraftwerken wird schweres Wasser eingesetzt.
In solchen Schwerwasserreaktoren entstehen aus Deuterium durch Neutroneneinfang geringe Mengen Tritium. Erkläre, wodurch sich Deuterium- und Tritiumatome von Wasserstoffatomen unterscheiden.

isotope Magnesiumatome	$12e^-$, $12p^+$, 12n	$12e^-$, $12p^+$, 13n	$12e^-$, $12p^+$, 14n
Masse der Atome	24,0	25,0 u	26,0 u
Teilchenzahlanteil	79,0 %	10,0 %	11,0 %
mittlere Atommasse	0,79 · 24,0 u + 0,10 · 25,0 u + 0,11 · 26,0 u = 24,3 u		

B3 Das Mischelement Magnesium besteht aus einem Gemisch von isotopen Atomen

Zeichen verwendet werden [B4], da sie sich in ihrer Masse erheblich unterscheiden. Damit hat der Wasserstoff gegenüber allen anderen Isotopengemischen eine Sonderstellung.

Alle Atomarten mit einer größeren Protonenzahl als 83 sind **radioaktiv**, sie setzen sich jeweils aus einer großen Anzahl isotoper Atome zusammen. Von Radium kennt man über 30 isotope Radiumatome.
Die Atomkerne verändern sich durch die von ihnen ausgehende Strahlung. Dieser radioaktive Zerfall kann z. B. zur Altersbestimmung von Kohlenstoffverbindungen genutzt werden (Kap. 5.21). In der Strahlentherapie werden manche Krebserkrankungen mithilfe der Strahlung radioaktiver Isotope bekämpft.
Im Periodensystem ist für die radioaktiven Elemente nur die Kernsorte mit der geringsten Zerfallsgeschwindigkeit eingetragen, mit der dazu gehörenden Angabe der Protonen- und Nukleonenzahl.

Exkurs Die atomare Masseneinheit

In der Natur gibt es drei verschiedene isotope Kohlenstoffatome: $^{12}_{6}C$, $^{13}_{6}C$, $^{14}_{6}C$. Aus der Häufigkeit der isotopen Atome ergibt sich der durchschnittliche Wert $m_t(C)$ = 12,01 u. Die Definition der atomaren Masseneinheit beruht auf der Masse des häufigsten Kohlenstoffisotops $^{12}_{6}C$, für die genau 12,00 u festgelegt wurde.
Damit ist

$$1\,u = \frac{m_t(1\ ^{12}_{6}C)}{12}.$$

Für Mischelemente werden die mittleren Atommassen angegeben.
Beispiele: $m_t(H)$ = 1,008 u, $m_t(Li)$ = 6,941 u(Einheit ml/m³ = ppm, parts per million) zu unterscheiden.

Wasserstoff	^1_1H
Deuterium	^2_1H, D
Tritium	^3_1H, T

B4 Wasserstoffisotope und deren Benennung

9 Elemente der Hauptgruppen sind Reinelemente:

$_4Be$
$_9F$
$_{11}Na$
$_{13}Al$
$_{15}P$
$_{33}As$
$_{53}I$
$_{55}Cs$
$_{83}Bi$

B5 Reinelemente der Hauptgruppen

m_t(X): Masse eines Teilchens X

$^{12}_{6}C$	98,9 %
$^{13}_{6}C$	1,1 %
$^{14}_{6}C$	< 10^{-10} %

B6 Anteile der isotopen Atome beim Mischelement Kohlenstoff

5.22 Exkurs Wann lebte Ötzi?

B2 Ötzi, die Mumie aus dem Eis

Ötzi lebte vor über 5000 Jahren. Nie zuvor ist es in Mitteleuropa gelungen, eine so gut erhaltene Mumie eines hohen Alters samt Kleidung und Ausrüstung zu untersuchen. Wie ist es möglich, das Alter von Überresten aus weit zurückliegenden Zeiten der Menschheitsgeschichte zu ermitteln?

Unter dem Einfluss kosmischer Strahlung entsteht das radioaktive Kohlenstoffisotop $^{14}_{6}C$ in der oberen Atmosphäre. Deshalb enthält auch ein geringer Anteil der Kohlenstoffdioxidmoleküle der Luft dieses Isotop. Pflanzen stellen während der Fotosynthese Kohlenstoffverbindungen aus Kohlenstoffdioxid her.

Isotop	$T_{1/2}$
$^{220}_{86}Rn$	55,6 s
$^{131}_{53}I$	8,02 d
$^{137}_{55}Cs$	33 a
$^{226}_{88}Ra$	1600 a
$^{14}_{6}C$	5730 a

B1 Halbwertszeiten einiger radioaktiver Isotope

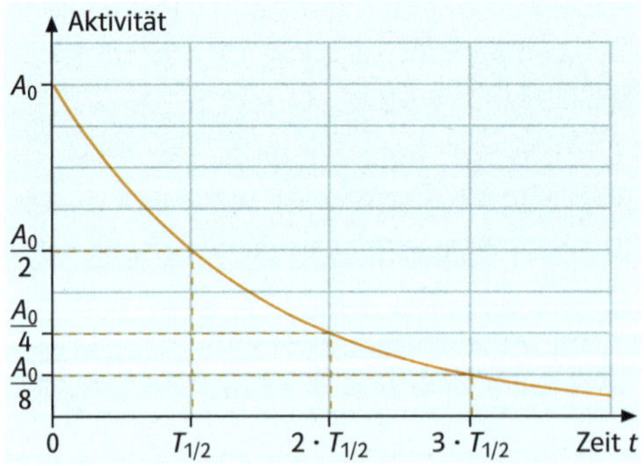

B3 Halbwertszeit. In jeweils gleichen Zeitabschnitten verringert sich die Aktivität auf den halben Wert

Die beiden Isotope $^{14}_{6}C$ und $^{12}_{6}C$ finden sich nach der Aufnahme des Kohlenstoffdioxids durch die lebende Pflanze darin im gleichen Verhältnis $N(^{14}_{6}C) : N(^{12}_{6}C)$ wieder wie im Kohlenstoffdioxid der Luft. Dies gilt auch für Kohlenstoffverbindungen, die in einem jeden Glied der Nahrungskette vorkommen, solange ein Organismus lebt.

Enthält ein Fund Kohlenstoffverbindungen, wie dies z. B. bei Haaren, Leder und Holz der Fall ist, kann das Alter aus dem Zerfall des radioaktiven Kohlenstoffisotops ermittelt werden.

Bei der Feststellung des Alters arbeiten Wissenschaftler aus vielen Wissenschaftsbereichen zusammen.

Radioaktiver Zerfall und Halbwertszeit. Radioaktive Stoffe senden Strahlen aus (Kap. 5.19). Die Strahlen stammen aus Atomkernen bestimmter Isotope (Kap. 5.21). Beim Aussenden der Strahlen ändert sich z. B. die Anzahl der Nukleonen oder das Anzahlverhältnis von Protonen und Neutronen. Diese Kernumwandlung wird auch als radioaktiver Zerfall bezeichnet. Es zerfallen jedoch nicht alle Kerne gleichzeitig. Die Anzahl der Zerfälle pro Zeiteinheit, die **Aktivität**, wird mit abnehmender Anzahl der noch vorhandenen ^{14}C-Kerne immer geringer. Verfolgt man die abnehmende Aktivität eines radioaktiven Isotops, so erhält man eine für dieses Isotop typische Zerfallskurve [B3]. In jeweils gleichen Zeitabschnitten verringert sich die Aktivität einer Probe immer auf den halben Wert. Dieser Zeitabschnitt wird als **Halbwertszeit $T_{1/2}$** bezeichnet. Nach der Zeit $T_{1/2}$ ist die Aktivität einer Probe also nur noch halb so groß wie zu Beginn einer Messung. Jedes radioaktive Isotop besitzt eine charakteristische Halbwertszeit [B1].

Radioaktiver Zerfall als Zeitmesser. Die Altersbestimmung einer Probe ist möglich, wenn die Zerfallskurve eines enthaltenen Isotops bekannt ist. Misst man die heutige Aktivität A_F der Probe eines Fundes, kann man das Alter ermitteln, wenn auch die ursprüngliche Aktivität A_0 bekannt ist [B5].

Radiocarbonmethode. Zur Altersbestimmung von organischen Überresten früher lebender Organismen müssen aus den noch vorhandenen organischen Verbindungen Proben aus reinem Kohlenstoff hergestellt werden. Nach dem Tod eines Lebewesens verringert sich wegen des fehlenden Nachschubs der Anteil des ^{14}C-Isotops durch den radioaktiven Zerfall. Damit startet der Zeitmesser. Je weiter der Tod in der Vergangenheit zurückliegt, desto geringer ist die heute messbare Aktivität. Um Ötzis Alter zu ermitteln, benötigt man aus dem Fund eine Probe, die gleich viele Kohlenstoffatome enthält wie eine Vergleichsprobe aus unserer Zeit. Die Aktivität der Probe unserer Zeit setzt man der ursprünglichen Aktivität A_0 gleich. Mit den Aktivitäten A_0 und A_F (wobei $A_F \approx 0{,}55 \cdot A_0$) ergab sich für Ötzis Alter ca. 5000 Jahre [B5].

Nach 50000 Jahren kommt die Radiocarbonmethode (C-14-Methode) an ihre Grenzen, das ^{14}C-Isotop ist dann schlecht nachweisbar.

Radiocarbonmethode und Jahresringdatierung. Die Altersbestimmung durch die Radiocarbonmethode ergibt immer ein zu geringes Alter. Die Ursache dafür ist der über lange Zeiträume nicht gleichbleibende ^{14}C-Anteil in der Atmosphäre. Damit ist die Anfangsaktivität der Probe eines Fundes mit der Aktivität der entsprechenden heutigen Probe nicht identisch. Um das jeweilige Radiocarbonalter zu korrigieren, benötigt man Proben, deren Alter zusätzlich auf eine andere Weise als mit der Radiocarbonmethode bestimmt werden kann. Damit lassen sich gemessenen Aktivitäten genauere Altersangaben zuordnen.

Dies gelingt z. B. durch alte Holzbauwerke, deren Entstehungszeit durch Urkunden exakt belegt ist. Besonders geeignet für eine Datierung sind zudem Baumscheiben. Die Jahresringe eines Baumes zeigen ein charakteristisches Muster [B4]. Es spiegelt die Temperaturschwankungen während der Lebenszeit des Baumes wider. Durch Überlappung der Jahresringmuster von Holzfunden unterschiedlichen Alters (Holzbauwerke und Baumscheiben) kann ein „Jahresringkalender" erstellt werden [B4]. Vergleicht man die Aktivitäten der Proben, deren Alter bekannt ist, mit den Aktivitäten der Proben mit unbekanntem Alter, so lassen sich dem Radiocarbonalter Kalenderjahre zuordnen.

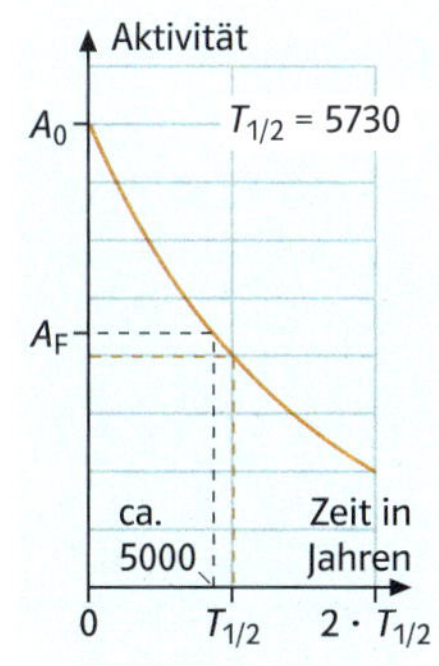

B5 Altersbestimmung des Ötzi-Fundes nach der Radiocarbonmethode

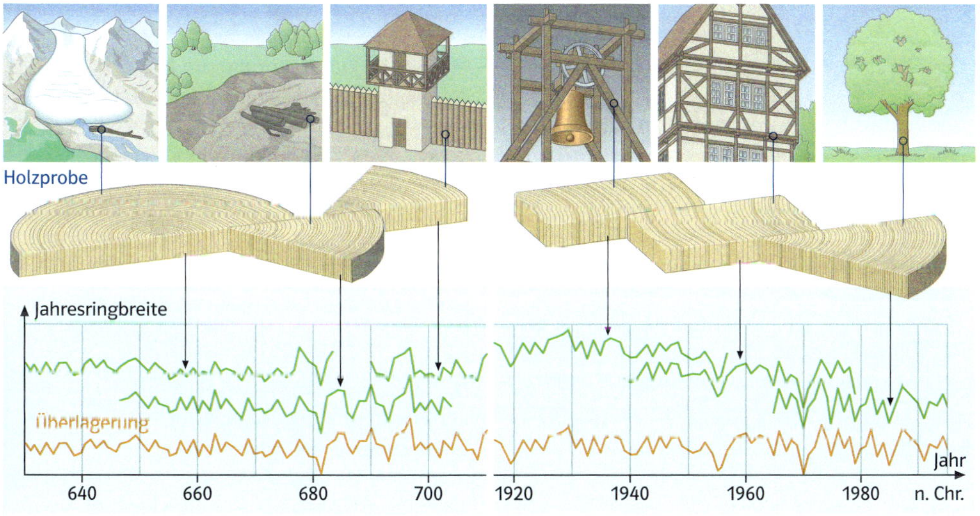

B4 Aus den Jahresringen z. B. von in Gletschereis oder Mooren eingeschlossen Bäumen oder von alten Bauhölzern werden Kurven der Ringbreiten gewonnen und zu einem Kalender zusammengefügt

5.23 Exkurs Atomhülle – Abspaltung von Elektronen

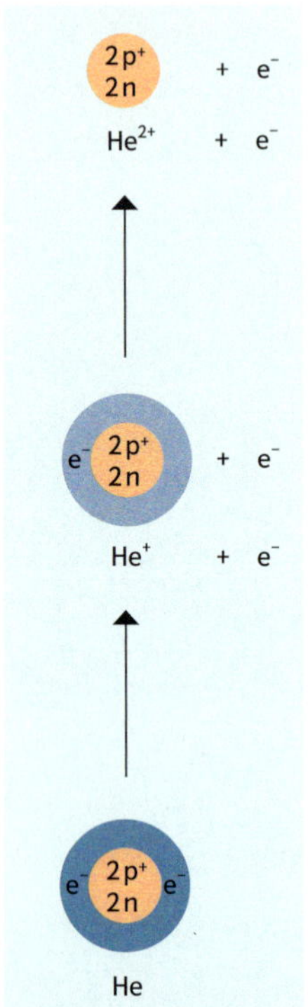

B1 Abspaltung von Elektronen aus Heliumatomen.
Es entstehen positiv geladene Heliumionen

Durch Energiezufuhr lassen sich aus der Atomhülle Elektronen abspalten. Dabei ist es möglich, schrittweise Elektronen zu entfernen. Damit erhält man Informationen über den Aufbau der Atomhülle.

Die Bildung von Ionen aus Atomen. Schaltet man eine Leuchtstoffröhre ein, leitet die Gasfüllung den elektrischen Strom. Wenn das Gas aus Helium besteht, bewegen sich geladene Teilchen, die aus Heliumatomen entstanden sind. Durch Abspaltung von Elektronen werden positiv geladene Heliumatome gebildet. Atome, die als geladene Teilchen wirken, nennt man Ionen (von griech. ion, das Wandernde). Zur Kennzeichnung eines Ions verwendet man das Zeichen für das Atom und gibt zusätzlich die Ladung des Ions in Elementarladungen an, z. B. He^{+}, He^{2+} [B1]. Die Abspaltung von Elektronen aus der Atomhülle wird Ionisierung genannt.

Ionisierungsenergie. Die Energie, die gerade ausreicht, um ein Elektron aus einem Atom oder aus einem bereits vorliegenden Ion abzuspalten, bezeichnet man als *Ionisierungsenergie*. Damit die Energiebeträge für die Ionisierung verschiedener Atomarten vergleichbar sind, müssen die Angaben für jeweils gleiche Teilchenanzahlen erfolgen.

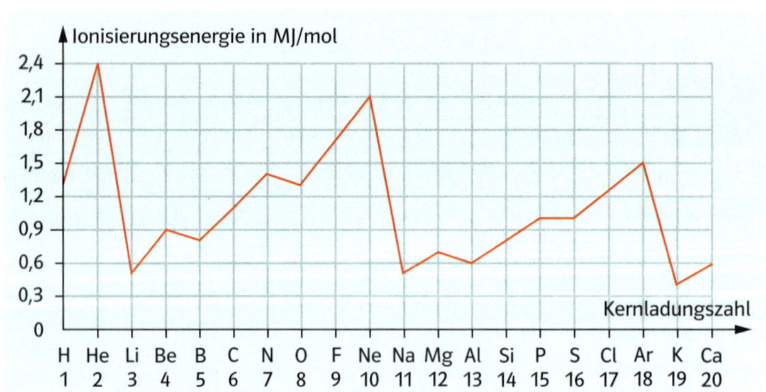

B2 Erste Ionisierungsenergien für die Atome mit Kernladungszahlen von 1 bis 20

Erste Ionisierungsenergien von Atomen. Ein Elektron wird vom Kern umso stärker angezogen, je größer dessen positive Ladung ist. Man müsste also erwarten, dass die Energie für die Abspaltung eines Elektrons mit steigender Kernladungszahl der Atome zunimmt. Durch die experimentell ermittelten Ionisierungsenergien wird diese Erwartung nur zum Teil bestätigt. In [B2] erkennt man, dass die Ionisierungsenergien bis zu den Edelgasatomen ansteigen und zu den darauf folgenden Alkalimetallatomen stark abfallen. Je weiter ein Elektron vom Kern entfernt ist, desto geringer ist der Energieaufwand, um dieses Elektron abzuspalten, da die Anziehung durch den Atomkern mit zunehmender Entfernung schwächer wird. Aus der im Vergleich zu den Edelgasatomen geringen Ionsierungsenergie der Alkalimetallatome folgt, dass *ein* Elektron dieser Atome im Mittel weiter vom Kern entfernt ist als bei Edelgasatomen.

Ionisierungsenergien von Ionen. Die erforderliche Energie zur Abspaltung eines Elektrons aus einem einfach positiv geladenen Ion ist größer als die erste Ionisierungsenergie. Die Abspaltung eines weiteren Elektrons muss gegen die stärkere Anziehung des positiv geladenen Ions erfolgen. Für jedes weitere abzutrennende Elektron wird die Ionisierungsenergie jeweils größer. In [B3] sind die Ionisierungsenergien für alle Elektronen des Aluminium- und Schwefelatoms dargestellt. Auffällig ist ein jeweils zweimaliges sprunghaftes Ansteigen der Ionisierungsenergie bei den Ionen, die noch 10 bzw. 2 Elektronen besitzen (Al^{3+} und S^{6+} bzw. Al^{11+} und S^{14+}). Diese Ergebnisse geben Hinweise auf ein gemeinsames Bauprinzip für die Elektronenhüllen aller Atome.

Die Ionisierungsenergien eines Atoms geben Hinweise auf Energieunterschiede im Atom. Ist zur Abspaltung eines Elektrons ein hoher Energiebetrag erforderlich, so hat das Elektron im Atom eine niedrige Energie. Eine kleine Ionisierungsenergie bedeutet eine hohe Energie des Elektrons im Atom.

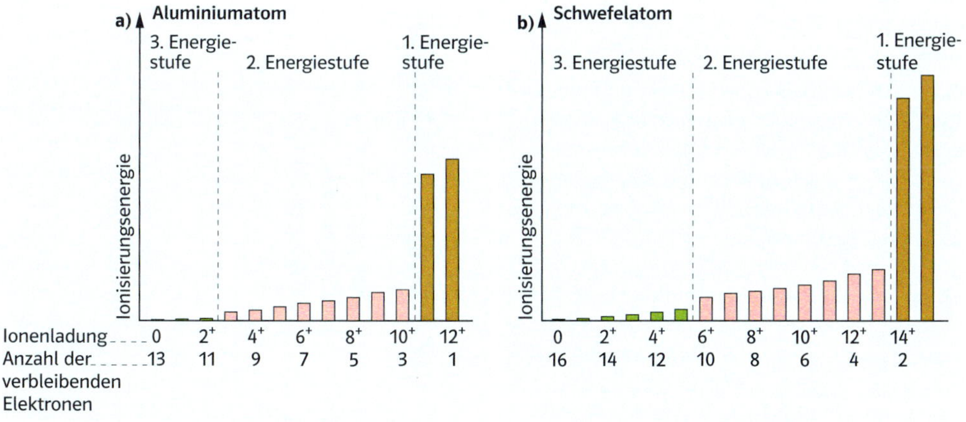

B3 Ionisierungsenergien für alle Elektronen des Aluminium- (a) und des Schwefelatoms (b)

Energieänderung bei der Elektronenaufnahme von Schwefelionen. Die zugeführte Ionisierungsenergie wird wieder abgegeben, wenn ein Ion ein Elektron aufnimmt. Nimmt ein Atomkern nacheinander Elektronen auf, bis das ungeladene Atom vorliegt, werden von Elektron zu Elektron immer geringere Energiebeträge frei. Diese sind in [B4a] für die Entstehung des Schwefelatoms aus dem Atomkern durch schrittweise Aufnahme von Elektronen veranschaulicht. Diese Darstellung entspricht dem umgekehrten Vorgang der in [B3] gezeigten schrittweisen Abspaltung von Elektronen. Da bei der Aufnahme von Elektronen die entsprechenden Energiebeträge frei gesetzt werden, besitzt das jeweils entstehende Ion und am Ende das Atom eine geringere Energie. Daher sind die Energiebeträge „nach unten" aufgetragen.

Energiestufen in der Atomhülle. Die frei werdenden Energiebeträge bei der Elektronenaufnahme durch Schwefelionen [B4a] lassen auf einen großen Unterschied in der Energie der Elektronen im Atom schließen.
Im Schwefelatom gibt es drei Gruppen von Elektronen, die sich drei sehr verschiedenen Energiezuständen zuordnen lassen [B4b]. Die Elektronen einer Gruppe, deren Energien im Atom gleich sind und sich von anderen deutlich unterscheiden, werden jeweils einer Energiestufe zugeordnet.

Auch für Elektronen der gleichen Energiestufe ist die bei der Elektronenaufnahme frei werdende Energie für ein nachfolgend aufgenommenes Elektron geringer als für das vorausgegangene. Die Aufnahme jeweils eines weiteren Elektrons erfolgt durch ein Ion, dessen positive Ladung bei jeder Elektronenaufnahme und damit die Anziehungskraft weiter abnimmt.

A1 Zeichne ein Diagramm für die schrittweise Ionisierung der Atomart Sauerstoff. Die aufzuwendende Energiebeträge (in MJ/mol) sind:
3,4; 5,3; 7,5; 11,0; 13,3; 71,3; 84,1.

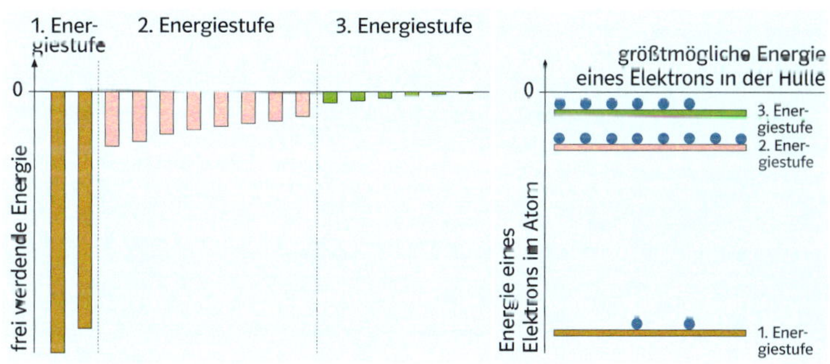

B4 Frei werdende Energie bei der Elektronenaufnahme durch Schwefelionen (a) und Energiestufen für die Elektronen des Schwefelatoms (b)

5.24 Energiestufen- und Schalenmodell der Atomhülle

Bei einer chemischen Reaktion kommen Atome verschiedener Atomarten miteinander in Berührung und beeinflussen gegenseitig ihre Atomhüllen. Da den Elektronenhüllen der Atome für deren Reaktionsverhalten die entscheidende Bedeutung zukommt, ist es erforderlich, ihren Aufbau näher zu betrachten. Dazu werden die Atome zunächst als isolierte Teilchen angesehen.

Energiestufen in der Atomhülle. Ein Elektron im Atom lässt sich zunächst mit einem Körper vergleichen, der auf dem Erdboden liegt. Um ihn zu heben, muss Arbeit verrichtet, also mechanische Energie zugeführt werden. Je mehr Energie zugeführt wird, desto höher steigt der Körper. Wie eine Rakete würde er bei entsprechender Energiezufuhr schließlich den Anziehungsbereich der Erde verlassen.

Auch das Elektron eines Atoms vergrößert durch Zufuhr von Energie seine „Höhe", d.h. seinen Abstand vom Atomkern, und verlässt durch einen genügend hohen Energiebetrag den Anziehungsbereich des Kerns. Zurück bleibt ein positiv geladenes Atom, da die positive Kernladung nicht mehr durch die negative Ladung der Elektronenhülle ausgeglichen wird. Ein Körper kann bei entsprechender Energiezufuhr jede beliebige Höhe und damit jeden beliebigen Energiezustand einnehmen. Dagegen ergaben Untersuchungen der Atomhülle für das Elektron nur ganz bestimmte Energiezustände.

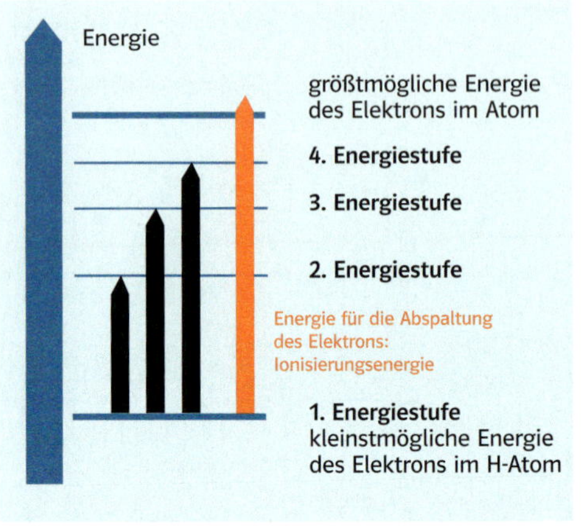

B2 Energiestufenschema für das Wasserstoffatom (dargestellt sind nur die Energiestufen 1 bis 4)

Diese sind mit den Sprossen einer Leiter vergleichbar. Dem Elektron können nur Energiebeträge zugeführt werden, die den Übergängen zwischen den Energiestufen entsprechen. Das Elektron des Wasserstoffatoms besetzt die 1. Energiestufe [B2]. Neben den dargestellten gibt es weitere Energiestufen. Zwischen diesen werden die Abstände, d.h., die Energieunterschiede, immer kleiner.

Durch Zufuhr z.B. von elektrischer Energie werden Elektronen einer Atomart auf höhere Energiestufen überführt. Diese Zustände sind jedoch kurzlebig. Unter Energieabgabe „fallen" die Elektronen wieder auf die tiefste Energiestufe zurück. Die höchste Energiestufe wird als **Ionisierungsgrenze** bezeichnet.

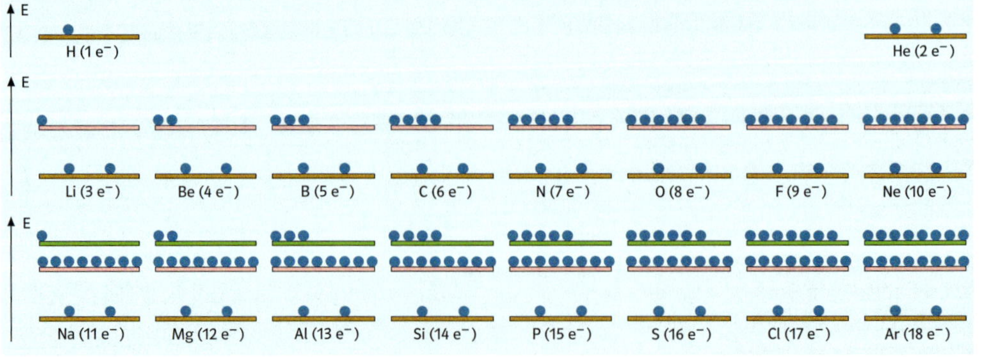

B1 Energiestufen. Die Elektronen der Atome lassen sich verschiedenen Energiestufen zuordnen

Reicht der Betrag der zugeführten Energie darüber hinaus, wird das Elektron abgespalten und ein positiv geladenes Atom, ein Ion, gebildet.

Zuordnung von Elektronen zu Energiestufen. Elektronen besetzen in den Atomen aller Elemente jeweils den Zustand geringster Energie, der zur Verfügung steht. Dies ist für das Elektron des Wasserstoffatoms die 1. Energiestufe [B1] Auch die beiden Elektronen des Heliumatoms haben auf der 1. Energiestufe die geringste Energie. Während zwei Elektronen des Lithiumatoms, wie die aller anderen Atome, ebenfalls die 1. Energiestufe besetzen, beginnt mit dem 3. Elektron die Besetzung der 2. Energiestufe. Zu dieser können bis zu acht Elektronen gehören. Mit einem weiteren Elektron wird beim Natriumatom die Besetzung der 3. Energiestufe begonnen.

Für die Atome der 1. bis 3. Periode ist die Besetzung der 1. bis 3. Energiestufe in [B1] veranschaulicht.

Die Elektronenhüllen der Atome aller Elemente haben ein gemeinsames Bauprinzip, mit jeweils gleichen maximalen Elektronenzahlen auf den entsprechenden Energiestufen. Diese liegen bei den verschiedenen Atomen nicht auf gleicher Höhe. Auch die Abstände zwischen den Stufen sind verschieden.

Schalenmodell der Atomhülle. Die Elektronen befinden sich in einem kugelförmigen Raum, der den Atomkern umgibt. Dieser Bereich kann verschieden groß sein. Den kleinsten **Aufenthaltsraum** haben die Elektronen der niedrigsten Energiestufe. Mit zunehmender Energiestufe der Elektronen wird der Durchmesser ihres Aufenthaltsraums größer. Wir können uns die Aufenthaltsräume verschiedener Elektronen in einem Atom vorstellen als verschieden große Kugeln mit einem gemeinsamen Mittelpunkt, dem Atomkern. Man kann die Aufenthaltsräume von Elektronen derselben Energiestufe zu einem gemeinsamen Raum zusammenfassen.

Die Hülle eines Atoms, dessen Elektronen zu drei verschiedenen Energiestufen gehören, lässt sich durch drei konzentrische Kugeln veranschaulichen [B3]. Die Elektronen der zweiten Energiestufe befinden sich hauptsächlich in dem Raum zwischen der ersten und der zweiten Kugelfläche. Dieser Raum ist eine Kugelschale. Ebenso befinden sich die Elektronen der dritten Energiestufe in der anschließenden Kugelschale. Entsprechendes gilt für die Elektronen der höheren Energiestufen. Diese Modellvorstellung vom Bau der Atomhülle nennt man Schalenmodell.

A1 Zeichne für ein Kaliumatom die Energiestufen und verteile die Elektronen darauf.

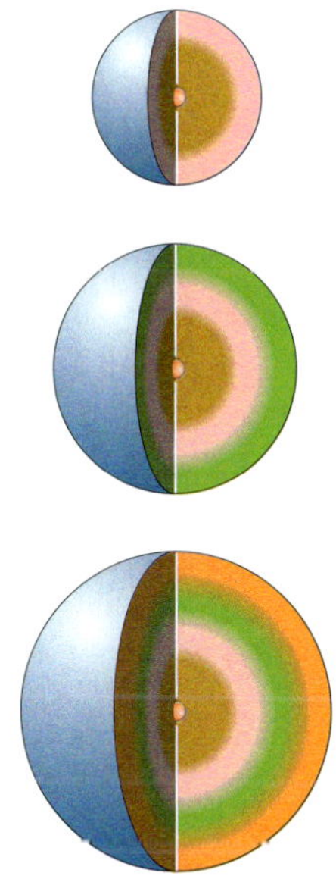

B3 Modelle verschiedener Atomhüllen

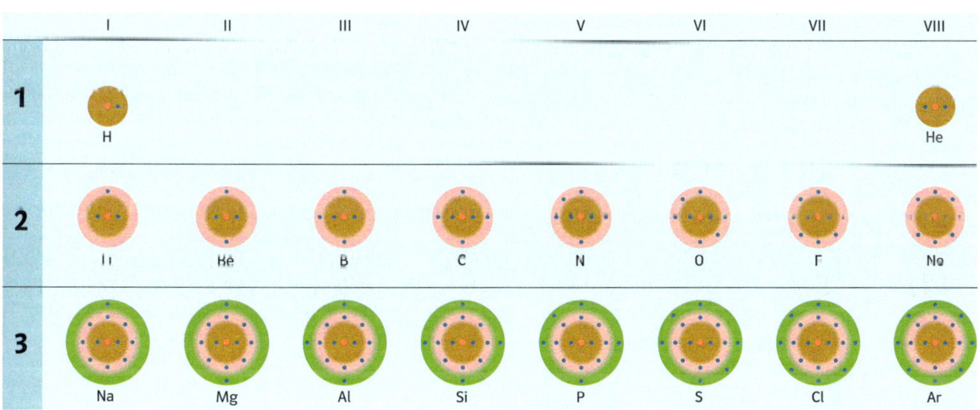

B4 Schalenmodell der Atomhülle.

Die Elektronen der verschiedenen Energiestufen sind den entsprechenden Kugelschalen zugeordnet. Diese sind bei den verschiedenen Atomen zur besseren Übersicht gleich groß dargestellt

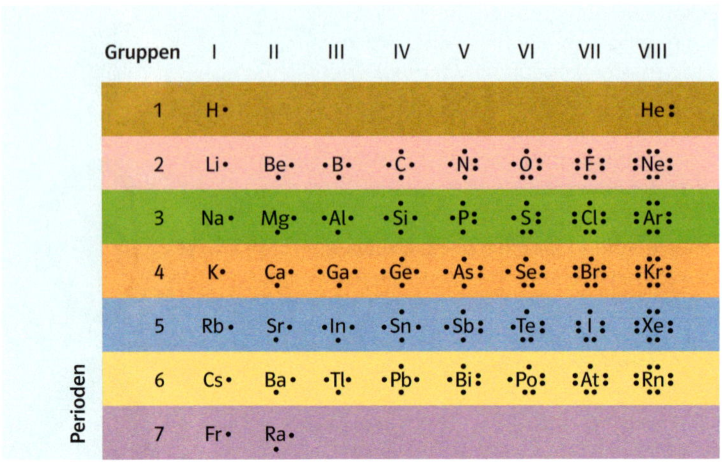

B1 Außenelektronen. Ihre Anzahl entspricht der Gruppennummer (mit Ausnahme des Heliumatoms)

Unsere bisherigen Betrachtungen zeigen, dass offenbar ein Zusammenhang besteht zwischen der Stellung der Elemente im Periodensystem und dem Bau ihrer Atome. Entscheidend für diesen Zusammenhang ist der Aufbau der Atomhülle.

Periodensystem der Elemente. In [B4], Kap. 5.23, entspricht die Anordnung der Atome der Anordnung der jeweiligen Elemente im Periodensystem. Wir erkennen, dass die Atome in einer Periode jeweils die gleiche Anzahl von Schalen besitzen. Beim Übergang vom Edelgasatom zum Alkalimetallatom wird eine neue Schale aufgebaut. Die untereinander stehenden Atome unterscheiden sich in der Anzahl der Schalen, besitzen jedoch in der äußersten Schale die gleiche Anzahl von Elektronen. Nur das Heliumatom weicht davon ab.
Die Elektronen der äußersten Schale eines Atoms nennt man **Außenelektronen**. Außenelektronen werden auch häufig **Valenzelektronen** genannt. Dies ist besonders dann sinnvoll, wenn die Beteiligung der Außenelektronen an Bindungen (Valenzen) betrachtet wird. Bei Edelgastatomen spricht man daher vorrangig von Außenelektronen. Sie bestimmen das chemische Verhalten und die Stoffeigenschaften der Elemente einer Gruppe. Deshalb genügt es häufig, für ein Atom nur die Außenelektronen anzugeben. Sie können durch Punkte um das Zeichen für das Atom dargestellt werden [B1]. Die Elektronen der inneren Schalen bilden zusammen mit dem Atomkern den **Atomrumpf**.

Die Atome der Hauptgruppenelemente zeigen dasselbe Aufbauprinzip. So besitzt z. B. ein Caesiumatom (Cs) (6. Periode, I. Hauptgruppe) sechs Schalen. Die äußerste Schale umfasst ein Elektron. Die Nummer der Periode, in der ein Element steht, und die Anzahl der Schalen seiner Atome stimmen überein. Die Nummer der Hauptgruppe entspricht der Elektronenanzahl auf der äußersten Schale.

Nebengruppenelemente. Im Periodensystem sind die Elemente nach steigender Protonenanzahl geordnet. Diese ist gleich der Elektronenanzahl. In dem in Kap. 5.18, [B7] dargestellten Periodensystem stellen wir jedoch fest, dass auf das Calciumatom (Ca) mit 20 Elektronen das Galliumatom (Ga) mit 31 Elektronen folgt. Weitere Lücken finden wir auch nach $_{38}$Sr und $_{56}$Ba. In diesem Periodensystem sind in der 4. und 5. Periode je 10 Atome nicht berücksichtigt. In der 6. Periode fehlen 24 Atome. Das Periodensystem hinten im Buch zeigt jeweils 10 dieser Atomarten in den **Nebengruppen**.

A1 Welche Gemeinsamkeiten besitzen die Atome **a)** derselben Hauptgruppe, **b)** derselben Periode?

A2 Zeichne den Schalenaufbau eines Iodatoms. Zeichne die Außenelektronen ein.

A3 Wodurch unterscheidet sich ein Heliumatom von den übrigen Edelgasatomen?

A4 Wasserstoff gehört nicht zu den Alkalimetallen, steht aber wie diese in der ersten Hauptgruppe.
Gib dafür eine Begründung.

A5 Recherchiere, welche Elemente des Periodensystems häufig auf den Etiketten von Mineralwasserflaschen aufgeführt sind (Kap. 5.1).

5.26 Durchblick Zusammenfassung und Übung

Atomkern
Der Atomkern besteht aus **Protonen** und **Neutronen**. Diese beiden Teilchenarten bezeichnet man als **Nukleonen** und die Anzahl der Nukleonen als **Massenzahl**.

Kernladungszahl
Die Kernladungszahl entspricht der **Ordnungszahl**. Diese gibt die Stellung des Elements im Periodensystem an.
Die Anzahl der Protonen entspricht der positiven Ladung eines Atomkerns und wird als **Kernladungszahl** bezeichnet.

Isotope
Atome, deren Kerne sich nur in der Anzahl ihrer Neutronen unterscheiden, werden **isotope Atome** genannt oder kurz: **Isotope**. Isotope sind Bestandteil eines Elements und stehen daher am gleichen Platz im Periodensystem.

Mischelement und Reinelement
Elemente, die aus einem Isotopengemisch bestehen, nennt man **Mischelemente**.
Elemente, für die nur eine Atomkernsorte (ein Nuklid) existiert, nennt man **Reinelemente**.

Elektronenhülle
Elektronen bilden die Hülle, die den Atomkern umgibt. Die Anzahl der Elektronen in der Elektronenhülle ist gleich der Anzahl der Protonen im Kern.

Ionisierungsenergie
Die Ionisierungsenergie ist die Energie, die einem Atom oder Ion zugeführt werden muss, um ein Elektron abzuspalten. Wird von einem Mol Teilchen ein Mol Elektronen abgespalten, wird die Ionisierungsenergie in der Einheit MJ/ mol angegeben.

Schalenmodell
Die Elektronen befinden sich in verschiedenen **Aufenthaltsräumen**, die als Kugelschalen vorliegen. Jeder Schale entspricht eine bestimmte **Energiestufe**.

Hauptgruppen
Die Hauptgruppen sind die senkrechten Spalten des gekürzten Periodensystems

Außenelektronen, Valenzelektronen
Die Elektronen der äußersten Schale werden **Außenelektronen** genannt. Für die Elemente der 1. bis 7. Hauptgruppe werden die Außenelektronen auch als **Valenzelektronen** bezeichnet. Sie bestimmen wesentlich die Eigenschaften eines Elements.

Atomrumpf
Den Atomkern zusammen mit den Elektronen der inneren Schalen nennt man den **Atomrumpf**. Ihn umgeben die Außenelektronen.

Elementgruppen
Die Atome der Elemente einer Hauptgruppe besitzen jeweils die gleiche Anzahl von Außenelektronen. Ihre Anzahl ergibt sich aus der Nummer der Hauptgruppe.
Wasserstoff und Helium nehmen dabei eine Sonderstellung ein.

Edelgase
Die Atome der Edelgase bilden die achte Hauptgruppe. Edelgasatome haben die maximale Anzahl an Außenelektronen.
Die Edelgase Helium, Neon und Argon gehen überhaupt keine Reaktionen ein. Die übrigen Edelgase reagieren in sehr seltenen Fällen mit Fluor bzw. mit Sauerstoff.

Das Atom ist aufgebaut aus **Elementarteilchen**

	Proton
Symbol	p+
Masse in u	≈ 1
Ladung	+1

im Kern
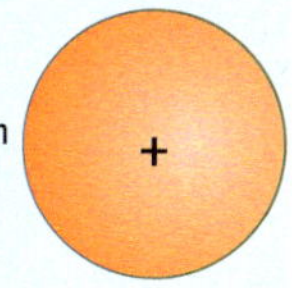

	Neutron
Symbol	n
Masse in u	≈ 1
Ladung	0

im Kern
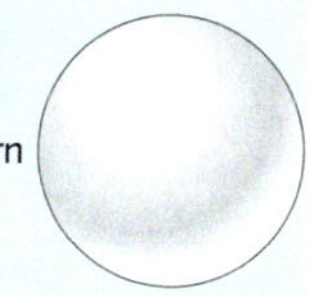

	Elektron
Symbol	e^-
Masse in u	≈ 0,0005
Ladung	−1

in der Hülle

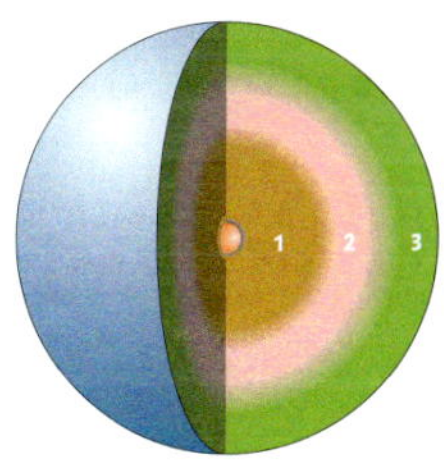

Das Energiestufenmodell liefert eine energetische Darstellung der Atomhülle.

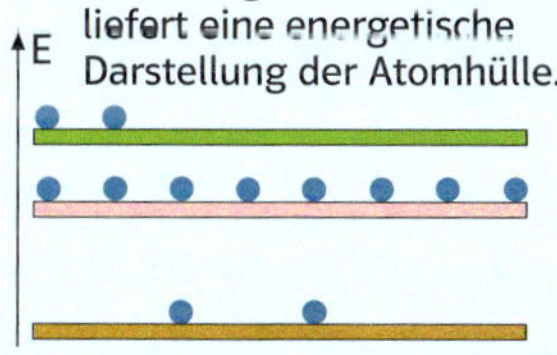

Energiestufenmodell des Magnesiumatoms

Das Schalenmodell liefert eine räumliche Darstellung der Atomhülle.

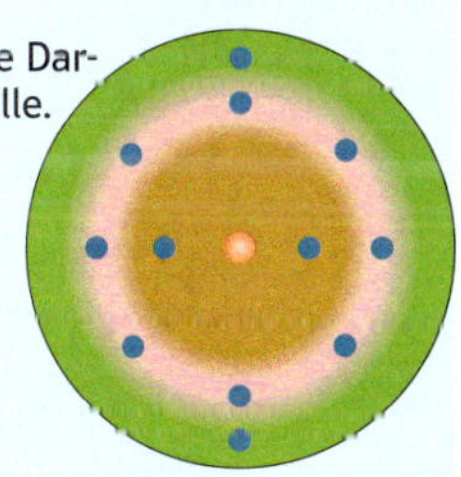

Schalenmodell im Querschnitt

Jeder Energiestufe kann eine Schale zugeordnet werden.

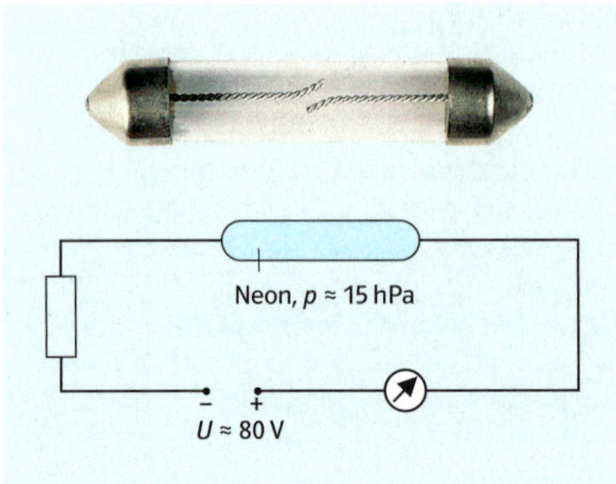

B2 Zu Aufgabe 2

A1 Nenne Eigenschaften einiger Edelgase. Welche Verwendungsmöglichkeiten ergeben sich daraus?

A2 Wird die an einer Glimmlampe [B2] angelegte Spannung erhöht, so beginnt bei 80 V der Strom zu fließen und das Gas leuchtet rot auf. Unter diesen Bedingungen wird von Neonatomen jeweils ein Elektron abgespalten. Zeichne das Energiestufenschema für das Neonion.
Welchem Atom entspricht das erhaltene Schema?

A3 Nenne eine Gemeinsamkeit und einen Unterschied der Elektronenhüllen eines Chlor- und Bromatoms.

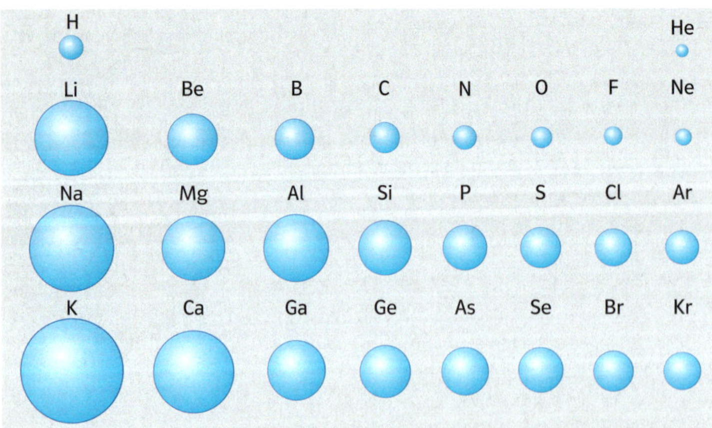

B1 Durchmesser verschiedener Atome. Die Atome der Hauptgruppenelemente der ersten vier Perioden sind im richtigen Größenverhältnis gezeichnet

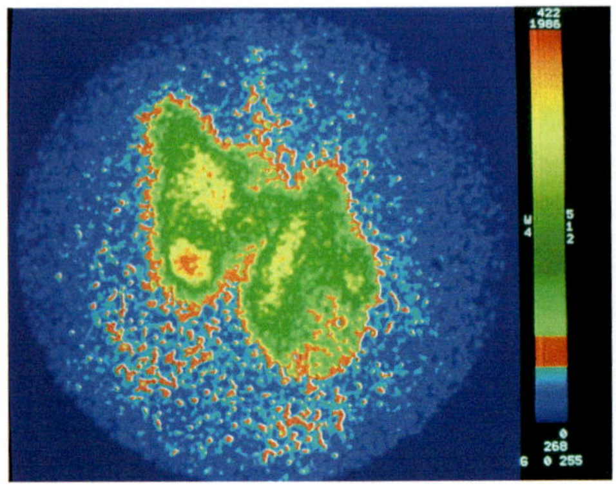

B3 Szintigramm einer Schilddrüse

A4 Bei Verdacht auf eine Schilddrüsenerkrankung wird ein radioaktives Iodpräparat verabreicht. Die dadurch von der Drüse ausgehende Strahlung wird registriert und mithilfe eines Computerprogramms dargestellt [B3]. Nenne den Grund dafür, dass die Schilddrüse neben den natürlichen Iodverbindungen auch solche des in der Natur nicht vorkommenden radioaktiven Iods (^{131}I) aufnehmen kann.
Vorteilhaft ist es inzwischen, die Untersuchung mit einem Technetiumpräparat durchzuführen. Was könnte dafür sprechen?

A5 Formuliere eine Aussage zu folgenden Begriffen über den Atombau:
a) Ordnungszahl, **b)** Massenzahl, **c)** Kernladungszahl, **d)** Nummer der Hauptgruppe, **e)** Nummer der Periode?

A6 Erkläre den Verlauf der Atomdurchmesser innerhalb einer Gruppe [B1] und innerhalb einer Periode. Woran könnte es liegen, dass das Galliumatom kleiner als das Aluminiumatom ist? Beachte die Kernladungszahlen von Calcium und Gallium.

A7 Das Element Chlor besteht aus zwei Atomsorten mit den Massen 35,0 u und 37,0 u. Die mittlere Atommasse beträgt 35,5 u. Berechne den Anteil der beiden isotopen Atomarten im Element.

A8 Erläutere den Unterschied folgender Formulierungen: $^{24}_{12}Mg$ und $^{24,3}_{12}Mg$.

5.27 Horizonte Dem Periodensystem auf der Spur

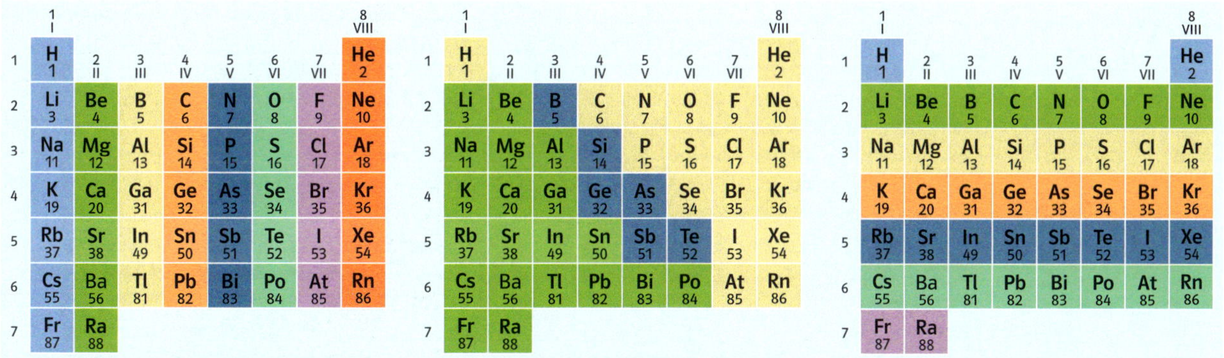

Darstellung nach Elementgruppen — Darstellung nach Metallen und Nichtmetallen — Darstellung nach Perioden

B1 Periodensystem der Elemente in verschieden eingefärbten Darstellungen

In dieser Aufgabe sollt ihr als Gruppe eine Präsentation (Ausstellung) vorbereiten und ein Spiel herstellen, mit dem man die Elementsymbole und die Anordnung der Elemente im Periodensystem (kurz: PSE) erlernen kann. Dazu werden euch verschiedene Hilfen gegeben.

A1 Verschafft euch einen Überblick über die Vielfalt der Periodensysteme, in gedruckter oder interaktiver Form, indem ihr der Suchmaschine im Internet den Auftrag gebt, „Periodensysteme" zu suchen.

a) Gruppiert die Periodensysteme in solche in Langform und solche in Kurzform. Was unterscheidet beide Darstellungen? Nennt die Vorteile der jeweiligen Form.

b) In den farbigen Darstellungen werden die Farben für Eigenschaften verwendet, welche die Elemente bzw. die elementaren Stoffe im Periodensystem gemeinsam haben. Das sind zum einen die Elementgruppeneigenschaften und zum anderen? Seht euch dazu auch [B1] an.

c) In manchen Abbildungen des Periodensystems, wie z. B. auch in diesem Buch werden den Elementsymbolen Bilder der elementaren Stoffe zugeordnet. Ihr könnt ähnlich wie in diesem PSE aus gleichen kleinen Kartons eine Schauwand aufbauen, in der ihr die elementaren Stoffe, die euch eure Lehrkraft aus der chemischen Sammlung gibt, wie im PSE anordnet.

A2 Verfasst einen historischen Überbick zur Geschichte des Periodensystems. Verwendet dazu die Informationen aus diesem Kapitel sowie eigene Recherchen in Lexika oder im Internet. Nicht nur MENDELEJEW und MEYER (Kap. 5.18) haben sich mit der Periodizität der Elementeigenschaften beschäftigt.

A3 Im Folgenden werden euch Anleitungen zu verschiedenen ungewöhnlichen Darstellungen des PSE gegeben, die ihr selbst basteln könnt. Sie vermitteln weitere Kenntnisse und sind ein Blickfang für eure Ausstellung. In allen Fällen werden nur die Hauptgruppen des PSE dargestellt.

Das Helixmodell.
Ihr benötigt eine Papprolle z. B. aus einer Küchenpapierrolle (ca. 26 cm lang, Durchmesser ca. 4,5 cm) und einen ca. 3 cm breiten und ca. 80 cm langen Papierstreifen, den ihr aus drei längsgeschnittenen DIN-A-4 Blättern herstellen könnt. Den Streifen teilt ihr in 42 gleich große Abschnitte auf (Abstand 1,9 cm) und schreibt die Elementsymbole der Hauptgruppenelemente bis Ba hinein, zwischen H und He bleiben 6 Felder frei. Den Streifen legt ihr dann so um die Papprolle, dass Elemente einer Gruppe jeweils untereinander stehen und klebt ihn fest. Bei der farbigen Ausgestaltung sind eurer Fantasie keine Grenzen gesetzt [B4]. Welche Aussage des PSE wird hier besonders deutlich?

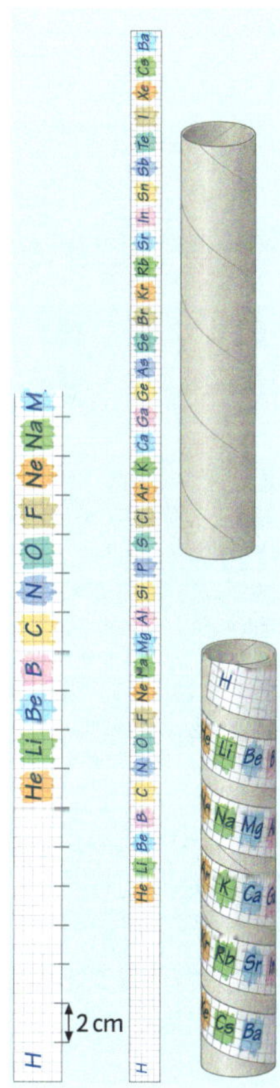

B2 Das Helixmodell

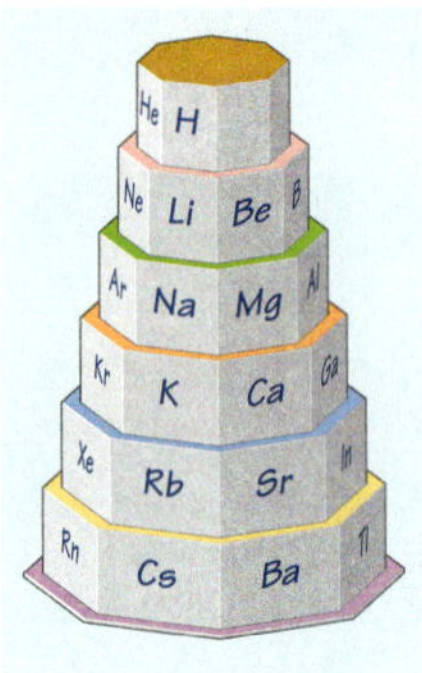

B3 Das Periodensystem der Elemente als Turm - ein Beispiel

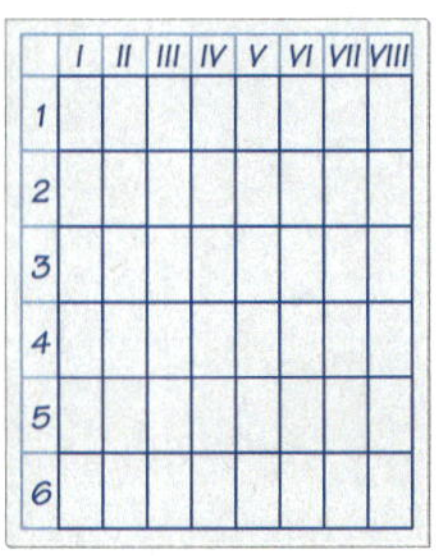

B4 Zu A4: So sieht das fertige Spielfeld aus

Das Turmmodell.
Ein achteckiger Turm soll das Periodensystem der Elemente darstellen. Der Turm hat sechs Etagen, jede Etage steht für eine Periode im Periodensystem. Auf den acht Flächen jeder Etage steht ein Elementsymbol, die Elemente einer Elementgruppe stehen untereinander. Entwickelt diesen Turm selbst.
Welche Eigenschaft der Elemente wird in diesem Modell besonders betont?

Das Ringmodell.
In einen Kreis von 24 cm Durchmesser (r = 12 cm) werden fünf weitere konzentrische Kreise (r_1 = 2 cm, r_2 = 4 cm, r_3 = 6 cm, r_4 = 8 cm, r_5 = 10 cm) gezeichnet. Entlang der äußeren Linie wird eine Kreisscheibe ausgeschnitten. Nun werden die Elementsymbole der Elemente der verschiedenen Perioden auf den Kreissegmenten verteilt. Dazu schreibt ihr am besten die Elementsymbole der Elementgruppen radial (sternförmig) von innen nach außen. In das Feld in der Mitte kommen natürlich nur zwei Elemente. Schneidet nun Halbkreise entlang der Kreislinien aus, in der Mitte sollte ein Steg von etwa 1 cm Länge stehen bleiben. (Man erreicht das, indem man beiderseits eines Durchmessers Parallelen im Abstand von 0,5 cm vom diesem zeichnet.) Die erhaltenen halben Ringe werden jeweils nach vorn und nach hinten geknickt, z. B. der zweite nach vorn und hinten, der dritte nach hinten und vorn und so fort [B5].
Was wird mit diesem Modell besonders veranschaulicht?

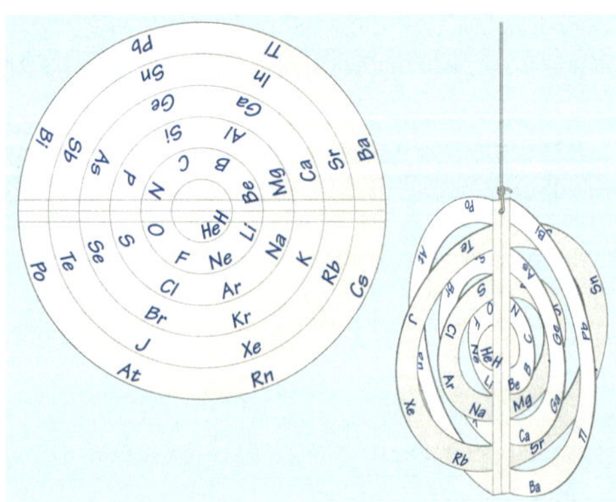

B5 Ringmodell des Periodensystems als Mobile

A4 Ein **Periodensystem-Puzzle** kann euch helfen, die Anordnung der Elemente im PSE zu erlernen. Ihr könnt es zusammen spielen, aber auch zum Selbstlernen verwenden.

Dazu benötigt ihr 42 Blanko-Karteikarten und eine Vorlage aus Pappe oder starkem Papier, auf die 8 Karten in der Breite und 6 Karten in der Höhe hochkant hineinpassen. Der Kartenbreite und -höhe entsprechend wird dieses Rechteck in 48 Felder eingeteilt (Filzstift). In die Felder könnt ihr Perioden- und Gruppennummer eintragen. Die Karteikarten werden nach folgendem Muster für alle Elemente der Hauptgruppen beschriftet.

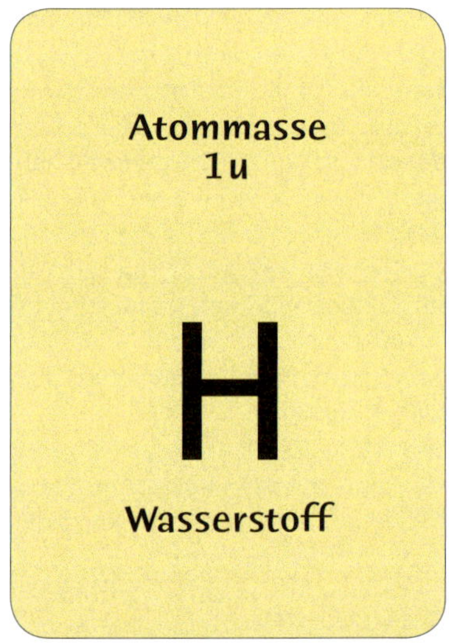

B6 Beispiel für die Spielkarte „Wasserstoff"

Jeder Spieler bekommt eine bestimmte Anzahl Karten, die er an die entsprechende Stelle in der Vorlage legen muss.

Derjenige, der in einer voher von euch festgelegten Zeit die meisten Karten an die richtige Stelle legt, hat gewonnen.

6 Ionenbindung und Elektronenübertragung

„Salz ist unter allen Edelsteinen, die uns die Erde schenkt, der kostbarste."
Dieser Auffassung war JUSTUS VON LIEBIG (1803-1873), ein bedeutender deutscher Chemiker.

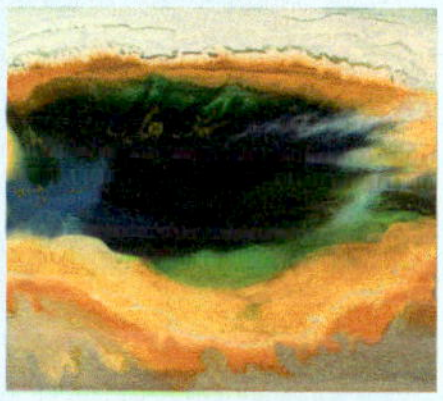

Kochsalz ist für den menschlichen Körper lebensnotwendig. Man muss täglich 2 – 3 g zu sich nehmen. Verletzte Personen mit hohem Blutverlust erhalten als Ersatz eine Kochsalz-Infusionslösung.

Salze sind aus positiv und negativ geladene Teilchen aufgebaut. Der Zusammenhalt zwischen ihnen bestimmt die Eigenschaften der Salze.

Die meisten Metalle kommen nicht als elementare Stoffe vor sondern als Salze. Damit aus den geladenen Teilchen der Salze Metallatome gebildet werden, ist eine chemische Reaktion, eine Elektronenübertragung, nötig. Sie findet unter Energiezufuhr statt.

Auch wenn Eisen rostet, ist eine Elektronenübertragung die Ursache.

Die meisten Mineralien sind Salze. Ein kleiner Teil von ihnen wird als Edelsteine oder Schmucksteine verwendet.

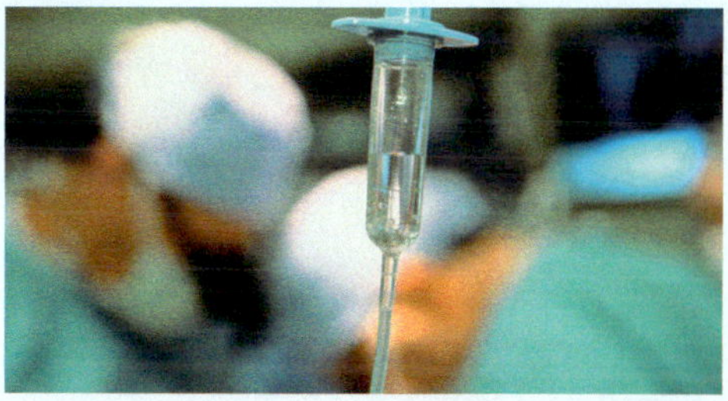

Online-Link
756082-0600

6.1 Die Welt der Mineralien

B1 Georgius Agricola (1494 – 1555)

Bergbau
Der Arzt Georgius Agricola suchte in Bergwerken nach Mineralien zum Einsatz für Heilzwecke. Durch den Kontakt mit den Bergleuten wuchs sein Wissen über Mineralien. In seinem ersten Lehrbuch „De Natura Fossilium" schrieb er diese Erkenntnisse nieder. 200 Jahre lang behielt sein zweites, größtes Werk „De Re Metallica" (Vom Berg- und Hüttenbau) höchsten wissenschaftlichen Rang.

B3 „Schmelzen" von Erz (aus „De Re Metallica")

A1 Die Gewinnung von Metallen aus Erzen nannte man „Schmelzen" von Erz. Begründe, warum der Vorgang durch diesen Begriff „Schmelzen" nicht treffend beschrieben wird.

Fossil von lat. fossilis, (aus)gegraben
Die Bezeichnung „Fossil" wurde erstmalig 1546 von Agricola in seinem Standardwerk „De Natura Fossilium" verwendet.

B2 Riesensalzkristall

Mineralsalzlagerstätten
Vor ca. 500 Millionen Jahren gelangten durch Vulkanausbrüche glühende, flüssige Gesteine, die Magmen, aus dem Erdinnern zur Oberfläche. Beim Abkühlen kristallisierten zuerst die Mineralien mit den höchsten Schmelztemperaturen. Andere lösten sich in dem im Magma eingeschlossenen heißen Wasser. Diese gesättigte Lösung durchfloss Hohlräume im Gestein. Im Laufe der Zeit kristallisierten die gelösten Mineralien teilweise zu riesigen Kristallen aus und trugen zur Bildung von Minerallagerstätten bei.

A2 Erstelle eine Bildergalerie von Mineralien mit Angaben zu deren Eigenschaften und Verwendung.

Fossilien
Fossilien entstehen, wenn Reste von Tieren und Pflanzen versteinern. Die weichen Teile werden von Bodenlebewesen zersetzt. Finden die mineralischen Anteile der Knochen und Schalen, eingebettet im Schlamm eines Sees, Schutz vor Umwelteinflüssen, werden sie durch den Druck vermehrter Ablagerungen verdichtet. Das ursprüngliche Material reagiert in vielfältiger Weise mit den Stoffen aus seiner Umgebung. Langsam werden Schalen und Knochen zu hartem Gestein. Meist bleiben Poren, durch die mineralhaltige Lösungen eindringen können. In den Jahrmillionen während und nach seiner Entstehung ist das Fossil den Verformungen der Erdkruste ausgesetzt. Seine mineralische Zusammensetzung ändert sich weiter, was auch zu seiner Zerstörung führen kann.

B4 Ammonit mit Mineralienkristallen, Fundort: Minden, Porta Westfalica

A3 Erkläre, warum man in älteren Gesteinsschichten kaum Fossilien findet.

A4 Die Hohlräume in einer versteinerten Schale z. B. eines Ammoniten sind häufig mit wunderschönen Mineralienkristallen ausgekleidet [B4]. Erkläre die Bildung dieser Kristalle.

Mineralien – von weich bis hart
Speckstein ist ein Mineral, das sehr leicht mit Werkzeugen für Holz bearbeitet werden kann. Seit der Antike dient Speckstein aber z. B. auch für hitzebeständiges Kochgeschirr und bis heute für den Bau von Heizöfen. Gemahlen nutzt man ihn z. B. als Talkum in Hautpudern. Korund dagegen ist wegen seiner besonderen Härte das am häufigsten eingesetzte Schleifmittel.

B5 Trenn- und Schleifscheiben mit Korund

A5 Um Mineralien zu klassifizieren, prüfte FRIEDRICH MOHS die Ritzbarkeit der Mineralien wechselseitig. Beschreibe, wie er vorging, um seine Härteskala aufzustellen [B6].

A6 Obsidian ist vulkanisches Gestein, das fast ausschließlich aus Glas besteht. Wie kannst du unter Verwendung der Mineralien aus [B6] die Härte von Obsidian bestimmen?

A7 Korund (Aluminiumoxid) ist bis 2000 °C hitzebeständig. Diamant ist zwar härter, aber er verbrennt bei Temperaturen über 800 °C.
a) Warum verbrennt Korund auch bei noch höheren Temperaturen nicht?
b) Nenne das bei der Verbrennung von Diamant zu erwartende Reaktionsprodukt.

Salze und Gesundheit
Der menschliche Körper enthält ca. 3,5 kg Mineralien. Eine ausreichende Mineralzufuhr mit der Nahrung ist unentbehrlich, weil auch mineralhaltige Teile wie z. B. die Knochen ständig erneuert werden.

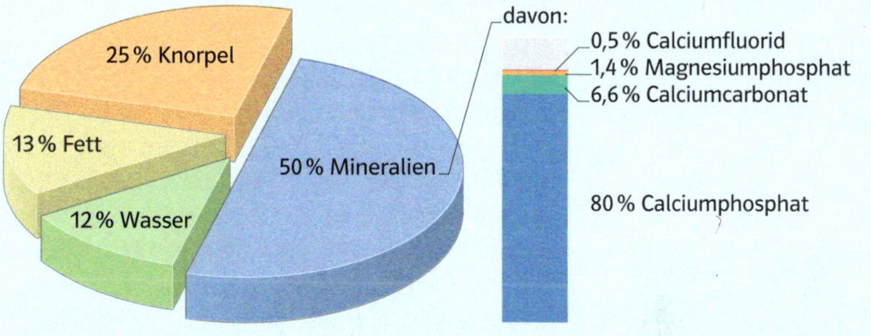

B7 Aufbau menschlicher Knochen

A8 Liste anhand von [B7] die Namen der metallischen und nichtmetallischen Elemente auf, die im mineralischen Anteil des Knochens vorkommen. Nutze die Tabellen hinten im Buch.

A9 Lege einen gut gereinigten Hühnerknochen für 3–4 Tage in ein Schraubglas mit Essigessenz (25 %ige Essigsäurelösung). Vorsicht! Es darf keine Essigessenz in die Augen kommen!
a) Entnimm den Knochen (Gummihandschuh), wasche ihn gründlich unter fließendem Wasser.
b) Prüfe auf Härte und Biegsamkeit. Beschreibe die Veränderungen.
c) Entscheide anhand [B7], ob durch die Einwirkung der Säure im „Essigbad" die mineralischen Anteile des Knochens oder die übrigen Bestandteile entfernt wurden. Begründe.

Talk	Gips	Calcit	Fluorit	Apatit	Orthoklas	Quarz	Topas	Korund	Diamant
Mit dem Fingernagel zu schaben	Mit dem Fingernagel ritzbar	Mit einer Münze ritzbar	Mit einem Messer leicht ritzbar	Mit einem Messer schwer ritzbar	Mit der Stahlfeile leicht ritzbar	Mit der Stahlfeile ritzbar	Mit der Stahlfeile schwer ritzbar	Mit der Stahlfeile sehr schwer ritzbar	Nicht ritzbar. Ritzt alle anderen

B6 Die Härteskale nach MOHS

6.2 Ionen in wässrigen Lösungen

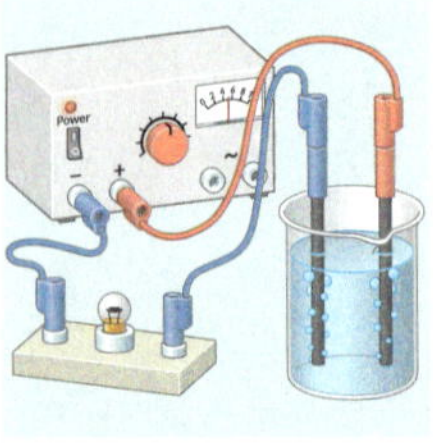

B1 Prüfung der elektrischen Leitfähigkeit

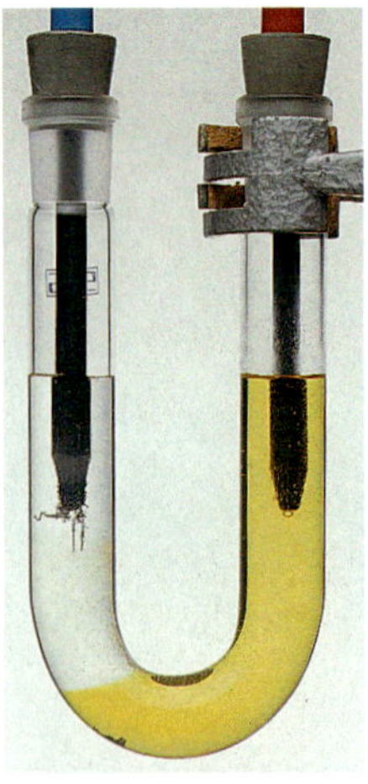

B2 Beobachtungen bei der Leitfähigkeitsprüfung von Zinkiodidlösung

Von Nichtmetallen mit Ausnahme von Graphit unterscheiden sich Metalle u. a. dadurch, dass sie im festen Zustand den elektrischen Strom gut leiten. Im Metall bzw. Graphit sind also bewegliche Elektronen vorhanden. Salze sind Verbindungen aus Metall und Nichtmetall. Wie verhalten sich Salze bei Leitfähigkeitsprüfungen?

Elektrische Leitfähigkeit von wässrigen Lösungen. Um Lösungen auf elektrische Leitfähigkeit zu prüfen, taucht man zwei Graphitstäbe in die jeweilige Lösung ein, die mit je einem Pol einer Spannungsquelle verbunden sind [V1]. Die wässrigen Lösungen der drei Salze, nicht jedoch die Zuckerlösung, zeigen elektrische Leitfähigkeit.

Um die Ursache der Leitfähigkeit von Salzlösungen zu ergründen, ist es hilfreich, die Oberflächen der beiden Graphitelektroden genau zu beobachten, während z. B. eine Zinkiodidlösung den Strom leitet [V2]:
Am Graphitstab, der mit dem Minuspol der Gleichspannungsquelle verbunden ist, wird allmählich ein hellgrauer Belag eines Feststoffes sichtbar. Es handelt sich um metallisches Zink. In der Umgebung des anderen Graphitstabes, am positiven Pol, zeigen sich gelbe Schlieren aus Iod, das in Wasser gelöst ist.
Wie lassen sich diese experimentellen Befunde deuten?

Ladungsträger in Salzlösungen. Eine Voraussetzung für Stromfluss ist der Transport von Ladung. Dies bedeutet, dass in der Zinkiodidlösung geladene Teilchen vorliegen, die sich während des Stromflusses bewegen. Durch die Wirkung der beiden Pole der Spannungsquelle werden die Teilchen in der Lösung jeweils in eine bestimmte Richtung gelenkt. Die Elektrode, die mit dem positiven Pol verbunden ist, ist positiv geladen und zieht negativ geladene Teilchen an. Umgekehrt ist die Elektrode am Minuspol negativ geladen und zieht positiv geladene Teilchen an.
Die experimentellen Befunde lassen sich jetzt deuten.

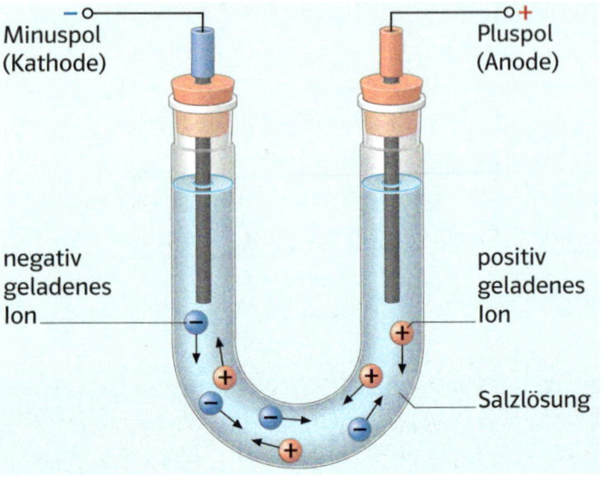

B3 Ionen wandern zu der jeweils entgegengesetzt geladenen Elektrode

Zur negativ geladenen Elektrode *wandern* die *positiv* geladenen Zinkteilchen, weil sich entgegengesetzt geladene Körper anziehen. Da die andere Elektrode positiv geladen ist, *wandern* zu ihr die *negativ* geladenen Iodteilchen [B3]. Diese geladenen Teilchen heißen **Ionen** (von griech. ion, das Wandernde; Kap. 5.21).

Ionen sind Atome (oder auch Moleküle), die elektrisch positiv oder negativ geladen sind.

V1 Versuchsaufbau wie [B1]. Löse in je einem Reagenzglas etwas Natriumchlorid, Kaliumiodid, Zinkchlorid und Zucker in dest. Wasser. Prüfe nacheinander, beginnend mit dem Wasser, die elektrische Leitfähigkeit der Flüssigkeiten. Spüle den Leitfähigkeitsprüfer nach jedem Versuch.
Beschreibe deine Beobachtungen.

V2 Versuchsaufbau wie in [B2]. Fülle Zinkiodidlösung in ein U-Rohr. Verschließe die beiden Schenkel mit je einem Stopfen, in dem eine Graphitelektrode steckt. Verbinde die Elektroden mit den Polen einer Gleichspannungsquelle und baue eine Glühlampe (0,1 A) in den Stromkreis ein. Erhöhe die Spannung langsam, bis das Lämpchen leuchtet. Schalte nach einigen Minuten die Spannung ab. Beschreibe und deute deine Beobachtungen.

Zuckerlösung enthält keine Ionen und leitet den elektrischen Strom deshalb nicht [V1].

Lösungen, die bestimmte Ionen enthalten, sind sowohl für jede Pflanze als auch für Mensch und Tier lebensnotwendig. Demnach müssen wir die Ionen täglich mit unserer Nahrung zu uns nehmen. In welchen Lebensmitteln sind Ionen enthalten?

Mineralwasser. Betrachtet man z. B. das Etikett einer Mineralwasserflasche genauer, findet man dort eine Liste der enthaltenen Ionen.
In einer Spalte stehen die *positiv geladenen* Ionen *(Kationen)*, in der anderen die *negativ geladenen* Ionen *(Anionen)* [B4]. Zudem erkennt man, dass sowohl einfach als auch mehrfach geladene Ionen vorkommen.
Die Frage ist, wie diese Ionen in das Mineralwasser kommen. Wurden sie zugesetzt oder sind sie als natürliche Bestandteile darin enthalten?

Bereits der Aufdruck „Natürliches Mineralwasser" lässt den Schluss zu, dass die enthaltenen Stoffe nicht zugesetzt werden. Auf seinem Weg bis zur oberirdischen Quelle durchströmt das Wasser viele Gesteinsschichten, die zum Teil etwas angelöst werden. Gesteine bestehen aus *Mineralien*. Viele Mineralien sind Salze. Deshalb sind im Gestein Ionen vorhanden, die sich im Mineralwasser wiederfinden.

HEILWASSER

Analyse

Kationen		mg/kg	Anionen		mg/kg
			Chlorid	Cl^-	117,00
Kalium	K^+	31,00	Fluorid	F^-	0,30
Natrium	Na^+	973,20	Sulfat	SO_4^{2-}	318,50
Lithium	Li^+	2,35	Nitrat	NO_3^-	0,58
Ammonium	NH_4^+	0,91	Hydrogencarbonat	HCO_3^-	3001,00
Calcium	Ca^{2+}	136,30	Hydrogenphosphat	HPO_4^{2-}	0,37
Magnesium	Mg^{2+}	107,00			
Strontium	Sr^{2+}	1,00	Metakieselsäure	H_2SiO_3	11,62
Eisen	Fe^{3+}	0,02	Metaborsäure	HBO_2	11,61

natürliches Mineralwasser ohne Zusatz von Kohlenstoffdioxid

Abfülldatum 12 07 2006 Mehr als 3 Jahre haltbar 0,7 l

B4 Etikett eines Mineralwassers

B5 Sportler trinken ein mineralstoffhaltiges Getränk

Hochleistungssportler trinken nach Wettkämpfen meist mineralstoffhaltige Getränke [B5], um die Mineralsalze, die mit dem Schweiß ausgeschieden wurden, zu ersetzen.

Ionen im Organismus. Mineralsalze benötigt der tierische bzw. der pflanzliche Körper nur in geringer Menge, daher rührt ihre Bezeichnung als *Spurenelemente* im Zusammenhang mit unserer Ernährung. Mineralsalze sind also keine Nährstoffe, aus denen Energie gewonnen werden kann. Bei Mineralsalzmangel treten Krankheiten auf. Einerseits sind Ionen direkte Bauteilchen zur Bildung von Knochen und Zähnen, andererseits sind sie z. B. Bestandteile von Katalysatoren für viele chemische Reaktionen in den Zellen. Mangel an Iodidionen z. B. führt zu Störungen der Schilddrüsenfunktion, zum Kropf. Eisenionen, die z. B. in den Mineralsalze der Erdbeere enthalten sind, sind Bestandteil des Hämoglobins, dem Farbstoff der roten Blutkörperchen [B6]. Hämoglobin ist für den Sauerstofftransport zuständig.

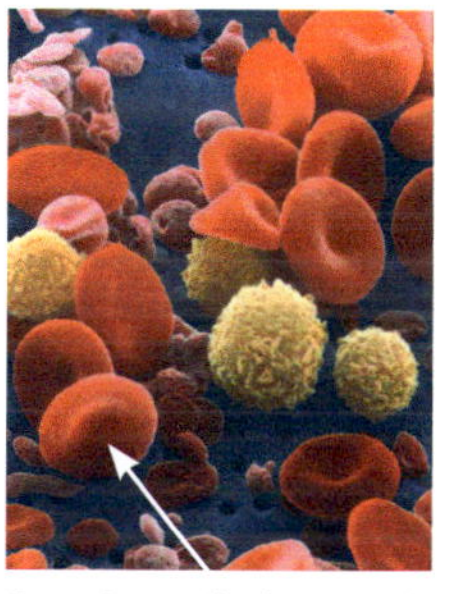

B6 Rote Blutkörperchen

A1 **a)** Sammle die Etiketten von wenigstens 4 verschiedenen Mineralwasserflaschen. Klebe sie in dein Heft und vergleiche in einer Tabelle die Gehalte von mehreren positiven bzw. negativen Ionen.
b) Worauf sind die unterschiedlichen Werte zurückzuführen?

A2 Setze aus dem Namen je eines Kations und eines der Anionen den Namen eines Metallhalogenids zusammen. Gib drei solche Beispiele an.

6.3 Natriumchlorid und andere Ionenverbindungen

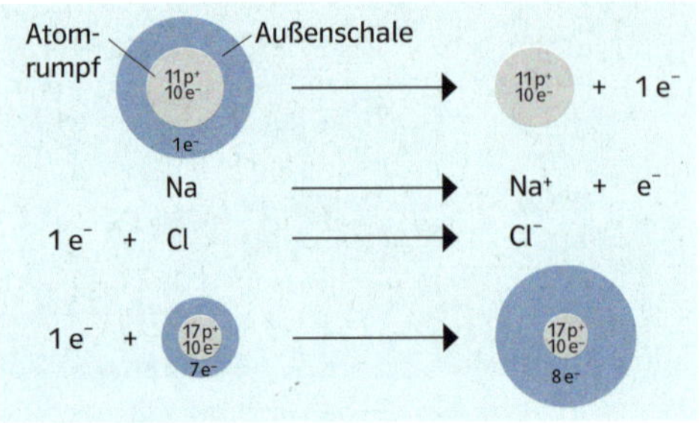

B2 Ionen entstehen durch Abgabe oder Aufnahme von Elektronen

Durch Reaktion von Natrium mit Chlor entsteht Natriumchlorid (Kap 5.13). Das Metall Natrium ist aus Atomen aufgebaut, Chlor aus zweiatomigen Molekülen, Natriumchlorid dagegen aus Ionen. Wie entstehen während der Reaktion aus den Atomen Ionen?

Bildung von Ionen. Bei der Reaktion von Natrium mit Chlor gibt jedes Natriumatom jeweils das *Valenzelektron* ab. Die positive Ladung des Kerns wird dann durch die Elektronen der Hülle nicht mehr ausgeglichen. Es ist ein positiv geladenes Ion entstanden [B2]; das Symbol dafür ist Na^+. Je ein abgegebenes Elektron wird von jeweils einem Chloratom in dessen äußerste Schale (Energiestufe) aufgenommen. Dadurch entstehen negativ geladene Chloridionen (Cl^-). Bei dieser chemischen Reaktion gehen Elektronen von einem Natriumatom auf ein Chloratom über. Allgemein lassen sich diese Vorgänge auch auf die Bildung anderer Salze übertragen.

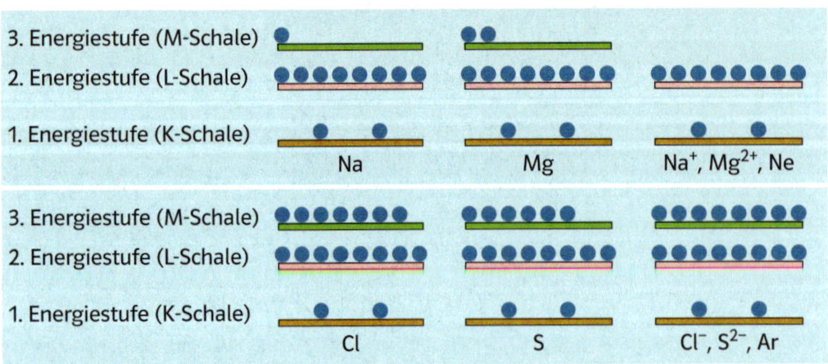

B1 Elektronenverteilung in der Hülle von Atomen, zugehöriger Ionen und entsprechenden Edelgasatomen

Wie Metallhalogenide sind auch Metalloxide oder Metallsulfide Salze. Bei ihrer Bildung geben *Metallatome* Elektronen ab, *Nichtmetallatome* nehmen Elektronen auf.

Bei der Reaktion von Metallen und Nichtmetallen zu Salzen geben die Metallatome Elektronen ab, es entstehen Kationen, die Nichtmetallatome nehmen Elektronen auf, es bilden sich Anionen. Salze sind also Ionenverbindungen.

Natriumionen, Kaliumionen und alle anderen *Alkalimetallionen* sind einfach positiv geladen, unabhängig davon, in welchem Salz sie vorkommen. *Halogenidionen* sind entsprechend einfach negativ geladen.
In Salzen gibt es auch mehrfach positiv geladene Metallionen, z. B. die Ionen von *Erdalkalimetallen*, z. B. Ca^{2+} und Mg^{2+}. Wonach richtet sich die Anzahl der abgegebenen oder aufgenommenen Elektronen?

Ionenladung und Edelgasregel. Bei der Entstehung von Natriumionen gibt jedes Natriumatom sein Valenzelektron ab.
Danach weist das entstandene *Natriumion* die gleiche *Elektronenanzahl und -verteilung* auf wie ein Atom des im Periodensystem vor ihm stehenden *Edelgases Neon*.
Entsprechend erhält ein *Chloratom* durch die *Aufnahme eines Elektrons* die *Atomhülle* eines Atoms des *Edelgases Argon*. Die Außenschale der Edelgasatome (außer Helium) hat 8 Elektronen. Man spricht von einem **Elektronenoktett**.

Erdalkalimetallatome werden durch Abgabe der beiden Valenzelektronen zu zweifach positiv geladenen Ionen. Dadurch haben sie wieder jeweils die Elektronenanzahl und -verteilung eines Edelgasatoms. Sind als Nichtmetalle Sauerstoff oder Schwefel an der Reaktion beteiligt, nehmen ihre Atome jeweils zwei Elektronen in ihre äußerste Schale auf. Sulfid- und Oxidionen sind zweifach negativ geladen und besitzen beide die Elektronenhülle eines Edelgasatoms.

► Energi

Wenn bei Reaktionen von Atomen Ionen entstehen, so haben diese meist die gleiche Elektronenanzahl und -verteilung in den Schalen wie ein Edelgasatom. Diesen Zusammenhang bezeichnet man als Edelgasregel.

Die Vorgänge bei der Ionenbildung können durch Teilreaktionsgleichungen verdeutlicht werden.

$Na \longrightarrow Na^{+} + 1\,e^{-}$ $\quad Cl + 1\,e^{-} \longrightarrow Cl^{-}$

$Mg \longrightarrow Mg^{2+} + 2\,e^{-}$ $\quad O + 2\,e^{-} \longrightarrow O^{2-}$

Ionenladungen und Formeln von Ionenverbindungen. Die Einzelladungen der positiv und negativ geladenen Ionen bestimmen gemeinsam das Anzahlverhältnis der Ionen in der Verbindung. Die Gesamtzahl der positiven Ladungen muss mit der Summe der negativen Ladungen übereinstimmen. Bei gleicher Ladungszahl der positiv und negativ geladenen Ionen ergeben sich Verhältnisformeln wie NaCl, LiBr, MgO oder auch CaS. Bei der Kombination von einfach und zweifach geladenen Ionen erhält man z. B. folgende Verhältnisformeln: Li_2O, $MgCl_2$ oder Na_2S.

Ladung der Nichtmetallionen / Ladung der Metallionen	–	2–
+	KBr NaCl	Na_2S Li_2O
2+	CaF_2 BaF_2	CaO CaS

B3 Ermittlung von Verhältnisformeln

Für das Aufstellen der Verhältnisformel einer Ionenverbindung kann **a)** das Aufschreiben der Zeichen für die Ionen und **b)** das anschließende Ausgleichen der Ladungen eine Hilfe darstellen.

Beispiel: Verhältnisformel von Aluminiumoxid (Korund, B4 bis B7) **c)**:

a) Al^{3+}, O^{2-}	**b)** Al^{3+} Al^{3+} / O^{2-} O^{2-} O^{2-}	**c)** Al_2O_3

B4 Korund-Schleifpapiere mit unterschiedlichen Körnungen

B5 Verschiedene Kristalle aus Korund (Aluminiumoxid)

B6 Aluminiumoxid (Pulver)

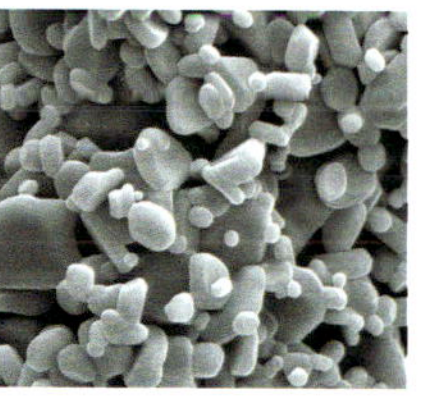

B7 Elektronenmikroskopische Aufnahme von Al_2O_3

A1 **a)** Zu welcher Elementgruppe gehören Natrium und Kalium?
b) Warum kann in unserem Körper niemals elementares Natrium sein? (Kap 5.10)

A2 Vergleiche die Protonen-, Neutronen- und Elektronenzahlen eines Natriumatoms mit denen eines Natriumions. Wodurch unterscheidet sich das Ion vom Atom?
Führe diesen Vergleich auch für das Chloratom und Chloridion durch.

A3 Zitate aus einer Zeitung: „Der Körper eines Erwachsenen enthält durchschnittlich 100 g Natrium, 140 g Kalium…" oder: „Der menschliche Körper braucht 14 Metalle, um richtig zu funktionieren…" oder: „Im menschlichen Blut sind 3 g Eisen enthalten. Bei Anämie herrscht oft Eisenmangel im Blut…"
Wie ist diese Ausdrucksweise in der Alltagssprache zu verstehen? Erkläre.

A4 **a)** Überlege dir selbst Namen von Salzen, die aus Alkali- oder Erdalkalionen sowie aus Halogenid-, Sulfid- bzw. Oxidionen aufgebaut sind.
b) Gib die jeweiligen Ionen mit ihren Ladungen an, aus denen diese Salze aufgebaut sind.
c) Stelle die zugehörigen Verhältnisformeln auf.
d) Übertrage das Schema [B3] in dein Heft und ergänze es um die von dir aufgestellten Verhältnisformeln.

A5 Ermittle anhand der des Caesiumchloridgitters [B8], von wie vielen entgegengesetzt geladenen Ionen als nächsten Nachbarn jedes Kation bzw. Anion dieses Ionengitters umgeben ist.

A6 Gib die Verhältnisformel für Caesiumchlord an.

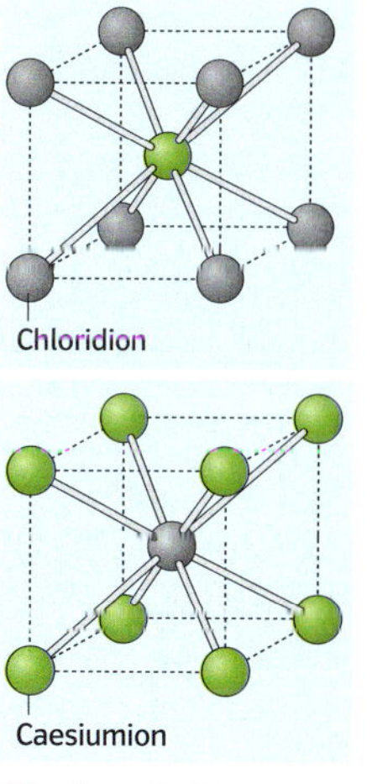

B8 Ausschnitt aus dem Caesiumchloridgitter

6.4 Das Natriumchloridgitter

Aus Natrium und Chlor kann sich Natriumchlorid bilden. Natriumchlorid besteht aus Ionen. Kationen und Anionen ziehen sich an. Da Ladungen nach allen Richtungen im Raum wirken, können von einem positiv geladenen Natriumion mehrere benachbarte negativ geladene Chloridionen angezogen werden. Ebenso kann ein Chloridion mehrere Natriumionen anziehen. Dagegen stoßen sich Ionen mit gleichnamiger Ladung ab.

Ionenverband. Bei der Reaktion von Natrium mit Chlor entsteht eine riesige Anzahl von Natriumionen und Chloridionen. Diese gruppieren sich so, dass sich eine *größtmögliche Anziehung* und *geringstmögliche Abstoßung* ergibt.

Die Bindung, die auf der Anziehung entgegengesetzt geladener Ionen beruht, bezeichnet man als Ionenbindung.

B1 Natriumchloridkristalle

Es bildet sich ein *Ionenverband*, in dem die Ionen regelmäßig angeordnet sind. In [B3] ist die räumliche Anordnung dieser Ionen zu erkennen. Ein Natriumion ist von sechs Chloridionen umgeben; um jedes Chloridion ordnen sich sechs Natriumionen. Jedes Ion hat also sechs nächste Nachbarn. Insgesamt ist die Anzahl der beiden Ionensorten im Ionenverband gleich; die *Verhältnisformel* NaCl bestätigt sich.

Die regelmäßige Anordnung der Ionen in einem Ionenverband nennt man **Ionengitter**. In [B3] erkennt man, dass die Ionen an den Ecken von Würfeln sitzen, die durch die Verbindungslinien zwischen den Mittelpunkten der Ionen gebildet werden.

Berücksichtigt man, dass die Natriumionen nur etwa den halben Durchmesser der Chloridionen haben, und beachtet man außerdem die tatsächlichen Abstände zwischen den Ionen, so ergibt sich das Modell in [B2]. Sowohl im Kristall als auch im Modell kann man rechtwinklige, würfelförmige Strukturen erkennen.

Ionenverbindungen mit Natriumchloridstruktur. Viele Feststoffe sind Ionenverbindungen. In einigen *Salzen* sind die Ionen so angeordnet wie die Natrium- und Chloridionen im festen Natriumchlorid. Beispiele sind viele Halogenide, z. B. Lithiumchlorid, Kaliumchlorid, Kaliumbromid. Man sagt, diese Ionenverbindungen haben *Natriumchloridstruktur*.

A1 Zeichne ein Schnittbild durch den Ionenverband des Natriumchloridgitters.

A2 Suche einen Grund für die unterschiedliche Größe von Natrium- und Chloridionen.

B2 Raumerfüllung im Natriumchloridgitter

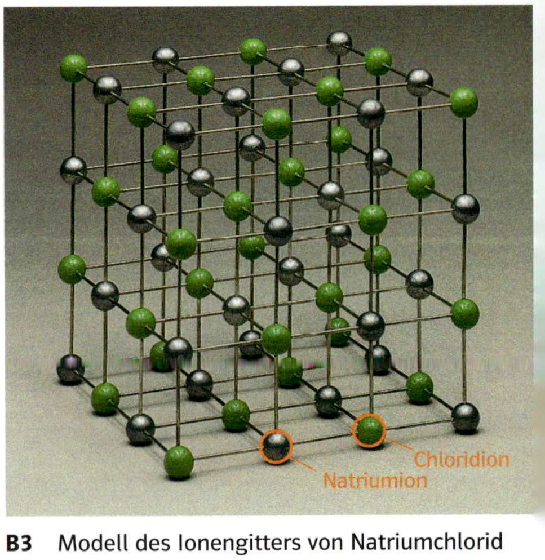

B3 Modell des Ionengitters von Natriumchlorid

► Struktur der Materie

6.5 Exkurs Gitterbildung und Energie

Geschmolzenes Natrium reagiert heftig mit Chlor unter Energieabgabe in Form von Licht und Wärme (Kap 5.13). Was ist die Ursache dafür, dass diese Reaktion exotherm verläuft?

Gitterenergie. Auch bei Zimmertemperatur reagieren Natrium und Chlor miteinander [V1]. Weil die Freisetzung der Energie dabei sehr langsam erfolgt, führt sie nicht zu einer starken Temperaturerhöhung. Die notwendigen Reaktionsschritte von den Ausgangsstoffen bis zum Reaktionsprodukt sind hierbei gleich wie beim Versuch mit dem geschmolzenen Natrium.
Um einzelne Natriumatome aus dem Atomverband zu erhalten, ist Energie erforderlich, ebenso zur Spaltung von Chlormolekülen in Chloratome.
Zur Bildung von Natriumionen muss Energie zugeführt werden (**Ionisierungsenergie**), während bei der Bildung von Chloridionen Energie frei wird. Die bei der Aufnahme eines Elektrons in ein neutrales Atom auftretende Energieänderung heißt **Elektronenaffinität**. Bildet man die Summe aus Ionisierungsenergie und Elektronenaffinität, so stellt man fest, dass ein hoher Energiebetrag aufgebracht werden muss. Aus der Beobachtung, dass sich bei der Reaktion von Natrium mit Chlor das Reaktionsprodukt Natriumchlorid als kristalliner Feststoff zeigt, kann man schließen, dass sich am Ende der Reaktion die Ionen in einer regelmäßigen Teilchenanordnung formiert haben. Bei der Bildung dieses Ionengitters aus den einzelnen Ionen wird sehr viel Energie, die **Gitterenergie**, frei. Die Freisetzung der Gitterenergie ist die Ursache dafür, dass die Reaktion von Natrium und Chlor insgesamt *exotherm* verläuft. Die Folge der *Freisetzung* von Gitterenergie ist, dass im Ionengitter ein Zusammenhalt besteht, welcher der Vergrößerung des Abstands der Ionen entgegenwirkt. Erst bei *Zufuhr* von Energie, z. B. in Form von Wärme, wird die Ionenbeweglichkeit höher und damit der Ionenabstand größer.

V1 Ein kleines frisch entkrustetes Natriumstück lässt man in einem mit Chlor gefüllten, abgedeckten Standzylinder ein bis zwei Tage unter dem Abzug stehen. Man löst den entstandenen spröden Stoff in Wasser (Achtung! Natriumreste reagieren mit Wasser! Schutzbrille!) und stellt die Lösung einige Tage an einen ruhigen Ort. Betrachte die Kristalle unter der Lupe.

A1 Erkläre, warum die Bildung von Natriumchlorid aus den elementaren Stoffen eine exotherme Reaktion ist, obwohl für die Bildung der Ionen ein hoher Energiebetrag aufgebracht werden muss.

A2 **a)** Beschreibe in fünf Stichpunkten die in B1 dargestellten Teilschritte.
b) Stelle die Schritte in Reaktionsgleichungen bzw. schematisch dar.

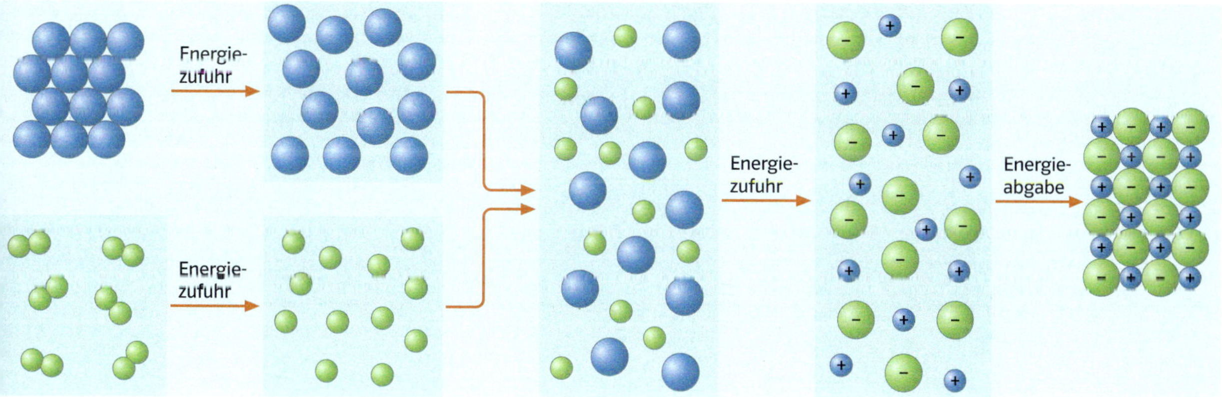

B1 Bildung des Natriumchloridgitters. Die Synthese von Natriumchlorid lässt sich in gedachte Teilschritte zerlegen

6.6 Salz

Kochsalz (Natriumchlorid), oft nur als „Salz“ bezeichnet, war zu allen Zeiten ein wertvolles Wirtschaftsgut. Noch heute zählt dieser lebensnotwendige Stoff zu den wichtigsten mineralischen Rohstoffen. Wir betrachten nun Salz aus verschiedenen Blickwinkeln wie Entstehung und Gewinnung, Verwendung und Bedeutung im Körper.

Entstehung von Salzlagerstätten

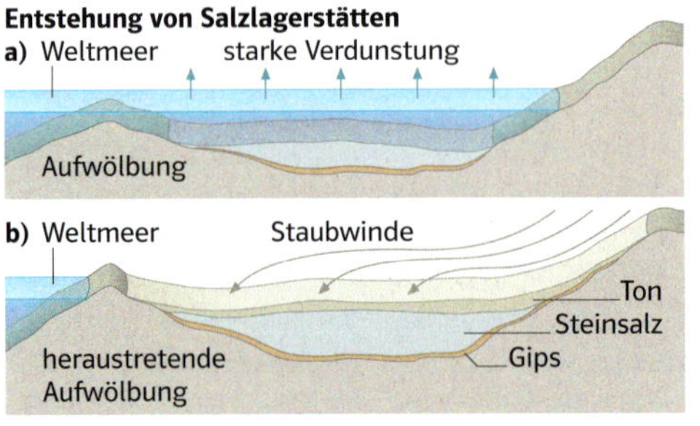

Entstehung von Salzlagerstätten. Salzlagerstätten sind Meeresablagerungen vergangener Erdzeitalter. Die großen Salzlager Deutschlands entstanden vor ca. 200 Millionen Jahren, als große Teile Mitteleuropas von Meeren bedeckt waren. Die durch Verwitterung von Gesteinen entstandenen löslichen Salze wurden durch Flüsse ins Meer transportiert. Durch Aufwölbung am Meeresgrund entstanden flache Becken, in denen bei dem damals herrschenden heißen Klima das Wasser schnell verdunstete, sodass ständig frisches Meerwasser nachströmte. Dadurch nahm der Salzgehalt in den Becken zu. Zuerst begannen sich die schwer löslichen Salze Kalk und Gips abzusetzen. Mit zunehmendem Salzgehalt des Wassers kam es zur Abscheidung von Kochsalz. Dies erfolgte über große Zeiträume, ohne dass weitere lösliche Salze auskristallisierten. Wurden die Becken vom Meer abgetrennt, bildeten sich Kalium- und Magnesiumsalze über dem Kochsalz. Staub und Sand bedeckten die Salzschichten und schützten sie vor Witterungseinflüssen. Bei einer anschließenden Landsenkung konnte das Becken erneut überflutet werden und der Vorgang wiederholte sich. Im Laufe der Jahrmillionen senkten sich die Salzschichten weiter ab und wurden von neuen Gesteinsschichten überdeckt.

A1 Wo befinden sich in Deutschland große Steinsalzlagerstätten?

A2 Über manchen Steinsalzlagerstätten liegen Kalkstein- und Gipsschichten. Wie lässt sich dies erklären?

Meersalzgewinnung in Salzgärten. In warmen Küstengebieten spielt auch heute noch das Jahrtausende alte Verfahren der Salzgewinnung in Salzgärten eine bedeutende Rolle. Dort wird über Kanäle Meerwasser in flache Becken geleitet. Man lässt das Wasser verdunsten, bis der größte Teil des Kochsalzes auskristallisiert ist. Die restliche Lösung, aus der sich noch zusätzlich die gesamten leichter löslichen Salze abscheiden würden, wird abgeleitet. Aus $1\,m^3$ Meerwasser werden in diesen Salzgärten ca. 23 kg Kochsalz gewonnen.

1000 kg Meerwasser enthalten:

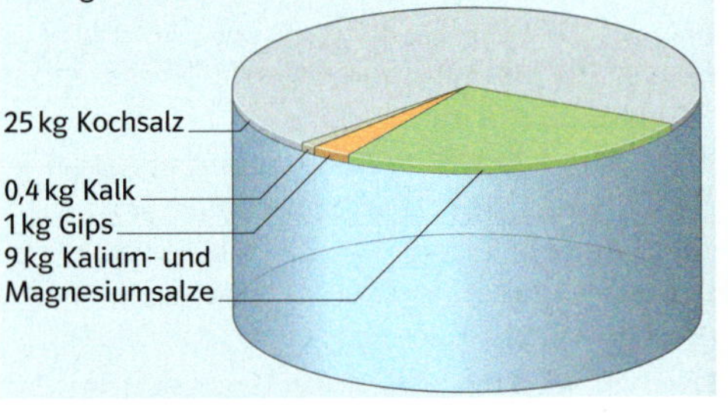

Kochsalz aus Meerwasser. Der Gehalt an gelösten Salzen beträgt für die Weltmeere 34 bis 37 g pro kg Meerwasser. Lässt man 1000 kg dieser Lösung verdunsten, so erhält man ca. 25 kg Kochsalz neben ca. 10 kg Kalium-, Magnesium-, Calciumsalzen und Spuren weiterer Salze.

A3 In den Salzgärten leitet man Meerwasser schrittweise in eine Reihe miteinander verbundener Verdunstungsbecken. Warum gelingt es, durch dieses Verfahren fast reines Kochsalz herzustellen?

A4 Bei welchen Gesundheitsstörungen wird ein Aufenthalt am Meer mit Solebädern usw. (Thalassotherapie) empfohlen?

A5 In welchen Produkten des Alltags findet man Meersalz?

Erstarrungstemperatur von Salzlösungen. Um vereiste Straßen aufzutauen oder Eisbildung zu verhindern, kann man Salz streuen. Da hohe Salzkonzentrationen für Pflanzen schädlich sind, wird Auftausalz oft nur noch an gefährlichen Stellen erhöhter Unfallgefahr eingesetzt.
Gibt man Kochsalz auf Eis, so schmilzt dieses. Die Erstarrungstemperatur von Salzlösungen liegt tiefer als die des Wassers. Der Salzbedarf steigt mit fallender Temperatur, unter ca. −21 °C lässt sich Eis durch Salzzugabe nicht mehr schmelzen. Bei sehr tiefer Temperatur ist der Einsatz von Salz aus Umwelt- und Kostengründen nicht vertretbar.

A6 Informiere dich über
a) die Hauptinhaltsstoffe von isotonischen Getränken und erkläre deren Bedeutung.
b) den osmotischen Druck im Biobuch.

A7 Einige der Inhaltsstoffe aus A6 sind auch in Mineralwasser enthalten.
Welche sind es?

Hinweis: Bei den Inhaltsstoffen der Getränke ist in der Regel z. B. nicht Natriumchlorid aufgeführt, sondern „Natrium" und „Chlorid". Außer Natriumchlorid sind noch andere Natriumverbindungen und andere Chloride enthalten.

Salz- und Wasserhaushalt. Betrachtet man rote Blutkörperchen unter dem Mikroskop und gibt wenig Wasser dazu, so ist statt der roten runden Scheibchen nun keine Struktur mehr erkennbar. Die Blutkörperchen sind geplatzt, da Wasser in sie eingedrungen ist. Gibt man die roten Blutkörperchen dagegen in eine Lösung mit hohem Salzgehalt, bewirkt diese, dass Wasser aus ihnen austritt und sie daher schrumpfen. Die Blutkörperchen bleiben unverändert, wenn man sie in eine Salzlösung gibt, deren Salzgehalt dem Gehalt der im Blut gelösten Stoffe entspricht (isotonische Salzlösung). Unser Blut und die übrigen Körperflüssigkeiten müssen einen bestimmten Massenanteil an gelösten Salzen besitzen. Dieser Massenanteil entspricht einer Kochsalzlösung mit w(Natriumchlorid) = 0,9 %, die man auch *physiologische Kochsalzlösung* nennt. Mit ihr kann man bei starkem Blutverlust das Blutvolumen wieder ergänzen.

Salz- und Wasserhaushalt unseres Körpers hängen eng zusammen und werden vor allem durch die Nieren reguliert. Bei Salzüberschuss muss die Niere Salz über den Harn ausscheiden. Überhöhte Salzaufnahme mit der Nahrung kann die Niere überlasten. Mit dem Schweiß verliert unser Körper Salz. Sportler, die sich über längere Zeit größeren körperlichen Anstrengungen aussetzen (z. B. Läufer), nehmen häufig „isotonische" Getränke zu sich.

Eisrezept ohne „Strom" oder „Historisches Eis"

Mische in einem Joghurtbecher 2 Esslöffel süße Sahne mit 1 Teelöffel Zucker und 1 Teelöffel Schokopulver oder Marmelade.
Gib in ein 400-ml-Becherglas ca. 7 Eiswürfel, etwas Wasser und 2–3 Esslöffel Salz.
Verfolge mit einem Thermometer die Temperatur der Mischung, gib evtl. noch Salz zu, bis ca. −10 °C erreicht sind. „Bette" den Joghurtbecher in die Kältemischung, umhülle alles mit einem Handtuch, öffne nach ca. 15 min.
Guten Appetit!

Kältemischung. Vermischt man Eis mit Salz, so schmilzt das Eis nicht nur, sondern die Temperatur der Mischung sinkt während des Schmelzens deutlich ab. Diese „künstliche Kälteerzeugung" ist schon seit dem 16. Jahrhundert bekannt. Sie diente zur Kühlung von Getränken und zur Bereitung von Speiseeis. Diese schon von französischen Königen hoch geschätze Methode hielt sich bis zur Mitte des 20. Jahrhunderts. Sie wurde erst lange nachdem CARL VON LINDE (1842–1934) die Kältemaschine, die heute in jedem Kühlschrank steckt, erfunden hatte, verdrängt.

6.7 Eigenschaften von Ionenverbindungen

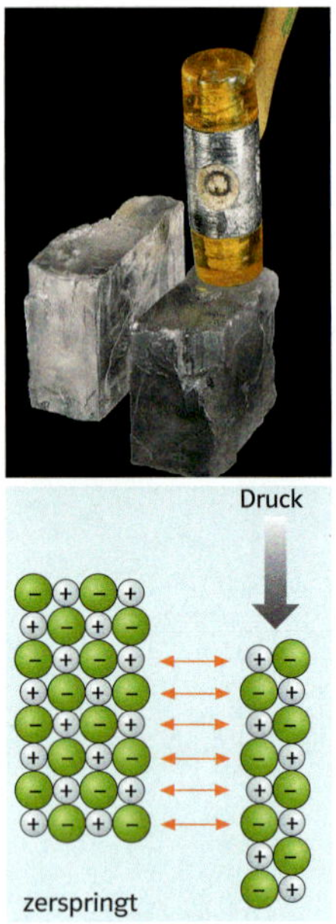

B1 Sprödigkeit der Salzkristalle

Salze haben einige typische Eigenschaften. Salzlösungen und auch Salzschmelzen leiten den elektrischen Strom. Salzkristalle sind hart, spröde und schmelzen erst bei hohen Temperaturen. Ihr Aufbau aus Ionen macht dies verständlich.

Sprödigkeit. Kochsalzkristalle zerspringen, wenn man mit dem Hammer auf sie schlägt. Diese *Sprödigkeit* resultiert daraus, dass bei der *Verschiebung der Schichten* um den Durchmesser eines Ions gleichgeladene Ionen nebeneinander liegen. Die *Abstoßungskräfte* überwiegen, die Schichten stoßen sich ab, der Kristall wird gespalten [B1].

Schmelztemperatur. Bei Energiezufuhr durch Erwärmung schwingen die Ionen immer stärker um ihre Gitterplätze, bis sie bei sehr hohen Temperaturen ihre Gitterplätze verlassen und das Ionengitter zusammenbricht. Das Salz schmilzt. Die Ionenbeweglichkeit ist so hoch, dass eine Ordnung im Gitter nicht mehr möglich ist. Wie in jeder Flüssigkeit gibt es immer noch *Anziehungskräfte* zwischen den Teilchen. Um die Schmelztemperatur zu erreichen, muss ein bestimmter Energiebetrag zugeführt werden. In der Reihe Kaliumchlorid, Kaliumbromid und Kaliumiodid zeigen die Schmelztemperaturen eine regelmäßige Abstufung. Dies gilt auch für die entsprechenden Natriumhalogenide [B3]. Vergleicht man die Anziehungskräfte zwischen den Ionen verschiedener Größe, wird diese Regelmäßigkeit verständlich. Die Anziehungskräfte sind umso größer, je geringer der Abstand zwischen den Mittelpunkten der Ionen ist. Auch die Abstoßungskräfte zwischen gleichnamig geladenen Ionen beeinflussen die Schmelztemperatur. Dies zeigt sich beim Vergleich der Schmelztemperaturen von Natrium- und Kaliumiodid.

MgO	CaO	NaF	NaCl	NaBr	NaI	KI
2800	2570	992	801	747	660	681

B3 Schmelztemperaturen einiger Salze mit Natriumchloridstruktur (in °C)

Erdalkalimetalloxide schmelzen bei wesentlich höheren Temperaturen als Alkalimetallhalogenide. Die sehr hohen Schmelztemperaturen der Erdalkalimetalloxide lassen sich auf die großen Anziehungskräfte zwischen den jeweils zweifach geladenen Ionen zurückführen.

Die Anziehungskräfte zwischen Ionen sind umso größer, je höher ihre Ladung und je geringer ihr Abstand ist.

Leitfähigkeit. Auch beim Lösen eines Salzes in Wasser verlassen die Ionen ihre Gitterplätze. In der Flüssigkeit sind Ionen und Wassermoleküle beweglich.

A1 **a)** Gib eine Erklärung dafür, dass ein Salzkristall spröde ist.
b) Warum bilden die möglichen Spaltebenen bei Natriumchlorid Winkel von 90°?

A2 Erkläre, worauf die elektrische Leitfähigkeit von Meerwasser, aber auch Badewasser beruht.

A3 Vergleiche die Radien der Atome und Ionen in [B2]. Welche Aussagen lassen sich machen?

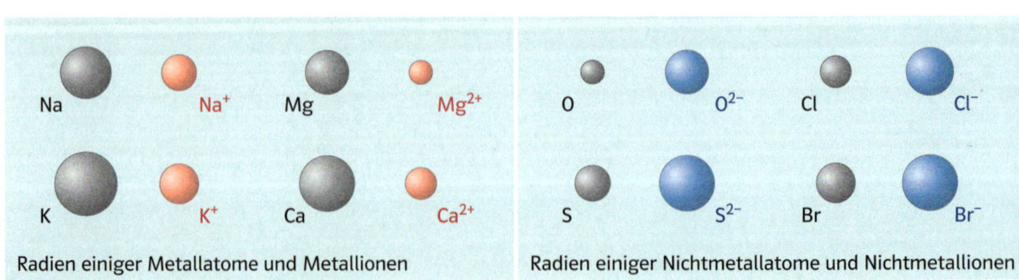

B2 Radien von Atomen und Ionen

6.8 Praktikum Kristallzüchtung

B1 Kristalle haben regelmäßige Formen

Die natürliche Bildung von Kristallen mit leuchtenden Farben und typischen Formen kannst du im Experiment nachvollziehen. Aus der verdunstenden gesättigten Lösung sortieren sich die Ionen langsam, gemäß ihrer Eigenschaften, zur Anordnung im Ionengitter. Es bildet sich ein Kristall, auf dem sich sich weitere Ionenschichten langsam auflagern. Seine vollendete geometrische Form kann sich nur dann ausbilden, wenn ein kleiner Kristall (Startkristall) in die Lösung hängt. Mit etwas Geduld erhältst du nach wenigen Wochen einige Zentimeter große Exemplare.

Geräte und Chemikalien: (Schutzbrille!)
2 Becherglaser (150 ml, hohe Form), Erlenmeyerkolben (250 ml), Kristallisierschale, Becherglas (400 ml), Messzylinder (100 ml), Spatel, Gasbrenner, Dreifuß, Keramik-Drahtnetz, Thermometer, Trichter, Filterpapier, blaues Kupfersulfat oder Alaun (Kalium-aluminiumsulfat), dest. Wasser, Schraubdeckelglas, Kunstfasernähgarn, Papierhandtuch.

Durchführung:

a) Herstellen einer gesättigten Lösung
Gib zu ca. 120 ml dest. Wasser im 150-ml-Becherglas unter ständigem Rühren portionsweise Kupfersulfat oder Alaun, bis sich ein Bodenkörper gebildet hat und erwärme dann auf höchstens 50 °C. Füge weiteren Feststoff zu, bis ein Bodenkörper bleibt. Lass die Lösung abkühlen und filtriere sie in einen Erlenmeyerkolben.

b) Gewinnung von Startkristallen
Filtriere einen Teil der klaren, gesättigten Lösung aus Versuch **a)** in die Kristallierschale ab, bis sie 2 cm hoch steht. Decke das Glas mit Filterpapier ab, stelle es an einen erschütterungsfreien, nicht zu kühlen Ort. Warte ein bis zwei Tage ab, bis sich größere Kristalle am Boden gebildet haben.
Entnimm mithilfe der Pinzette einen größeren Kristall, tupfe ihn mit Papier trocken und ritze mit einem Nagel vorsichtig kleine Rillen in die Kanten. Lege eine dünnen Nähfaden durch die Rillen und verknote ihn zu einer Schlaufe. Bewahre einen weiteren Startkristall in einem Schraubgläschen auf.

c) Kristallwachstum
Filtriere die Lösung aus dem Erlenmeyerkolben in ein 150-ml-Becherglas. Spritze den eingebundenen Kristall kurz mit dest. Wasser ab, trockne ihn mit Papier, hänge ihn z. B. an einem Bleistift oder Hölzchen in die Lösung. Bedecke wieder mit Filterpapier und stelle das Becherglas an einen gleichmäßig temperierten Ort. Kontrolliere die Lösung alle zwei Tage. Wenn sich am Boden, der Wand oder der Oberfläche der Flüssigkeit weitere Kristalle gebildet haben, filtriere die Lösung in das andere saubere 150-ml- Becherglas. Spritze nach Entnahme den Kristall wieder kurz mit dest. Wasser ab und hänge ihn wieder in die Lösung.

d) Aufbewahrung des Kristalls
Wenn dir die Größe ausreichend erscheint, nimm den Kristall heraus, tupfe ihn mit Papier ab. Die Kristalle sind viele Jahre haltbar.

A1 Du stellst nach 2 Tagen fest, dass in der Schlaufe des Fadens kein Kristall mehr hängt. Auf dem Boden des Glases finden sich aber einige Kristalle. Suche nach einer Erklärung.

A2 Wozu dient das aufgelegte Filterpapier?

A3 Vom Kristall am Faden sinken Schlieren herab. Was wirst du nach einiger Zeit beobachten?

A4 Skizziere die Form des Kristalls.

a) Herstellen einer gesättigten Lösung

b) Gewinnung von Startkristallen

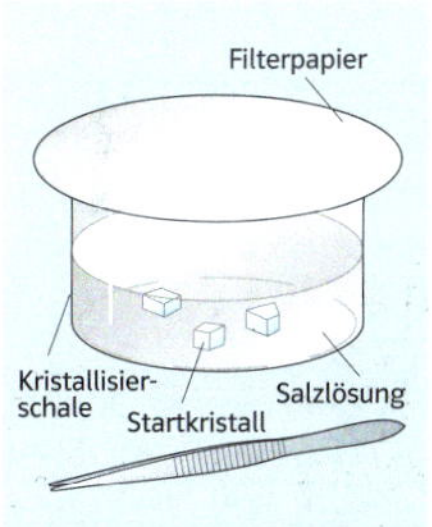

Kristalle werden gezüchtet

c) Kristallwachstum

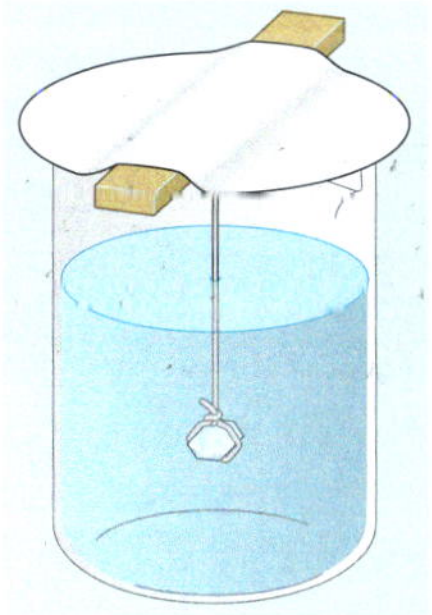

6.9 Impulse Kristalle und Mineralien

B1 Bergkristall ist eine Form des Minerals Quarz, das aus Silicium-dioxid (SO_2) besteht.

Diamant griechisch adamas, unbezwingbar, unüberwindlich

Der Begriff Kristall leitet sich vom griechischen Wort krystallos für Eis ab. Die ersten Funde von Bergkristallen wurden für Eis gehalten und so als Kristall bezeichnet.

Mineral. Die Bergiffe Kristall und Mineral sind eng verknüpft. Minerale sind feste natürliche Bestandteile der Erdkruste. Sie sind meist kristalline Stoffe, denen eine chemische Formel zugeordnet werden kann.

Kristalle. Heute bezeichnet man die meisten Feststoffe als kristallin, deren Teilchen regelmäßig angeordnet sind. Kristalle können sich aus Atomen, Ionen oder Molekülen zusammensetzen. So bestehen Metallkristalle aus Atomen, die Kristalle von Mineralien meist aus Ionen. Schneekristalle enthalten regelmäßig angeordnete Wassermoleküle. Bei Schneeflocken kann man ca. 80 verschiedene Formen beobachten [B4]. Alle weisen eine sechsgliedrige Symmetrie auf, die aus dem Bau des Wassermoleküls verständlich (Kap. 7.6) wird. Weitere kristalline Stoffe aus Molekülen sind Zucker, Vitamine, Eiweiße, Diamant und Graphit.

Kristalleigenschaften. Kristalle sind durch ebene Flächen begrenzt. Manche Kristalle zeigen je nach Blickrichtung verschiedene Farben. Spaltet man einen Kristall durch Krafteinwirkung, so springt er nicht beliebig, sondern nur in ganz bestimmten Richtungen. Die Bruchstücke weisen die gleichen Winkel auf wie der ursprüngliche Kristall.
Durchsichtigkeit, Lichtbrechung, Farbe und Glanz sind weitere typische Eigenschaften von Kristallen.

Kristallisation. Kristalle können sich aus Lösungen, Gasen oder Schmelzen bilden. Äußere Einflüsse wie Druck und Temperatur erschweren oder stören eine regelmäßige Herausbildung der Kristallflächen. Für den technischen Einsatz benötigt man Kristalle mit möglichst idealem Aufbau. Diesen kann man nur durch künstliche Kristallzüchtung erreichen. Es bedarf eines großen technischen Aufwandes, um die Kristallisationsgeschwindigkeit und damit die Teilchenanordnung zu steuern. Am besten gelingt dies heute, wenn man von einer Schmelze ausgeht.

Kristalle als Schmucksteine. Schmucksteine üben ihre Faszination durch die Form und die Lichteffekte ihrer Kristalle aus. Schon im Altertum galt der Diamant als „König" dieser Edelsteine.
Bis 1814 der Beweis erbracht wurde, dass Diamant nur aus dem Element Kohlenstoff besteht, hielt man ihn für eine Abart des Bergkristalls. Diamant entsteht im Erdinnern unter extrem hohem Druck. Durch vulkanische Prozesse kommt er an die Oberfläche, wo man ihn z.B auf dem Gestein Kimberlit [B2] findet. Diamanten sind klar, ihre Farbe variiert von gelblich, rosa, bräunlich, grünlich, blau oder sogar schwarz. Durch den Schliff wird der Diamant zum Brillanten [B5] und das natürliche Farbspiel noch gesteigert.

B2 Rohdiamant auf Kimberlit (Südafrika)

B3 Ein Rohdiamant wird geschliffen

B4 Hexagonale Schneekristalle des Wassers

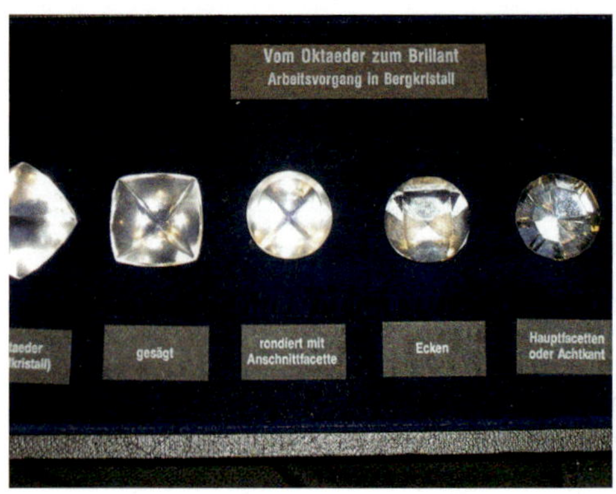

B5 Vom Rohdiamanten zum Brillanten

6.10 Exkurs Silicium – Vom Sand zum Computerchip

Silicium – das „Computermetall". Der Fortschritt der heutigen Computertechnik ist eng mit der Entwicklung immer leistungsfähigerer Mikrochips verbunden. Der Grundstoff der Mikrochips, das Silicium, wird aus Sand gewonnen [B1].

Sand – Grundstoff der Siliciumproduktion. Sand besteht überwiegend aus Siliciumdioxid SiO_2. Zur Gewinnung von Silicium wird Sand mit Kohlenstoff (Koks oder Holzkohle) in einem elektrischen Brennofen auf 1800 °C erhitzt. Bei dieser hohen Temperatur wird Siliciumdioxid zu Silicium reduziert, wobei Kohlenstoffmonooxid frei wird:

$$SiO_2 + 2\,C \longrightarrow Si + 2\,CO$$

Das bei diesem Prozess entstandene Rohsilicium [B2] besteht zu 98 % aus Siliciumatomen. Für die Verwendung in der Computerindustrie ist es noch nicht rein genug.

Vom Rohsilicium zum Reinstsilicium. Für die Chipindustrie wird hochreines Silicium mit einem Reinheitsgrad von 99,9999999 % benötigt. Dies bedeutet, dass auf 1 Milliarde Siliciumatome höchstens 1 Fremdatom kommen darf. In einem komplizierten und aufwändigen Verfahren wird deshalb das Rohsilicium in mehreren Schritten in hochreines Silicium überführt. Dazu wird es zunächst in eine flüssige Siliciumverbindung umgewandelt. Diese Flüssigkeit wird in großen Destillationsanlagen von allen Verunreinigungen befreit. Aus der gereinigten Schmelze werden dann Stäbe aus reinstem Silicium gewonnen. Ein solcher Siliciumstab kann eine Länge von über 2 m und einen Durchmesser von 30 cm besitzen und über 150 kg wiegen [B3].

Vom Reinstsilicium zum Computerchip. Die Siliciumstäbe werden in einem weiteren Verfahren in dünne Scheiben zerschnitten. Diese Siliciumscheiben nennt man Wafer. Aus einem Wafer können dann bis zu 1000 Chips zum Einsatz in der Computerindustrie hergestellt werden [B4].

B1 Sand, Grundstoff für die Siliciumproduktion

B2 Gewinnung von flüssigem Rohsilicium

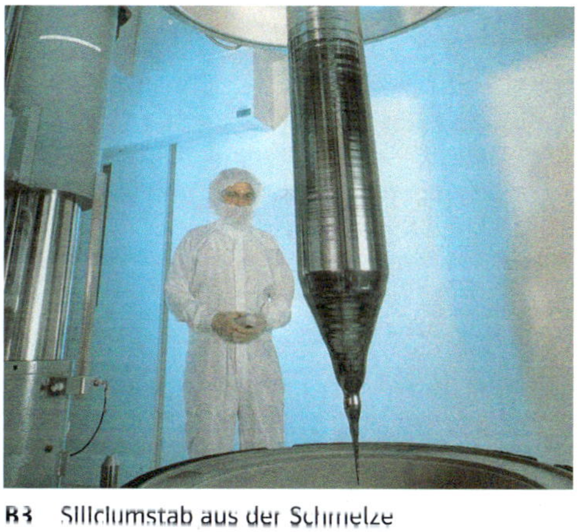

B3 Siliciumstab aus der Schmelze

B4 Chips auf einem Wafer

6.11 Die Metallbindung

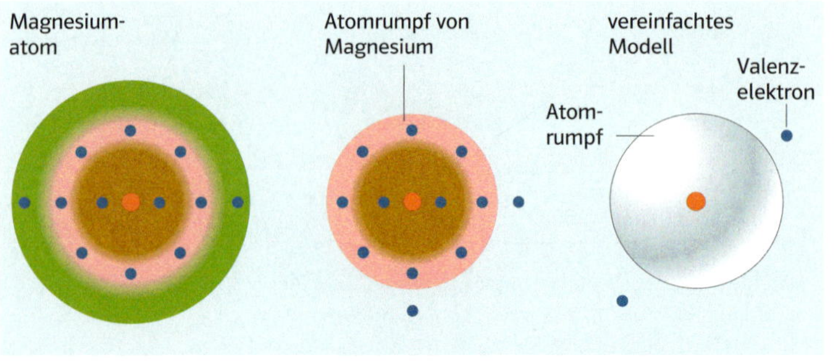

B1 Magnesiumatom: Atomrumpf und Valenzelektronen

Eine wässrige Natriumchloridlösung leitet den elektrischen Strom, während dies bei festem Natriumchlorid nicht der Fall ist. Diese Fähigkeit haben wir auf die frei beweglichen Ionen in der Lösung zurückgeführt.

Erklärung der elektrischen Leitfähigkeit von Metallen. Die hohe elektrische Leitfähigkeit von Metallen kann aber nicht auf dem Vorhandensein frei beweglicher Ionen beruhen, weil Metalle bei Zimmertemperatur – mit Ausnahme von Quecksilber – Feststoffe sind. Demnach müssen andere Ladungsträger im Metall den Stromfluss bewirken.

Metallatome haben meist nur wenige Valenzelektronen. Diese lassen sich leicht vom restlichen Teil des Atoms entfernen. Bei den Magnesiumatomen entstehen aus den neutralen Atomen durch Abgabe von jeweils zwei Elektronen zweifach positiv geladene **Atomrümpfe** [B1].

Im Metall werden die positiven Atomrümpfe, die sich aufgrund ihrer gleichen Ladung abstoßen würden, durch die negativ geladenen Elektronen zusammengehalten [B2, links]. Die Elektronen können sich zwischen den Atomrümpfen frei bewegen und sind nicht mehr an einzelne Metallatome gebunden. Man sagt, die Elektronen sind **delokalisiert**.

Weil sich die Elektronen im Metall wie die Teilchen eines Gases bewegen, spricht man von einem **Elektronengas**. In dieses sind die Atomrümpfe eingebettet. Sie sind, ähnlich wie die Ionen in einem Salzkristall, in einem **Metallgitter** angeordnet. Durch die Einbettung in das Elektronengas haben sie aber erheblich mehr Bewegungsmöglichkeiten als die Kationen und Anionen eines Ionengitters. Der Zusammenhalt wird durch die Anziehung zwischen den positiv geladenen Atomrümpfen und den negativ geladenen Elektronen bewirkt und als **Metallbindung** bezeichnet.

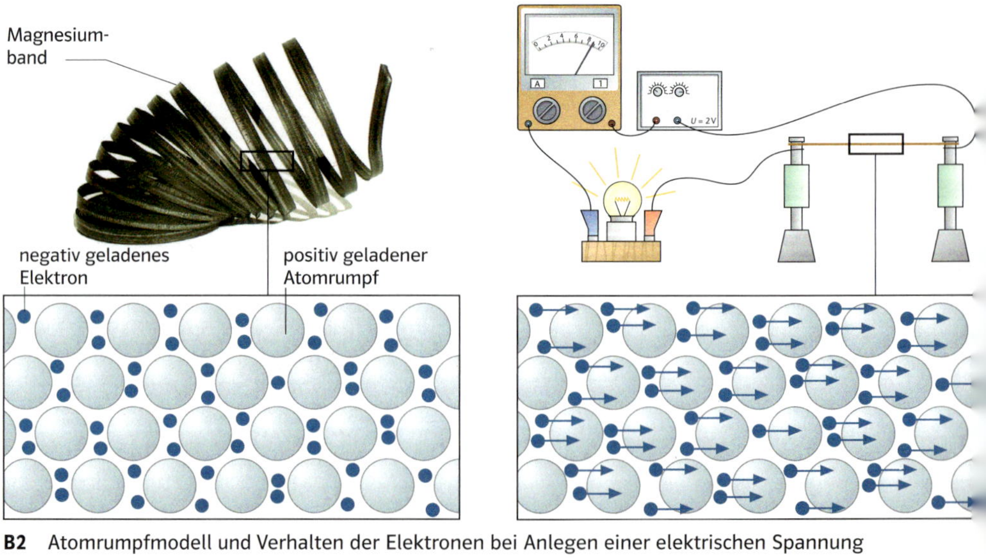

B2 Atomrumpfmodell und Verhalten der Elektronen bei Anlegen einer elektrischen Spannung

Die hohe Beweglichkeit der Elektronen zwischen den Atomrümpfen bewirkt die elektrische Leitfähigkeit der Metalle. Elektrischer Strom im Metall ist nichts anderes als der Fluss von Elektronen [B2, rechts].

Eine Metallbindung wird durch die Anziehung zwischen positiv geladenen Atomrümpfen und negativ geladenen Elektronen (Elektronengas) bewirkt.

Untersuchungen zeigen, dass Metalle bei niedrigen Temperaturen den elektrischen Strom besser leiten als bei hohen. Das hängt damit zusammen, dass die Atomrümpfe im Metallgitter durch Energiezufuhr zum stärkeren Schwingen gebracht werden und dadurch der Zwischenraum zwischen ihnen geringer wird. Der freie Elektronenfluss zwischen den Atomrümpfen wird auf diese Weise behindert und so die elektrische Leitfähigkeit des Metalls herabgesetzt.

Erklärung der Wärmeleitfähigkeit. Erhitzt man ein Metall, so wird sowohl den Atomrümpfen als auch dem Elektronengas Energie zugeführt. Die positiv geladenen Metallatome beginnen zu vibrieren und zu schwingen. Dadurch können sie sich gegenseitig anstoßen und so die Energie auf benachbarte Teilchen übertragen. Die Folge ist, dass sich die Wärmeenergie über das ganze Metall ausbreitet.
An der Wärmeleitung nehmen aber auch die delokalisierten Elektronen teil, wenn sie zusätzlich Bewegungsenergie bekommen. Bei hohen Temperaturen überwiegt die Energieübertragung durch die Atomrümpfe, bei niedrigen Temperaturen die durch die frei beweglichen Elektronen.

Erklärung der Verformbarkeit. Im Ionengitter eines Salzes sind die Kationen und Anionen fest an ihre Plätze gebunden. Elektrostatische Anziehungskräfte zwischen ihnen bewirken den Zusammenhalt. In Metallen dagegen haben die Teilchen eine größere Bewegungsfreiheit. Beim Verformen eines Metalls werden die Atomrümpfe und Elektronen immer so verschoben, dass – im Gegensatz zu einem Ionengitter – keine neuen Bindungssituationen entstehen können. Das Elektronengas hält weiterhin die Atomrümpfe zusammen [B3].

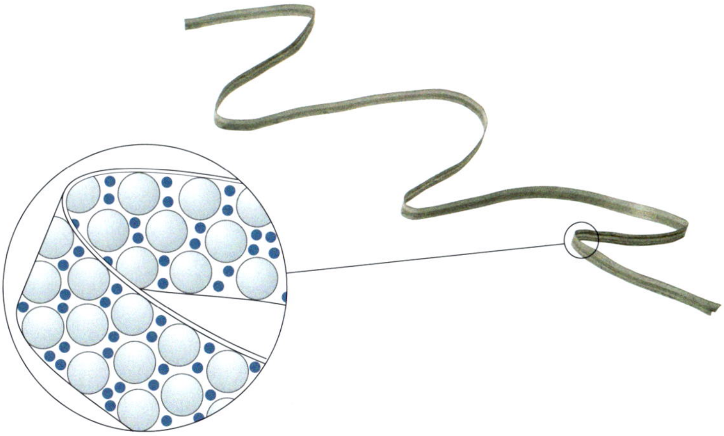

B3 Metalle lassen sich gut verformen

Legierungen. Metallschmelzen mischen sich gut. Beim Abkühlen entstehen Legierungen. Das Metallgitter der Legierung besteht aus Atomrümpfen verschiedener Metalle. Es werden also unterschiedliche Atomrümpfe durch das Elektronengas zusammengehalten [B4].

Weil eine Legierung einen ähnlichen Aufbau wie ein reines Metall hat, ist auch sie elektrisch leitfähig, ein guter Wärmeleiter, verformbar und zeigt eine glänzende Oberfläche. Aber Eigenschaften wie Dichte, Härte und Beständigkeit gegenüber Chemikalien können im Vergleich zu den reinen Metallen weitgehend andere sein.

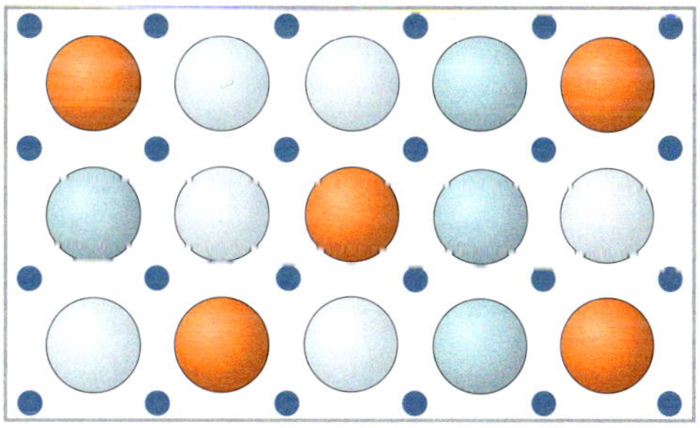

B4 Schicht im Metallgitter einer Legierung aus drei verschiedenen Metallen

6.12 Durchblick Zusammenfassung und Übung

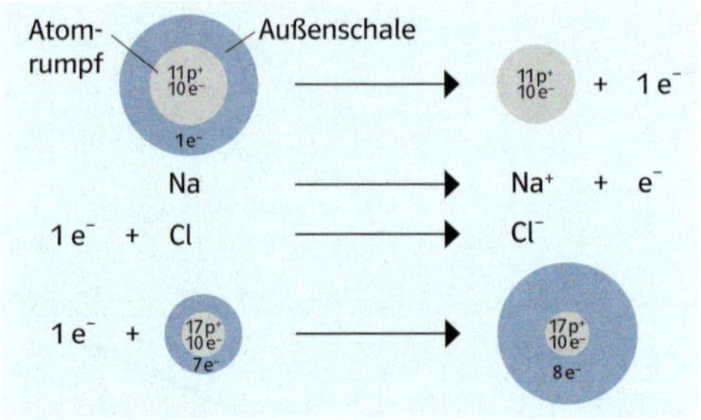

B4 Ionenbildung

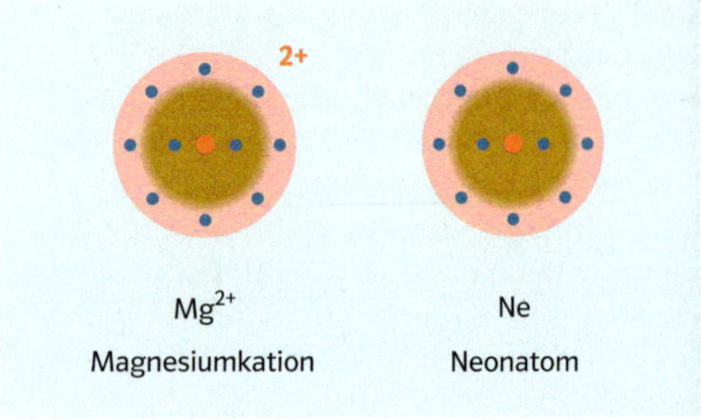

B5 Mg^{2+}-Ion bzw. Ne-Atom mit je allen Elektronen.

B1 Kubischer Kristall des Minerals Pyrit (FeS_2) aus Navajun, Spanien

B2 Zinkkristalle (abgeschieden während einer Destillation bei 1200 °C)

B3 Feingeschliffener Kristall

Ionenbildung

Wenn Atome ein oder mehrere Elektronen abgeben, entstehen elektrisch positiv geladene Ionen, die Kationen.
Bei der Aufnahme von einem oder mehreren Elektronen in die äußere Schale entstehen elektrisch negativ geladene Ionen, die Anionen.

Kationbildung: $Mg \longrightarrow Mg^{2+} + 2e^-$
Anionbildung: $Cl + e^- \longrightarrow Cl^-$

Salze sind Ionenverbindungen.

Bei der Reaktion eines Metalls mit einem Nichtmetall entstehen Salze aus Kationen und Anionen. Die Ionen können nach allen Richtungen entgegengesetzt geladene Ionen anziehen. Sie bilden einen riesigen geordneten Ionenverband, ein Ionengitter. Es liegt dann eine Ionenverbindung, ein Salz, vor.

Verhältnisformel

Sie gibt das Anzahlverhältnis der positiven und negativen Ionen im Ionenverband an. Die Summe aller Ionenladungen ist Null. In einer Verhältnisformel ist das Produkt aus Ladung und Anzahl der Ionen deshalb für beide Ionenarten der Verbindung gleich.

z. B. $(Al^{3+})_2\,(O^{2-})_3$
$2 \cdot (+3) + 3 \cdot (-2) = 0$, also $2 \cdot 3 = 3 \cdot 2$

Ionenbindung

Der Zusammenhalt, der auf der Anziehung geladener Ionen beruht und der Vergrößerung des Abstands der Ionen entgegenwirkt, heißt Ionenbindung.

Edelgasregel

Die Ionen weisen oft die gleiche Elektronenanzahl und -anordnung in den Schalen auf wie ein Edelgasatom.

Eigenschaften von Salzen

Salze haben hohe Schmelz- und Siedetemperaturen, sind nicht verformbar, sondern spröde, leiten als Schmelze oder in wässriger Lösung den elektrischen Strom.
Viele Eigenschaften der Salze erklären sich aus dem hohen Zusammenhalt der Ionen im Gitter.

Gitterenergie

Die freiwerdende hohe Gitterenergie ist die Ursache für den exothermen Ablauf einer Reaktion, bei der ein Salz aus den elementaren Stoffen gebildet wird. (Es ist nicht etwa die Bildung der Ionen mit Edelgaskonfiguration.)

Kristall

Kristalle sind von ebenen Flächen begrenzt. Wenn Kristalle zerbrechen, zeigen die Bruchstücke jeweils Winkel, die für den Stoff typisch sind. Die Eigenschaften von Kristallen werden durch die innere Anordnung der kleinsten Teilchen verursacht. Viele Feststoffe können Kristalle bilden.

Metallbindung

Die Bindung zwischen den Metallatomen wird dadurch bewirkt, dass sich die Außenelektronen aller Atome zwischen den positiven Atomrümpfen im ganzen Kristall bewegen und durch ihre negative Ladung die Atomrümpfe zusammenhalten.

A1 Fluor, Chlor und Brom treten in der Natur nicht als elementare Stoffe auf, dagegen gibt es viele Verbindungen dieser Elemente. Gib eine Erklärung.

A2 Gibt man Kochsalz auf Eis, so schmilzt dieses. Die notwendige Dosierung des Streusalzes hängt von der Außentemperatur und der Schichtdicke ab.
a) Stelle die Wertepaare von [B9] in einem Diagramm dar (horizontale Achse: m(Salz))
b) Ermittle, wie viel Salz nötig ist, um bei einer Temperatur von −10 °C eine 1 m² große Eisschicht mit der Dicke von 1 mm zum Schmelzen zu bringen. Verwende als Dichte für Eis $\rho = 1\,g/cm^3$.

A3 Magnesiumoxid soll aus Magnesium und Sauerstoff hergestellt werden.
a) Welche Ionen bilden sich während dieser chemischen Reaktion?
b) Welche Edelgasatome weisen dieselbe Elektronenanordnung auf wie Magnesium- bzw. Oxidionen?

A4 Gib die Elektronenanzahl und -verteilung auf die verschiedenen Energiestufen für die folgenden Ionen an:
Na^+, Mg^{2+}, Al^{3+}, N^{3-}, O^{2-}, F^-.

A5 Von wie vielen entgegengesetzt geladenen Ionen als nächsten Nachbarn ist jedes Kation bzw. Anion im Zinksulfidgitter umgeben [B6]?

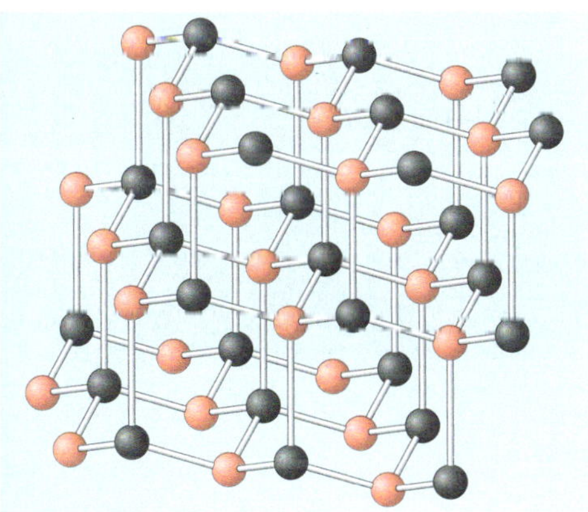

B6 Zinksulfidgitter

B7 Zu Aufgabe 2

A6 **a)** Ein Atom hat 79 Protonen und 79 Elektronen. Notiere das Zeichen für das Atom und nenne seinen Namen. Wie viele Neutronen hat es? Gib auch die Teilchenmasse m_t an.
b) Ein Teilchen hat die Teilchenmasse $m_t = 19{,}0\,u$. Es besitzt 10 Elektronen. Welches Teilchen ist es? Wie viele Protonen besitzt es?

A7 Stoffe können aus Ionen, Molekülen oder Atomen aufgebaut sein. Ordne jedem Stoff die entsprechende Teilchenart zu: Alkohol, Aluminiumoxid, Sauerstoff, Stickstoff, Neon, Kupfer, Natriumiodid, Wasser, Eis, Zucker, Kohlenstoffdioxid, Zinkbromid, Silberchlorid.

A8 Die Energie, die bei der Bildung eines Ionengitters aus den isolierten Ionen frei wird, heißt Gitterenergie.
a) Welche Regeln lassen sich aus der Tabelle in [B8] ableiten?
b) Suche mithilfe von [B10] nach Ursachen.

Gitterenergien in kJ/mol				
LiF −1039	LiCl −850	LiBr −802	LiI −742	
NaF −920	NaCl −780	NaBr −740	NaI −692	MgO −3929
KF −816	KCl 710	KBr −680	KI −639	CaO −3477
RbF −780	RbCl −686	RbBr −558	RbI 621	SrO −3205
CsF −749	CsCl −651	CsBr −630	CsI −599	BaO −3042

B8 Zu Aufgabe 6

m(Kochsalz) in 100 g Wasser gelöst (in g)	Erstarrungstemperatur (in °C)
1	−0,6
5	−3,2
10	−6,4
15	−9,5
18,8	−12

B9 Zu Aufgabe 2

Ionenradien in pm (1 pm = 10−12 m)			
Li^+ 60	Be^{2+} 31	O^{2-} 140	F^- 136
Na^+ 95	Mg^{2+} 65	S^{2-} 184	Cl^- 181
K^+ 133	Ca^{2+} 99	Se^{2-} 198	Br^- 195
Rb^+ 148	Sr^{2+} 113	Te^{2-} 211	I^- 216
Cs^+ 169	Ba^{2+} 135		

B10 Zu Aufgabe 6

6.13 Metalle schützen und veredeln

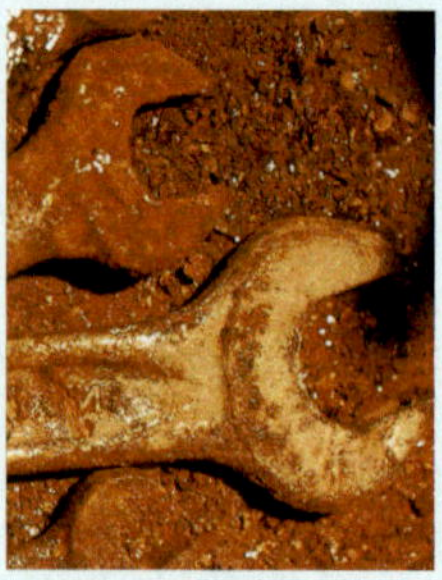

B1 Verrostete Schraubenschlüssel

Dem Rost auf der Spur – Korrosion
Metalle wie Eisen, Aluminium, Kupfer, Zink, Chrom, Gold, Silber, Titan sind wichtige Werkstoffe. Bei der Auswahl eines zweckmäßigen Metalls wägt man ab zwischen der Verfügbarkeit, dem Preis und den Eigenschaften, wie z. B. der Beständigkeit der Oberfläche.
Durch Witterungseinflüsse, Kontakt mit Lebensmitteln, Hautschweiß usw. kann die Oberfläche eines Metalls verändert werden. Diesen Vorgang nennt man Korrosion (von lat. corrodere, zernagen), bei Eisen und Stahl spricht man von Rosten.

A1 Aus welchen Atomarten könnte die Verbindung Rost aufgebaut sein?

A2 Dächer oder Münzen aus Kupfer überziehen sich mit einer schwarzen oder grünen Schicht. Vergleiche die Oberflächenveränderungen von Eisen und Kupfer. [B1, B3]

B3 Grünspan und Flecken von schwarzem Kupferoxid auf einem Kupferdach

B2 Rostiges Stahlgitter

A3 Um die Stabilität von Beton zu erhöhen, werden Gitter aus Stahl eingegossen. Obwohl diese oft schon vor dem Einbau verrostet sind [B2], erfüllen sie im Betonguss lange Zeit ihren Zweck. Treten aber z. B. bei Brücken durch Erschütterungen feine Risse im Beton auf, droht oft bald der Abriss.
Welche Auswirkung hat es auf die Schadstelle im Beton, wenn der Stahl im Riss unter den Einfluss von Luft und Feuchtigkeit gerät? Begründe.

Unedel – und dennoch geschützt
1820 wurde in Les Baux, einem kleinen Ort in Südfrankreich, das rötliche Erz Bauxit entdeckt. Aus Bauxit wird Aluminiumoxid gewonnen. Um daraus reines Aluminium zu erhalten, muss das Oxid mithilfe des elektrischen Stromes bei einer Temperatur von über 1000 °C in seine elementaren Stoffe zerlegt werden.

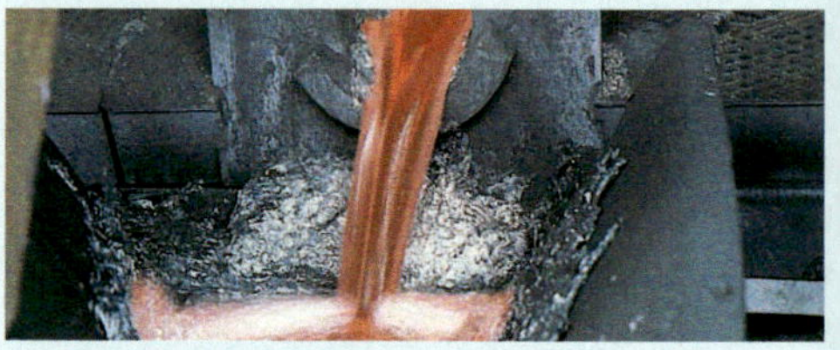

B4 Flüssiges Aluminium

A4 Erkläre, was Aluminium trotz der hohen Energie, die für seine Herstellung benötigt wird, zu einem wertvollen Werkstoff macht.

Aluminium ist zwar ein unedles Metall, seine Oberfläche überzieht sich aber beim Kontakt mit Luft mit einer schützenden Oxidschicht. Diese Oxidschicht kann durch **el**ektrolytische **Ox**idation des **Al**uminiums (**Eloxal**verfahren) verstärkt und anschließend eingefärbt werden. Dazu wird das Aluminiumblech an dem positiv geladenen Pol einer Spannungsquelle angeschlossen. Durch die Zufuhr elektrischer Energie werden den Aluminiumatomen die Außenelektronen entzogen. Aus der Lösung, in welche das Aluminium taucht, kommen Oxidionen hinzu.

B5 Thermosflaschen aus eloxiertem Aluminium

A5 Formuliere eine Reaktionsgleichung für die Ionisierung der Aluminiumatome. Gib das Zeichen für ein Oxidion an.

Verzinken oder Verzinnen?

Eisen bzw. Stahl ist der häufigste metallische Werkstoff. In den meisten Einsatzbereichen ist der Schutz vor Korrosion unerlässlich. Obwohl Zink unedler ist als Eisen, wird es am häufigsten als Überzugsmetall gewählt. Durch Einwirkung von Luft bildet sich auf dem Zink eine Schutzschicht aus Zinksalzen.

A6 Beim Feuerverzinken taucht man die gereinigten Bleche in 450°C heißes, flüssiges Zink. Beim Herausheben bleibt auf der Oberfläche eine Schicht aus reinem Zink haften, das beim Erkalten langsam kristallisiert. Erkläre, wie die ungleichmäßige Oberflächenstruktur (Zinkblume) zustande kommt.

B6 Zinkblume auf Zinkblech

Konserven sind oft in Weißblechdosen verpackt. Das Stahlblech der Dose ist beidseitig mit Zinn beschichtet, innen zusätzlich mit Kunstharzlack. Zinn ist zwar edler als Eisen, wenn aber die Zinnschicht beschädigt wird, korrodiert das Eisen darunter viel schneller als ohne Kontakt mit Zinn.

A7 Dem Verbraucher wird empfohlen, verbeulte Konservendosen zu meiden. Erkläre.

B7 Verzinnte und innen lackierte Konservendose

Veredeln durch Legieren oder Beschichten?

Die Veredelung von Metallen lässt sich durch Legieren oder durch Beschichten mit einem edleren Metall bewirken. Aus Stahl können durch Legieren hochwertige Stahlqualitäten hergestellt werden. Als Veredler werden dem aus Roheisen gewonnenen flüssigen Stahl andere Metalle oder Nichtmetalle in passenden Anteilen zugesetzt. Man erhält auf diese Weise nichtrostende oder hitzebeständige, nicht magnetisierbare oder besonders stark magnetisierbare, besonders harte, säurebeständige oder zugfeste Stähle.

A8 Welche der genannte Stahleigenschaften sind für den Nahrungsbereich nötig?

B9 Treppengeländer aus Edelstahl

B8 Reines Metall, legiert oder galvanisch überzogen?

Einfacher Schmuck oder Bestecke sind oft aus Legierungen gefertigt. Durch eine hauchdünne Edelmetallauflage erhöht sich die Oberflächenreflexion und damit die optische Gefälligkeit erheblich. Solche Beschichtungen erfolgen mithilfe von elektrischem Strom (galvanisch). Dabei werden die Atome des Edelmetalls praktisch Schicht für Schicht aufgebracht.

A9 **a)** Recherchiere, was der Stempel in [B10] über die Edelmetallanteile im Material des Ringes aussagt.
b) Was ist Sterlingsilber?

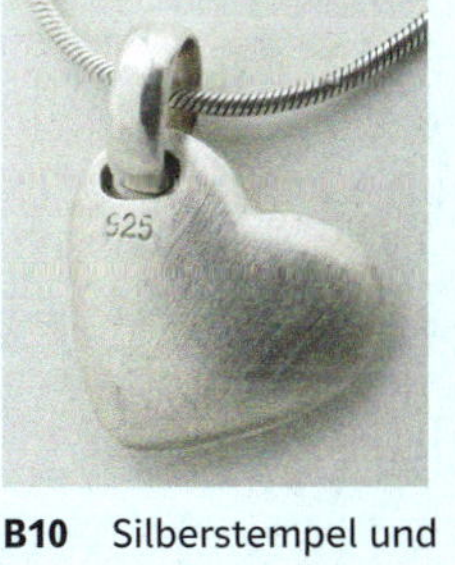

B10 Silberstempel und Anhänger aus Sterlingsilber

6.14 Rost

B1 Mikroaufnahme von Rost

B4 Eisen rostet

Der wirtschaftliche Schaden, der durch das Rosten von Eisenteilen entsteht, liegt in der Bundesrepublik Deutschland jährlich bei über 30 Milliarden Euro.

Oxidation ohne Flammenerscheinung. Werden Gegenstände aus Eisen ungeschützt der Luft und Feuchtigkeit ausgesetzt, bildet sich eine rotbraune Schicht aus Rost [B4]. Eisen hat mit Sauerstoff aus der Luft zu Eisenoxid reagiert. Rost hat nichts mehr von der Festigkeit oder dem Glanz des Eisens. Er ist weder magnetisch, noch leitet er den elektrischen Strom. Rost ist ein neuer Stoff mit völlig anderen Eigenschaften. Die Oxidation von Eisen findet ohne erkennbare Licht- und Wärmeabgabe statt. Man bezeichnet sie deshalb als langsame Oxidation. Die Rostschicht ist locker und spröde, wie die Mikroaufnahme zeigt [B1]. Sauerstoff und Feuchtigkeit können sie leicht durchdringen und an das darunter liegende Metall gelangen. Auf diese Weise können im Laufe der Zeit selbst dicke Eisenteile durchrosten.

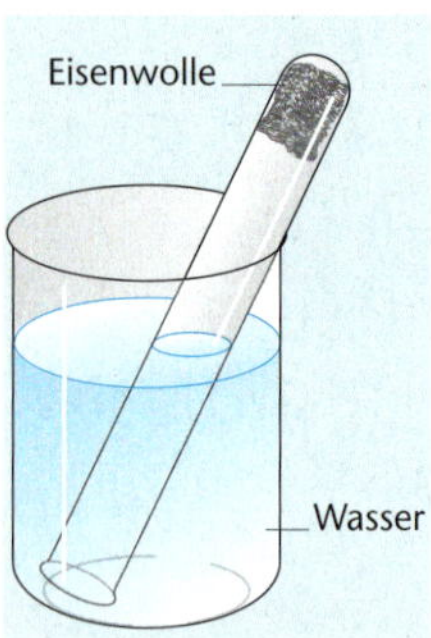

B2 Zum Praktikum: Eisenwolle unter Wasser

Rostschutz. Um Eisenteile vor Rost zu schützen, muss der Zutritt von Luft und Wasser verhindert werden. Autos werden lackiert, Eisengitter und -tore mit Rostschutzfarbe gestrichen [B3] oder mit Kunststoff überzogen, eiserne Kochtöpfe emailliert und Gartengeräte wie Spaten und Harken eingeölt.

B3 Rostschutz kann ganz schön mühselig sein

Auch andere Metalle verändern sich an der Luft. Dabei überziehen sie sich zum Teil mit einer festen, dichten Oxidschicht, die vor weiterer Oxidation schützt. So bewahrt eine Oxidschicht z. B. Blei, Aluminium und Zink vor weiterer Oxidation.

Praktikum Dem Rost auf der Spur

Geräte und Materialien: (Schutzbrille!) 6 Reagenzgläser, 2 passende Gummistopfen, 6 Bechergläser (250 ml), 6 gleiche Portionen entfettete Stahlwolle, Klebeband, Filzsschreiber, Stofflappen oder Papier, Zinkstaub, Nähmaschinen- oder Paraffinöl, Kunststoffspritze (60 ml) mit Schlauch.

Durchführung:
Folgende Versuchsreihe wird erstellt:

Glas	Versuchsansatz
1	trockene Stahlwolle mit Luft
2	trockene Stahlwolle mit Sauerstoff
3	feuchte Stahlwolle mit Luft
4	feuchte Stahlwolle mit Sauerstoff
5	angefeuchtete Stahlwolle, mit Zinkstaub eingerieben (mit Läppchen oder Papier)
6	trockene Eisenwolle mit Öl gefettet (Lappen oder Papier)

Schiebe die 6 vorbereiteten Stahlwolleportionen jeweils bis zum Boden in die Reagenzgläser. Lass die Kunststoffspritze mit Sauerstoffgas befüllen, drücke das Gas zügig in Glas (2) und (4). Verschließe sofort mit den Gummistopfen. Stelle die Reagenzgläser jeweils kopfüber in ein mit Wasser gefülltes Becherglas [B2]. Ziehe unter Wasser die Stopfen ab.

Auswertung:
a) Übernimm die Tabelle ins Heft. Vergleiche nach einigen Tagen das Gasvolumen und den Umfang des Rostens und notiere deine Ergebnisse in die Tabelle.

Glas	Abnahme des Gasvolumens	Rostbildung
1		
2		
3		
4		

b) Der Begriff Korrosion kommt von lat. corrodere, zernagen. Erkläre anhand deiner Versuchsergebnisse, ob diese Bezeichnung für das Rosten von Eisen zutrifft.

6.15 Elektronenübergänge – Redoxreaktionen

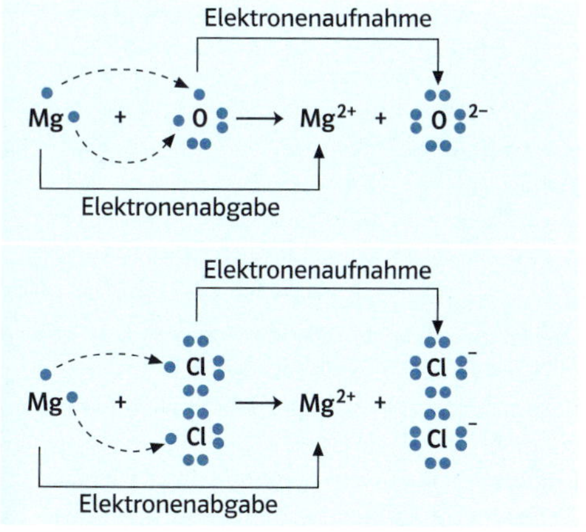

B1 Elektronenübergänge von Metallatomen zu Nichtmetallatomen führen zur Bildung von Ionen

Hält man ein brennendes Magnesiumband in Sauerstoff [B3] oder in Chlor [V1, B2], so bildet sich in beiden Fällen unter Aufleuchten ein weißes Pulver, das zum Teil als Rauch entweicht. Die zu beobachtenden *Veränderungen* der Stoffe sind sehr ähnlich. Die beiden Reaktionsprodukte, Magnesiumoxid bzw. Magnesiumchlorid, sind beide weiße Salze. Aus den *Atomen* des Metalls bzw. den *Atomen* der Nichtmetalle wurden *Ionen* gebildet. Diese Parallelen führten zur Einführung einheitlicher Begriffe in Bezug auf die Veränderungen bei den *Teilchen*.

Oxidation und Elektronenabgabe. Die *stoffliche* Veränderung bei der Reaktion von Magnesium oder anderen Metallen mit Sauerstoff wird als *Oxidation* definiert. Diese Erklärung der Oxidation wird nun vor dem Hintergrund der Kenntnisse über die *Veränderungen in der Elektronenhülle erweitert* und verallgemeinert. Während der Oxidation eines *Metalls* entstehen aus seinen *Atomen* durch Abgabe eines oder mehrerer Elektronen positiv geladene Ionen. Unabhängig vom anderen Reaktionspartner [V1, B2, B3] bekommt der Vorgang der *Elektronenabgabe* aus den Magnesiumatomen die einheitliche Bezeichnung *Oxidation*.

Magnesiumatome werden also bei der Bildung von Magnesiumoxid oder Magnesiumchlorid *oxidiert*.

Dieser Oxidationsbegriff ist auch nicht mehr auf Metalle oder Metallatome beschränkt. *Oxidation* bedeutet nach diesem Verständnis ganz *allgemein* die *Abgabe von Elektronen*. Diese können von einem Atom oder einem anderen Teilchen abgegeben werden.

Reduktion und Elektronenaufnahme. Analog zur Oxidation definiert man *Reduktion* allgemein als *Elektronenaufnahme*. Während der Bildung von Salzen nehmen die Nichtmetallatome ein oder mehrere Elektronen in ihre äußere Schale auf, sie werden reduziert.

Redoxreaktionen. Aus experimentellen und alltäglichen Erfahrungen wissen wir, dass sich z. B. Metalle nicht ohne Weiteres verändern. So wird Eisen erst oxidiert, wenn Sauerstoff und Feuchtigkeit vorhanden sind oder wenn wir es an der Luft erhitzen. Wir haben auch gesehen, dass Eisenpulver in der Brennerflamme sehr viel heftiger zu Eisenoxid verbrennt als Eisenwolle. Die Reaktionsheftigkeit nimmt also mit dem Zerteilungsgrad zu.

Reaktionen können nur dann ablaufen, wenn die reagierenden *Stoffe* in Kontakt sind. Es liegt nahe, dass auch die Veränderung der Teilchen auf direktem Kontakt beruht. Teilchen können nur dann Elektronen *abgeben*, wenn andere Teilchen sie *aufnehmen*. Teilchen, die Elektronen abgeben, heißen auch **Donatoren**. Die aufnehmenden Teilchen bezeichnet man als **Akzeptoren**.

Die Abgabe von Elektronen wird Oxidation, die Aufnahme Reduktion genannt. Elektronenübergänge vom Donator zum Akzeptor heißen Redoxreaktionen.

Elektronendonatoren sind Reduktionsmittel

Elektronenakzeptoren sind Oxidationsmittel

B2 Magnesium reagiert mit Chlor

B3 Magnesium reagiert mit Sauerstoff

In diesem Sinne ist die Bildung eines Metalloxids eine Redoxreaktion.
Man kann den Oxidationsvorgang und den Reduktionsvorgang jeweils als Reaktionsgleichung darstellen.
Beispiel: Bildung von Magnesiumoxid

Oxidation	$2\,Mg$	$\longrightarrow$	$2\,Mg^{2+} + 4\,e^-$
Reduktion	$O_2 + 4\,e^-$	$\longrightarrow$	$2\,O^{2-}$
Redoxreaktion	$2\,Mg + O_2$	$\longrightarrow$	$2\,Mg^{2+} + 2\,O^{2-}$

Redoxreaktionen finden nicht nur in der chemischen Industrie, sondern auch im Stoffwechsel tierischer und pflanzlicher Zellen statt. Auch Vitamine gehen häufig Redoxreaktionen ein.

Vitamin C als Oxidationshemmer. Beim Stehen an der Luft werden Fleisch und Wurst grau, Apfelmus oder auch ein frisch geschnittener Apfel dunkel. Dies ist Folge der Reaktion natürlicher Inhaltsstoffe mit Sauerstoff, vor allem an deren Oberfläche. Durch Zusatz von „Antioxidantien" wie *Vitamin C* (*Ascorbinsäure*) wird dies verhindert, denn *Vitamin C* wirkt reduzierend [Praktikum].

Durch diese Vitaminfunktion schützt sich unser Organismus vor bestimmten Krankheiten, die durch schädliche Oxidationsvorgänge in den Zellen verursacht werden können. Vitamin-C-reiche Ernährung ist deshalb sinnvoll.
Um die *reduzierende Wirkung von Vitamin C* sichtbar zu machen, bedient man sich der Iod-Stärke-Reaktion [Praktikum, a]. Solange Iod vorhanden ist, sieht man eine tiefblaue oder dunkelviolette Färbung. Durch Vitamin C werden Iodatome zu Iodidionen reduziert, die Farbe verschwindet.
Vitamin-C-Moleküle werden oxidiert. Insgesamt läuft eine Redoxreaktion ab.

Praktikum Redoxreaktionen in Lebensmitteln

Geräte und Materialien: Becherglas (100 ml), Glasstab, Reagenzgläser mit Gestell, Spatel, 1%ige Lösung von Speisestärke (z. B. Kartoffelmehl oder Püreepulver), Wasser, Iodlösung (z. B. Betaisodona-Lösung® aus der Apotheke), Vitamin C (Ascorbinsäure), frisch gepresster Orangen- oder Zitronensaft.
Durchführung:
a) Rühre 3 g Stärke in 20 ml Wasser und gib diese Suspension in 80 ml siedendes Wasser, lass auf 20 °C abkühlen, füge dann einige Tropfen Iodlösung zu.
b) Fülle 4 Reagenzgläser etwa zur Hälfte mit dieser Flüssigkeit. Gib zum einen etwas Vitamin-C-Pulver, zum anderen wenig Orangensaft, zum dritten Zitronensaft.
c) Du kannst noch weitere Lebensmittel untersuchen, z. B. ausgepressten Saft einer Traubenbeere, Saft von rohem Sauerkraut, Saft einer Tomate usw.

B4 Vitamin C als Oxidationshemmer

V1 (Abzug!) Man entzündet ein Stück Magnesiumband und taucht es in ein hohes mit Chlor gefülltes Glasgefäß, dessen Boden mit Sand bedeckt ist.

V2 **a)** Stelle einen blank geschmirgelten Eisennagel in Kupfersulfatlösung. Beobachte und erkläre.
Hinweis: Fe^{2+}-Ionen können nachgewiesen werden, wenn man zu der Lösung, in der man diese Ionen vermutet, eine wässrige Lösung von rotem Blutlaugensalz tropft. Wenn Fe^{2+}-Ionen vorliegen, tritt eine tiefblaue Farbe auf.
b) Stelle ein Kupferblech in Silbernitratlösung (Schutzbrille! Nicht in die Augen bringen!). Beschreibe und deute deine Beobachtungen.

V3 Stelle je zwei kurze Reagenzgläser mit Silbernitrat-, Zinkchlorid- und Kupfersulfatlösung bereit. Schmirgle je zwei Blechstücke der Metalle Silber, Zink und Kupfer blank. Tauche jeweils ein Blechstück in die Salzlösungen. Beschreibe und deute.

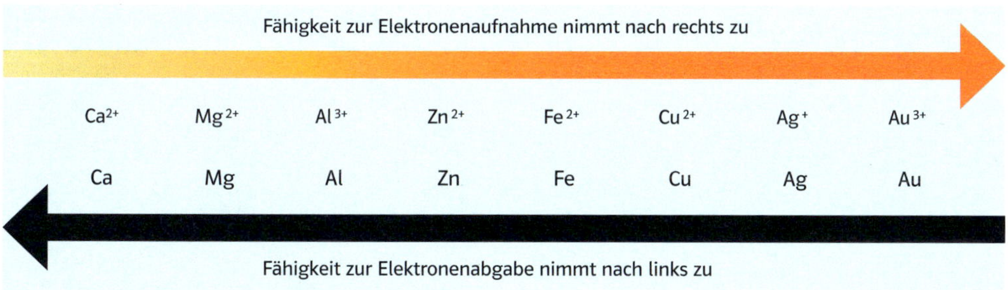

B5 Reihe der Metallionen und Metallatome

Redoxreaktionen in Lösungen. Redoxreaktionen können auch stattfinden, wenn man Metalle und Salzlösungen, die andere Metallionen enthalten, miteinander in Kontakt bringt. Ein Eisennagel überzieht sich in einer Kupfersalzlösung mit einer Kupferschicht [B6]. Zwischen den Eisenatomen und den Kupferionen findet eine Redoxreaktion statt:

Reduktion:	$Cu^{2+} + 2\,e^- \longrightarrow Cu$
Oxidation:	$Fe \longrightarrow Fe^{2+} + 2e^-$
Redoxreaktion:	$Fe + Cu^{2+} \longrightarrow Fe^{2+} + Cu$

Gibt man umgekehrt ein Kupferblech in eine Eisensalzlösung, so scheidet sich kein Eisen ab. Kupferatome geben keine Elektronen an Eisenionen ab. Taucht man dagegen ein Kupferblech in eine Silbersalzlösung, so überzieht es sich mit einer dunkelgrauen Schicht aus fein verteiltem Silber [B7].
Führt man entsprechende Versuche mit weiteren Metallen und Metallsalzlösungen durch, erhält man eine Reihe, in der links unedle und rechts edle Metalle mit ihren Ionen stehen [B5]. Jedes Metallatom dieser Reihe kann an ein rechts von ihm stehendes Metallion Elektronen abgeben. Links stehen Metallatome, die starke Reduktionsmittel sind; rechts angeordnete Metallionen sind starke Oxidationsmittel.

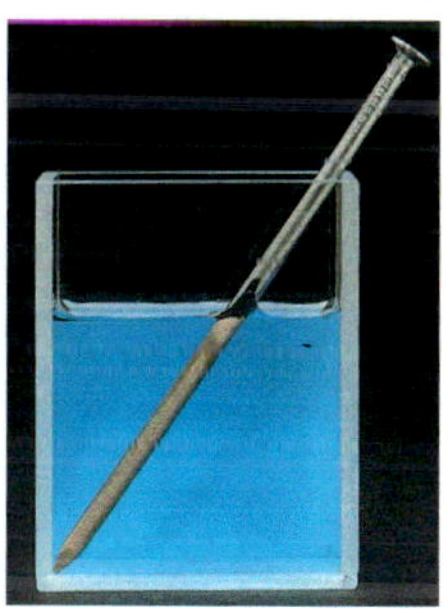

B6 Eisennagel in Kupfersulfatlösung

B7 Kupferblech in Silbernitratlösung

A1 **a)** Stelle für die Zerlegung von Silberoxid die Teilreaktionsgleichungen auf.
b) Benenne das Teilchen, das oxidiert wird, und das, welches reduziert wird.

A2 Rotes Eisenoxid reagiert mit Aluminium nach folgender Reaktionsgleichung:
$Fe_2O_3 + 2\,Al \longrightarrow Al_2O_3 + 2\,Fe$
a) Schreibe diese Redoxgleichung mit Ionenladungen auf.
b) Formuliere die Gleichung für die Oxidation und die Reduktion getrennt. Kennzeichne die Elektronenabgabe und die Elektronenaufnahme.
c) Welches Teilchen verändert seine Elektronenanzahl nicht?
d) Nenne die Teilchen, die als Elektronendonatoren bzw. -akzeptoren wirken.

A3 An welche Metallionen in [B5] können Kupferatome Elektronen abgeben? Von welchen Metallatomen können Cu^{2+}-Ionen Elektronen aufnehmen?

A4 Um Eisen- und Stahlteile vor Rost zu schützen (Kap. 6.15), können sie verzinkt werden. Beim Feuerverzinken taucht man die Eisen- oder Stahlteile in eine Schmelze aus flüssigem Zink, dessen Temperatur bei etwa 450 °C liegt.
a) Erläutere, warum das verzinkte Eisen nicht rostet.
b) Begründe, dass es sich beim Feuerverzinken nicht um eine Redoxreaktion handelt.

6.16 Elektronenübergänge bei Elektrolysen

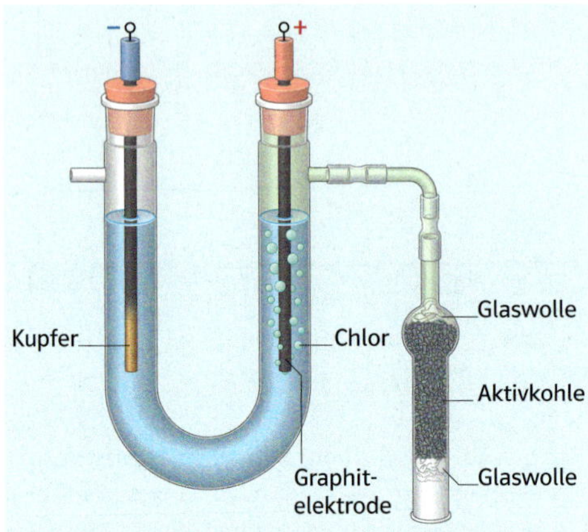

B1 Elektrolyse einer Kupferchloridlösung

B2 Bleibaum

Kationen sind positiv geladene Ionen. Sie wandern bei der Elektrolyse zum negativ geladenen Pol

Anionen sind negativ geladene Ionen. Sie wandern bei der Elektrolyse zum positiv geladenen Pol

Kathode ist der Minuspol bei der Elektrolyse

Anode ist der Pluspol bei der Elektrolyse

Eine der notwendigen Voraussetzungen für den Stromfluss in einer Salzlösung sind bewegliche Ionen. Diese wandern durch das Anlegen einer Spannung jeweils zu der Elektrode, welche die zur Ionenladung entgegengesetzte elektrische Ladung besitzt. Bilden sich auf der Elektrodenoberfläche neue Stoffe, so läuft dort eine chemische Reaktion ab.

Elektrolyse einer Kupferchloridlösung. In eine wässrige Kupferchloridlösung tauchen zwei Elektroden, die mit den Polen einer Gleichspannungsquelle leitend verbunden sind [V1]. An der Elektrode, die mit dem Minuspol verbunden ist, beobachtet man die Abscheidung von rötlich braunem Kupfer [B1]. Diese Elektrode, die **Kathode**, besitzt einen *Elektronenüberschuss* und zieht *positiv geladene Ionen* an. In unserem Beispiel sind dies *Cu^{2+}-Ionen*. Durch die Aufnahme von je zwei Elektronen werden Kupferionen zu Kupferatomen *reduziert*. Verbinden sich diese Kupferatome zu einem großen Verband, liegt metallisches Kupfer vor.

Kathodenreaktion:

$Cu^{2+} + 2\,e^- \longrightarrow Cu$

An der Elektrode, die mit dem Pluspol verbunden ist, beobachtet man die Entwicklung von Chlor. An dieser Elektrode, der **Anode**, herrscht *Elektronenmangel*: Sie zieht *negativ geladene Ionen* an, hier *Cl^--Ionen* (Chloridionen). Die ankommenden Chloridionen geben jeweils ein Elektron an die Anode ab; die entstehenden *Chloratome* verbinden sich zu Chlormolekülen.

Anodenreaktion:

$2\,Cl^- \longrightarrow 2\,Cl + 2\,e^-$

$2\,Cl \longrightarrow Cl_2$

V1 (Abzug!) Versuchsaufbau wie in [B1]. Fülle in ein U-Rohr eine Kupferchloridlösung. Verschließe die beiden Schenkel mit je einem Stopfen, in dem eine Graphitelektrode steckt. Verbinde die Elektroden mit den Polen einer Gleichspannungsquelle und schalte eine Glühlampe (0,1 A) in den Stromkreis.Verschließe das U-Rohr an der Anodenseite mit einem Luftballon oder einem Aktivkohlefilter. Erhöhe langsam die Spannung, bis das Lämpchen leuchtet. Schalte den Strom nach ca. 5 min ab und nimm die Kathode aus der Lösung.

A1 Bei der Elektrolyse einer Lösung von Bleichlorid (Verhältnisformel $PbCl_2$) bildet sich an einer Elektrode ein „Bleibaum" [B2].
a) An welcher Elektrode scheidet sich das Blei ab?
b) Welcher elementare Stoff bildet sich an der anderen Elektrode?
c) Formuliere die Reaktionsgleichungen für die Reaktionen an den Elektroden und für die Elektrolysereaktion.

► Chemische Reaktion

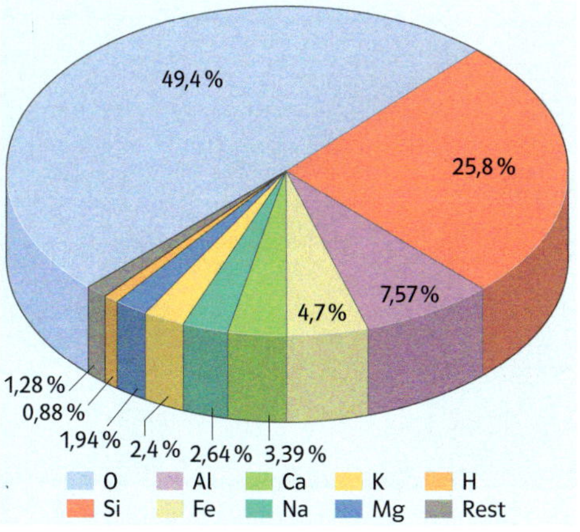

B3 Häufigkeit einiger Elemente in der Erdkruste in Massenanteilen (10 Elemente haben bereits einen Massenanteil von 99,5 %)

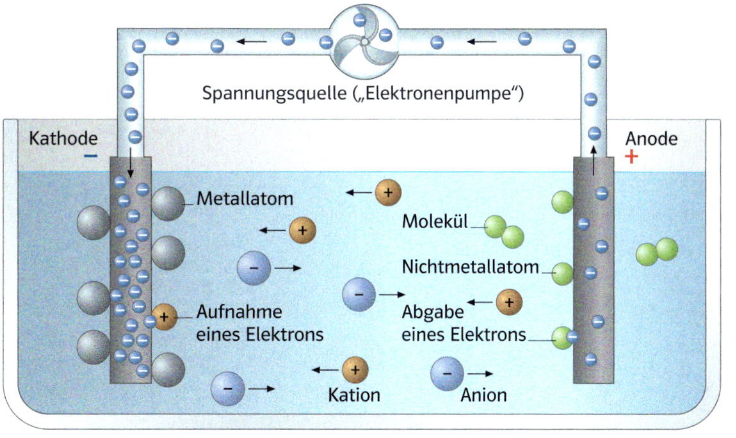

B4 Vorgänge bei der Elektrolyse im Modell auf der Teilchenebene

An der Kathode werden so viele Elektronen abgegeben, wie an der Anode aufgenommen werden.
Die Spannungsquelle liefert der Kathode ständig so viele Elektronen nach, wie sie der Anode entzieht. Die Gleichspannungsquelle kann man sich vorstellen wie eine Elektronenpumpe [B4]. Die gesamte Elektrolysereaktion läuft nur unter Energieaufwand ab. Diese Energie wird durch die Spannungsquelle geliefert.

Die Elektrolyse ist eine endotherme Redoxreaktion, die durch Zufuhr elektrischer Energie beim Anlegen elektrischer Spannung hervorgerufen wird.

Aus einer Lösung des Salzes Kupferchlorid werden durch eine endotherme Redoxreaktion die elementaren Stoffe Kupfer und Chlor gebildet.
Die Elektrolyse von Kupferchlorid ist die Umkehrung der Synthese. Derselbe Energiebetrag, der bei der Synthese aus Kupfer und Chlor (Kap. 5.13) freigesetzt wird, muss bei der Elektrolyse zugeführt werden, hier in Form elektrischer Energie.

Sowohl die Synthese als auch die Zerlegung sind Redoxreaktionen. An der positiv geladenen Elektrode gibt der *Elektronendonator* Elektronen ab, an der negativ geladenen Elektrode nimmt der *Elektronenakzeptor* Elektronen auf. Durch das Verbindungskabel und die Elektroden werden die Elektronen vom Donator auf den Akzeptor übertragen.

Aluminiumgewinnung durch Elektrolyse. Silbrig glänzendes Aluminium hat für den modernen Industriestaat eine ähnliche Bedeutung wie das Eisen für Gallier und Kelten vor 2500 Jahren.
Heute werden weltweit ca. 30 Millionen Tonnen Aluminium pro Jahr elektrolytisch produziert, davon ca. 3 Millionen (10 %) in der Europäischen Union, ca. 650 000 Tonnen in Deutschland.
Der Anteil des Elementes Aluminium in der Erdkruste ist relativ hoch [B3]. Allerdings kommt Aluminium nicht gediegen vor, sondern nur in Form seiner Verbindungen, wie z. B. als Aluminiumoxid („Tonerde").

Erst vor gut 100 Jahren wurde es möglich, diese Verbindungen für die Aluminiumproduktion in einem großtechnischen Verfahren nutzbar zu machen. Wegen seiner hohen Stabilität kann Aluminiumoxid nur durch hohe Energiezufuhr reduziert werden.

B6 Aluminium – ein Leichtmetall

B7 Verarbeitung von geschmolzenem Aluminium

Als Reduktionsmittel käme nur ein Metall infrage, das noch unedler ist als Aluminium. Dieses müsste ebenfalls erst aufwändig aus seinen Verbindungen hergestellt werden. Als großtechnisches Verfahren eignet sich daher nur die Elektrolyse.

Auf der Pariser Weltausstellung 1867 wurde das neue Prinzip zur Aluminiumgewinnung *durch Elektrolyse aus geschmolzenem Aluminiumoxid* unter dem Titel *„Silber aus Lehm"* eine Sensation.

B5 Küchenutensilien teilweise aus Aluminium

Jedoch ist auch diese Elektrolyse nur unter riesigem Energieaufwand möglich. Für 1 t Aluminium benötigt man etwa 15 000 kWh. Eine mittelgroße *Aluminiumhütte* verbraucht ebenso viel Energie wie die Großstadt Essen. Es wird verständlich, dass sich die großtechnische Umsetzung erst verwirklichen ließ, als WERNER VON SIEMENS gegen Ende des 19. Jahrhunderts die *Dynamomaschine* zur Gewinnung elektrischer Energie aus mechanischer Energie entwickelt hatte. Dabei wird eine Turbine durch strömendes Wasser angetrieben, dessen Bewegungsenergie aus der Lageenergie stammt. Auch die hohe Schmelztemperatur von Aluminiumoxid war ein Problem, das erst bewältigt werden musste. Worin liegen die Vorteile von Aluminium als Gebrauchsmetall? Aluminium ist zwar ein sehr unedles Metall, dennoch braucht es keinen Korrosionsschutz. Es ist wegen seiner nur etwa $\frac{2}{10\,000}$ mm dicken, aber sehr dichten Oxidschicht ausreichend korrosionsbeständig und somit ein vielseitig einsetzbares Metall.

Der größte Anteil wird für den Fahrzeugbau benötigt. Neben der Korrosionsbeständigkeit bietet das Leichtmetall den Vorteil eines viel niedrigeren Verbrauchs an Treibstoff. Durch eine hohe *Recyclingrate* wird auch die Produktion wirtschaftlicher, denn dabei wird im Vergleich zur Neuproduktion 95 % weniger an elektrischer Energie verbraucht!

A2 **a)** Welche Stoffe entstehen bei der Elektrolyse einer wässrigen Zinkiodidlösung?
b) Formuliere die Anoden- und die Kathodenreaktion.
c) Formuliere die Gesamtreaktionsgleichung.
d) Kennzeichne darin die Oxidation/Reduktion als Elektronenübergänge; benenne den Elektronendonator bzw. -akzeptor.

A3 Welches Metall (Kap 6.15) kommt für die Reduktion von Aluminiumoxid infrage? Begründe deine Wahl.

A4 **a)** Formuliere die Reaktionsgleichung für die Gewinnung von Aluminium aus einer Schmelze von Tonerde durch Elektrolyse. Kennzeichne Oxidation und Reduktion.
b) An welchem Pol wird sich Aluminium abscheiden?

6.17 Exkurs Korrosionsschutz durch Elektrolyse

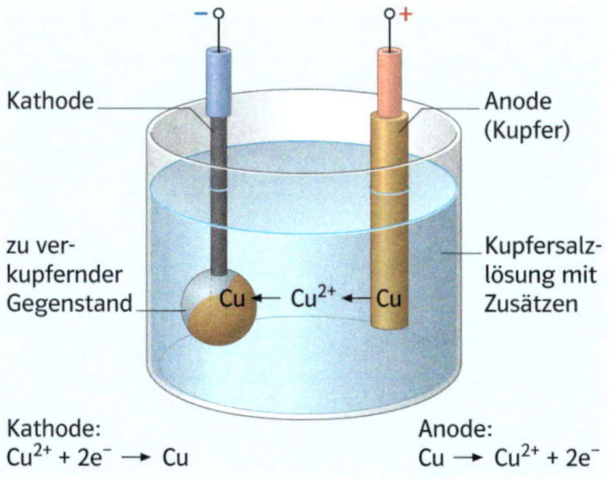

B1 Schema einer elektrolytischen Verkupferung

Viele Gegenstände aus Alltag und Technik erhalten zum Schutz vor Umwelteinflüssen oder aus optischen Gründen Metallüberzüge.

Galvanisieren. In der Technik wird zum Verkupfern, Vernickeln, Versilbern oder Vergolden häufig das Elektrolyseverfahren angewandt.
Dazu wird der Gegenstand aus unedlem Metall, der überzogen werden soll, als Kathode (Minuspol) geschaltet [B1]. Die Lösung enthält die Ionen des Metalls, aus dem der Überzug bestehen soll. Diese positiv geladenen Ionen werden von der Kathode angezogen und dort durch Aufnahme von Elektronen zu Metallatomen reduziert.
Das Metall scheidet sich ab. Der entstehende Überzug ist oft nur wenige hundertstel Millimeter dick.

B2 Vergoldeter Füllfederhalter

Um die Konzentration der Metallionen konstant zu halten, kann man eine Anode aus dem Überzugsmetall verwenden. An dieser entstehen dann genauso viele Ionen, die in Lösung gehen, wie an der Kathode Atome des Metalls abgeschieden werden.
Lösungen zum Verkupfern, Vernickeln oder Versilbern kann man auf diese Weise immer wieder verwenden.
Zum Vergolden ist eine spezielle Lösung notwendig, deren Gehalt an Ionen nicht aus einer entsprechenden Anode „nachgeliefert“ wird. Diese Lösung muss immer wieder erneuert werden.
Die Salzlösungen enthalten noch Zusätze, die dazu beitragen, dass ein möglichst gleichmäßiger halbglänzender oder hochglänzender Metallüberzug entsteht.

Soll ein nichtmetallischer Gegenstand mit Metall überzogen werden, muss er zunächst durch Auftragen eines graphit- oder metallhaltigen Leitlackes elektrisch leitfähig gemacht werden, damit er als Kathode geschaltet werden kann.

Bevor Gegenstände verchromt, versilbert oder vergoldet werden, wird zuerst eine Schicht Nickel aufgebracht. Ein Fahrradlenker aus Stahl wird z. B. zunächst verkupfert, damit er nicht rostet. Kupfer aber bildet mit Stoffen aus der Luft einen dunklen oder gar grünen Belag. Da sich eine Chromschicht nicht direkt auf Kupfer auftragen lässt, wird der Fahrradlenker anschließend vernickelt und erhält erst dann einen dünnen, glänzenden und harten Chromüberzug.

A1 Hochwertige Brillengestelle werden galvanisch vergoldet. Welche Elektrode bildet das Brillengestell?

A2 Benenne die Reaktionen, die bei der elektrolytischen Verkupferung an der Kathode bzw. an der Anode ablaufen.

B3 Vergoldetes Schmuckstück

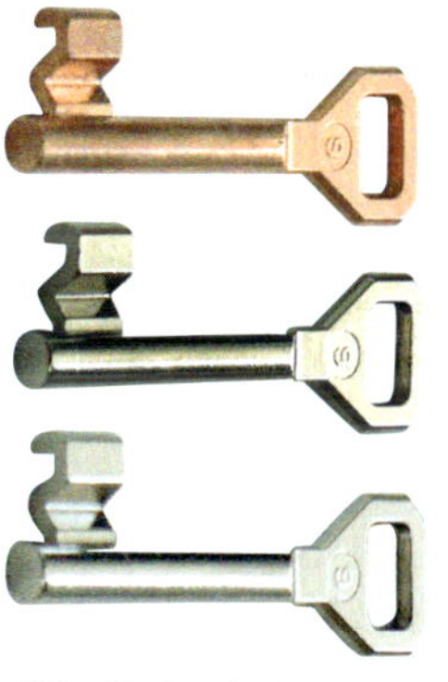

B4 Verkupfert, vernickelt, verchromt

6.18 Praktikum Vergolden eines Kupfergegenstandes

Stromdichte J

$J = \frac{I}{A}$

I: Stromstärke

A: Elektrodenfläche

$1\,\mu m = \frac{1}{1\,000\,000}\,m$

$= \frac{1}{1000}\,mm$

V1 Vergolden auf Kupfer

Geräte, Materialien, Chemikalien: Schutzbrille, kleine Bürste, feinkörniges Scheuermittel, sauberer Lappen oder Silberputztuch, Papiertücher, Elektroden aus Edelstahl [B1], Glasstab, Kristallisierschale, Gefäß für die Entfettung (b), 3 Kaffeefilter oder Filterpapiere, Edelstahlblechstreifen, evtl. Glasmurmeln, Pinzette, Spannungsquelle, Stromstärkemessgerät, 2 Krokodilklemmen, 2 Experimentierkabel, Gegenstand mit Kupferoberfläche (z. B. Kupfermünze), Messingbürste, Brennspiritus oder Aceton (z. B. ölfreier Nagellackentferner), Goldelektrolyt (gebrauchsfertig käuflich).

Durchführung:

a) Der Gegenstand mit Kupferoberfläche muss zuerst mithilfe der kleinen Bürste und der Scheuermilch sehr gründlich gereinigt und abgespült werden. Poliere ihn anschließend mit einem fettfreien Tuch oder einem Silberputztuch blank.

b) Bedecke dann den Gegenstand zur völligen Entfettung in einem Gefäß mit Aceton oder Spiritus.

Alle weiteren Schritte werden mit einer Pinzette ausgeführt.

c) Nimm die Münze aus der Flüssigkeit und halte sie unter fließendes Wasser. Wenn die Münze fettfrei ist, muss sie überall vom Wasser benetzt werden. Im anderen Fall muss das Entfetten wiederholt werden.

d) Lege den Boden einer möglichst kleinen Kristallisierschale mit drei Schichten Filterpapier aus. Lege den Gegenstand darauf und bedecke ihn gerade mit Goldsalzlösung. Erhöhe den Flüssigkeitsspiegel evtl. mithilfe von Murmeln, um Goldsalzlösung zu sparen.

e) Lege den Edelstahlblechstreifen von innen an die Wand der Schale und schließe daran den Pluspol an. Verbinde die andere Edelstahlelektrode mit dem Minuspol und bringe den Gegenstand damit in Kontakt.

f) Elektrolysiere bei 4 – 5 Volt ca. 2 min. Notiere die Stromstärke und vergleiche mit den Angaben im Text.

g) Spüle mit Wasser ab und poliere eventuell. Die Lösung wird aufbewahrt.

Das eigentliche Vergolden läuft sehr schnell ab. Bereits nach 30 Sekunden ist die Auflage so stark, dass der Gegenstand eine geschlossene Goldoberfläche hat. Nach zwei Minuten Beschichtungszeit ist eine Stärke erreicht, die derjenigen einer professionellen Vergoldung entspricht.

Der Prozess läuft deshalb so schnell ab, weil eine relativ hohe Stromdichte von J = 100 bis 500 mA/cm² vorliegt. Im Vergleich zu den Schichtdicken beim Verkupfern ist diese Goldschicht immer noch hauchdünn. Vergoldet oder echt vergoldet darf ein Gegenstand dann genannt werden, wenn seine Goldschicht 0,1 µm stark ist. Bei nicht allzu teurem Schmuck wird diese Stärke kaum überschritten. Bei teuren Brillengestellen und Uhrgehäusen kann man von ungefähr 0,2 µm Goldauflage ausgehen.

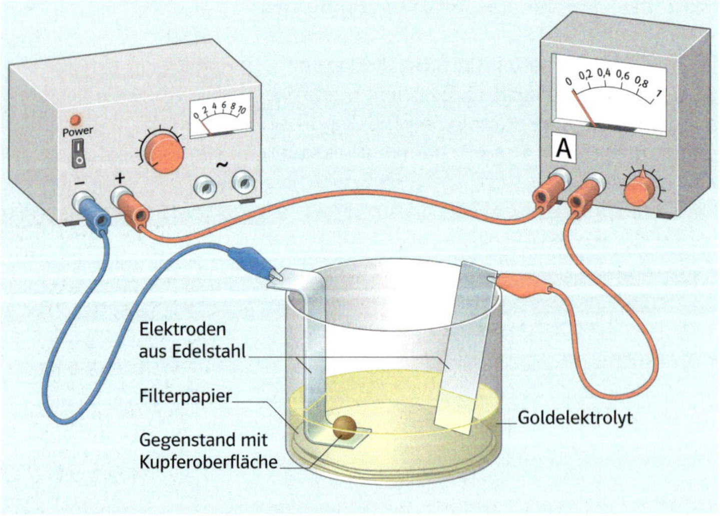

B1 Versuchsanordnung zum Vergolden

6.19 Durchblick Zusammenfassung und Übung

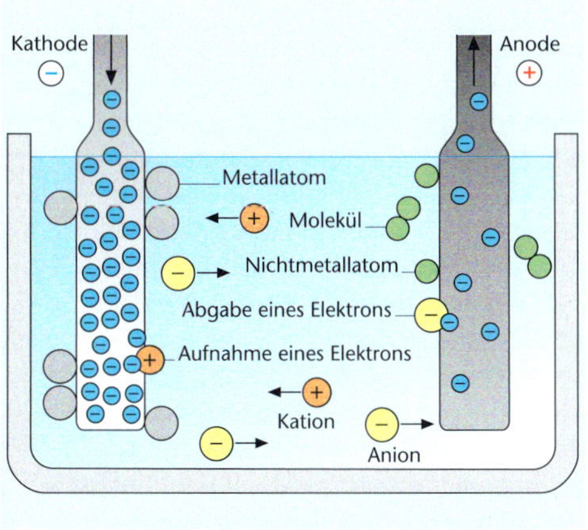

B1 Elektrolyse auf einen Blick

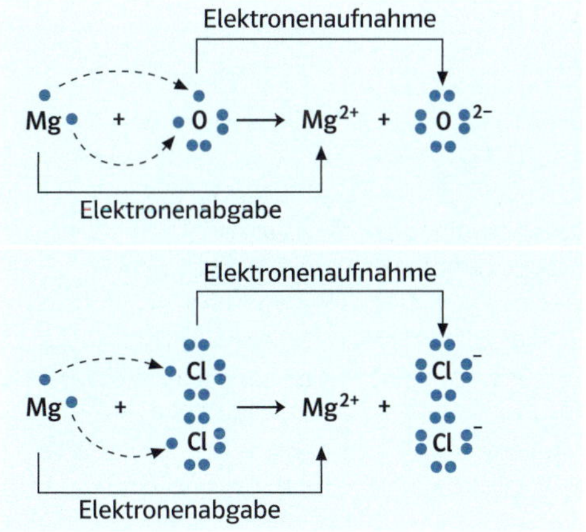

B2 Elektronenübergang: Magnesium reagiert mit Sauerstoff (oben) und Chlor (unten)

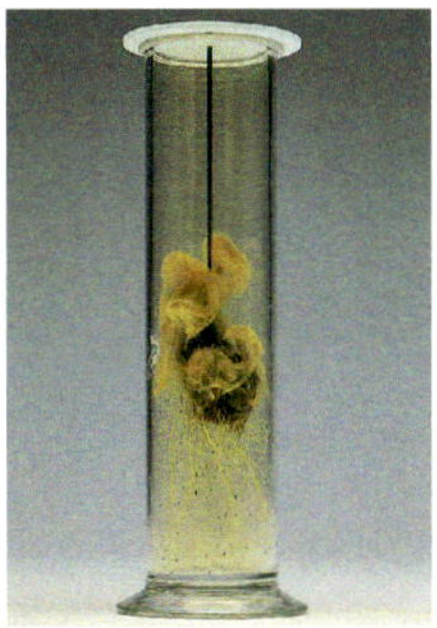

B3 Kupfer reagiert mit Chlor

Elektrolyse

Elektrolyse ist eine endotherme Redoxreaktion, die beim Anlegen einer Spannung durch Zufuhr elektrischer Energie erzwungen wird. Reaktionsgleichung (Beispiel):

$Cu^{2+} + 2\ Cl^- \longrightarrow Cu + Cl_2$ | endotherm

Kathode

Bei der Elektrolyse ist die Kathode der Minuspol, die negativ geladene Elektrode. Die positiv geladenen Kationen werden von der Kathode angezogen und dort reduziert:
Elektronenaufnahme $Cu^{2+} + 2\ e^- \longrightarrow Cu$

Anode

Bei der Elektrolyse ist die Anode der Pluspol, die positive geladene Elektrode. Die negativ geladenen Anionen werden von der Anode angezogen und dort oxidiert:
Elektronenabgabe $2\ Cl^- \longrightarrow Cl_2 + 2\ e^-$

Donator-Akzeptor-Reaktion

Redoxreaktionen finden nur statt, wenn Teilchen vorhanden sind, die Elektronen abgeben können und solche, die diese Elektronen aufnehmen.

- Reduktionsmittel sind **Elektronendonatoren**, sie selbst werden oxidiert.
- Oxidationsmittel sind **Elektronenakzeptoren**, sie selbst werden reduziert.

Korrosion und Rost

Witterungseinflüsse können die Oberfläche von Metallen zerstören, diesen Vorgang nennt man Korrosion. Rost entsteht bei der chemischen Reaktion von Eisen mit Sauerstoff und Wasser. Eisen kann durch einen Überzug aus Zinn (Weißblech) oder aus Zink vor Korrosion geschützt werden.

B4 Korrosion

A1 Formuliere die Reaktionsgleichung für die Redoxreaktionen in [B2]. Welches Teilchen wirkt jeweils als Elektronendonator bzw. – akzeptor? Gib auch die Energieänderung an.

A2 Ein Zinkstab wird in eine Lösung von Kupferchlorid gestellt. Es bildet sich eine Schicht aus Kupfer auf dem Zink. In der Lösung lassen sich mit einem Reagenz Zinkionen nachweisen.
a) Formuliere die Reaktionsgleichung zu diesen Beobachtungen.
b) Wende die Begriffe Oxidationsmittel, Reduktionsmittel, Elektronendonator und -akzeptor auf dieses Beispiel an.
c) Vergleiche die Fähigkeiten der Teilchen zur Elektronenaufnahme bzw. -abgabe.
d) Welche Beobachtung erwartest du, wenn du ein Kupferblech in eine Zinkchloridlösung ($Zn^{2+} + 2Cl^-$) stellst?

A3 Worauf beruht die elektrische Leitfähigkeit von Metallen, von Salzlösungen und Salzschmelzen?

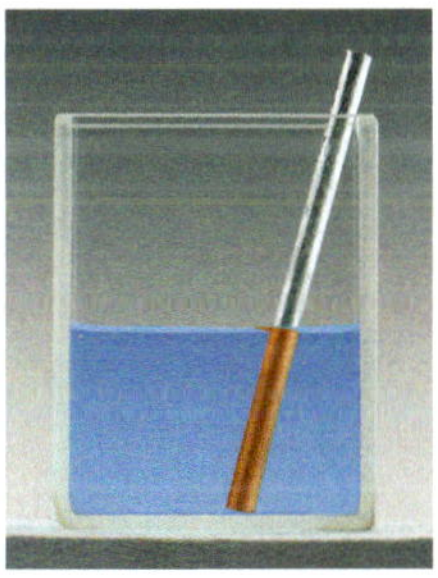

B5 Zinkstab in Kupferchloridlösung

6.20 Horizonte Fachsprachen-Trainer

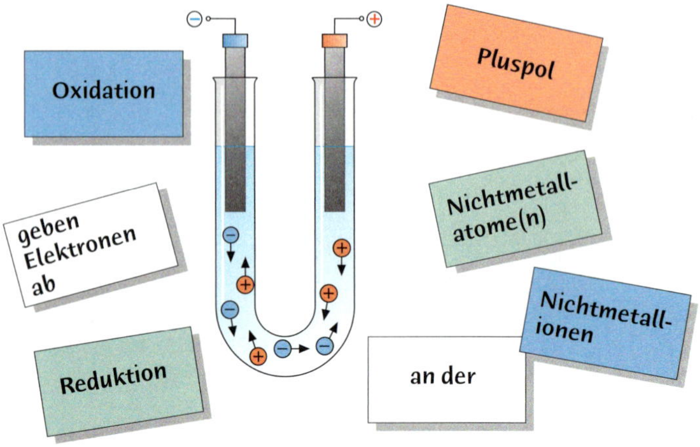

Anode | ist die | positiv geladene(n) Elektrode

Anionen | sind | negativ geladene Ionen

Kationen / positiv geladene Ionen | wandern zum/zur | Minuspol / Kathode / negativ geladene(n) Elektrode

Metallionen | nehmen Elektronen auf | und | werden zu | Metall-atome(n)

Der Fachsprachen-Trainer hilft beim Einüben von Sätzen mit Fachbegriffen. Korrekte Formulierungen kann man sich dann einfacher merken. Schreibt man Fachbegriffe und einzelne Satzteile auf verschiedenfarbige Kärtchen, kann man damit vollständige Sätze bilden. Das Satzmuster lässt sich so leicht erkennen und einüben. Jedes Satzmuster setzt sich aus bestimmten Fachbegriffen und verbindenden Satzteilen zusammen.

a) Anfertigen von Satzmusterteilen auf Kärtchen am Beispiel der Elektrolyse
Schreibe auf rote Kärtchen alle Fachbegriffe, die auf eine positive Ladung hinweisen. Schreibe auf blaue Kärtchen Begriffe, die auf negative Ladungen hindeuten und auf grüne Kärtchen solche ohne Ladung.
Auf weißen Kärtchen stehen verbindende Satzteile.

b) Partnerarbeit im Trainingslager Stelle in Partnerarbeit einfache Satzmuster auf. Beschreibe dazu die Vorgänge bei einer Elektrolyse an der Anode und an der Kathode.

c) Lernplakate mit Satzmuster Klebe Satzmuster in der richtigen Reihenfolge auf Plakate und hänge sie im Fachraum aus.

d) An Beispielen trainieren
Verwende die Satzmuster zur Erklärung der Elektrolyse folgender Salze:
Natriumchlorid NaCl, Kaliumchlorid KCl, Kupferchlorid $CuCl_2$, Kaliumiodid KI, Zinkiodid ZnI_2.

e) Weitere Trainingsgebiete
Mit dem Fachsprachen-Trainer kann man auch andere Themen einüben, z. B. die Bildung von Ionen oder Molekülen.

7 Unpolare und polare Elektronenpaarbindung

Typische Eigenschaften von Salzen lassen sich mit ihrem Aufbau aus Ionen erklären. Es gibt aber auch Stoffe mit gänzlich anderen Eigenschaften.

Die elementaren Stoffe Wasserstoff, Sauerstoff und Stickstoff sind Gase, Brom und Iod gehen leicht in den Gaszustand über. Diesen Stoffen ist gemeinsam, dass sie aus Molekülen bestehen, die nur aus zwei Atomen aufgebaut sind.

Die leichte Verdampfbarkeit molekularer Stoffe weist darauf hin, dass zwischen den Molekülen nur schwache Kräfte wirken. Die Moleküle selbst bleiben aber auch im Gaszustand erhalten. In den Molekülen müssen die Atome also fest aneinander gebunden sein.

Zwischen den Molekülen verschiedener Stoffe gibt es Unterschiede in den Wechselwirkungen, die unter anderem von ihrem Molekülbau abhängen. Warum besitzt die Verbindung aus Wasserstoff und Sauerstoff so ganz andere Eigenschaften als die gasförmigen elementaren Stoffe, aus denen Wasser entstehen kann?

Online-Link
756082-0700

7.1 Wasser – mehr als ein Lösungsmittel

B1 Eine Nordpol-Expedition

B2 Eiskristalle

Eisberge

Auf Bildern von Nordpol-Expeditionen sieht man endlose Eisflächen. Man hat den Eindruck, als befände sich der Fotograf auf festem Land. Wissenschaftler sagen jedoch für die Zukunft im Sommer einen eisfreien Nordpol voraus; dort ist dann das Nordpolarmeer.

A1 Schwimmt der „Boden" aus Eis über dem Nordpol? Wie ist das möglich? Warum schwimmen Eisberge?

Eiskristalle

Hat man im Winter die Möglickeit, bei tiefen Temperaturen Eiskristalle mit der Lupe zu betrachten, erkennt man viele verschiedene Formen. Eins ist ihnen gemeinsam: Sie haben alle eine sechseckige Symmetrie. Diese kann man aus dem Aufbau des Eiskristalls ableiten.

B3 Modelle für Wasserstrukturen

A2 Ein Modellversuch zum Aufbau eines Eiskristalls. Du benötigst 12 kleine Wattekugeln oder Perlen. Klebe jeweils drei zu Drillingen zusammen. Zwei dieser Drillinge klebst du mit zwei Kugeln so zusammen, dass die nicht verklebten Kugeln auf Parallelen zu liegen scheinen [B3]. Man könnte diese Kugeln so zusammenlegen, dass keine Lücke zwischen ihnen bleibt. Man kann sie jedoch auch so übereinander legen, dass, wie im Bild gezeigt, ein sechseckiger freier Raum bleibt.

Im Eiskristall entspricht jede Kugel einem Wassermolekül. Jedes Wassermolekül ist von vier anderen umgeben. Das würde man auch in deinem Modell sehen, wenn man viele solcher Einheiten hintereinander legte. Der sechseckige Raum würde dann zu einer Röhre. Diese sechseckige Struktur bewirkt die sechseckige Symmetrie der Eiskristalle. Die Wassermoleküle liegen in ihnen nicht ganz dicht zusammen.

Wassertropfen

Wasser erscheint häufig, als sei es mit einer Haut überzogen. Wassertropfen bleiben an Pflanzenstängeln hängen. Fällt ein Tropfen ins Wasser, springt manchmal eine Wasserkugel zurück.

B4 Wassertropfen

A3 Ursache für die Phänomene ist die Oberflächenspannung des Wassers. Was ist damit gemeint? Sie muss mit den Eigenschaften der Wassermoleküle zuusammenhängen. Eine Erklärung findest du in diesem Kapitel.

B5 Eine Brausetablette löst sich auf

Wasser als Lösungsmittel

Gibt man eine Vitamin-Brausetablette in ein Glas mit Wasser, sprudelt es heftig [B5]. Wasser löst die Tablette und es entsteht in einer chemischen Reaktion Kohlenstoffdioxid. Das gleiche geschieht, wenn man Brausepulver in den Mund nimmt. Hier dient der wässrige Speichel als „Vermittler" zwischen den Inhaltsstoffen.

A4 Informiere dich auf der Tablettenverpackung und auf der Brausepulvertüte über die Inhaltsstoffe. Siehst du Gemeinsamkeiten? Welche Eigenschaft des Wassers wird in allen Fällen ausgenutzt?

Wasser als Reaktionspartner

Um zu zeigen, dass es sich bei einer Flüssigkeit um Wasser handelt, verwendet man im Chemieunterricht manchmal weißes Kupfersulfat. Mit Wasser wird das Salz blau [B6].

B6 Weißes Kupfersulfat färbt sich mit Wasser blau

A5 Bei diesem Wassernachweis entsteht Kupfersulfat, welches nun „Kristallwasser" enthält. Man nannte es früher „Kupfervitriol. Ermittle die Formel für „Kupfervitriol" und versuche, eine Erklärung für den Begriff „Kristallwasser" zu finden.

Kristallisationswäre

In Apotheken und Sanitätshäusern kann man Wärmekissen, wie in [B7] abgebildet, kaufen. Im aktivierten Zustand befindet sich in ihnen eine Flüssigkeit und ein Stahlplättchen.

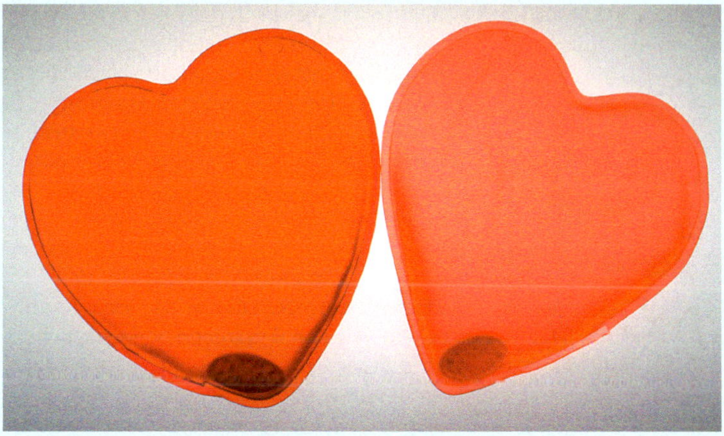

B7 Wärmekissen mit Stahlklicker

A6 Besorge dir ein Wärmekissen und klicke das Stahlplättchen. Was beobachtest du? Zum Aktivieren lege den Beutel in ca. 60 °C heißes Wasser und beobachte den Inhalt. Wenn keine Veränderung mehr zu beobachten ist, lass den Beutel an einem ruhigen Ort langsam abkühlen. Ordne den Vorgängen die Begriffe exotherm und endotherm zu. Informiere dich über gesättigte und übersättigte Lösungen. Ziehe zur Deutung der Vorgänge auch den Begriff Kristallwasser heran.

Wasser wird „abgelenkt"

A7 Reibe einen Kamm aus Kunststoff mit einem Mikrofasertuch. Halte ihn dann in die Nähe (Vorsicht, er darf nicht nass werden!) eines ganz feinen Wasserstrahls. Deute deine Beobachtung mithilfe der Abbildung [B8].

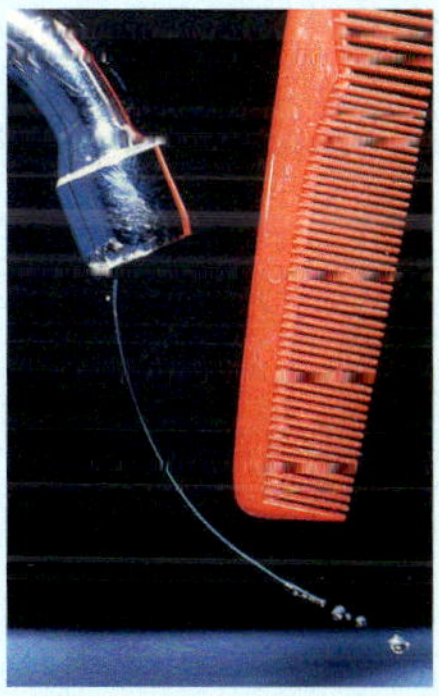

B8 Ablenkung eines Wasserstrahls

7.2 Die Bindung in Molekülen

Um eine Vorstellung davon zu bekommen, wie die Atome in Molekülen zusammenhalten, betrachten wir zunächst einmal das einfachste Molekül, das Wasserstoffmolekül.

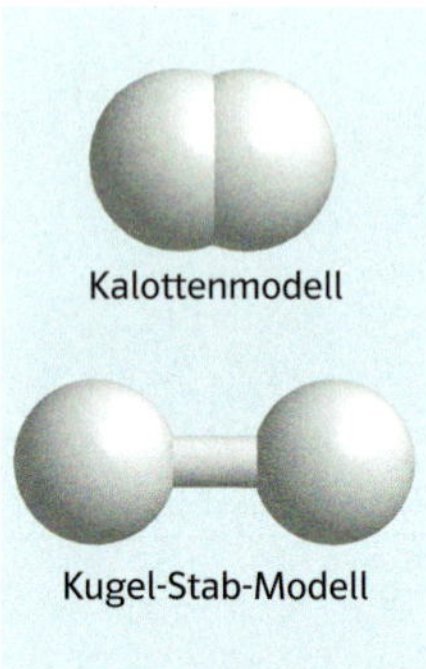

B1 Molekülmodelle des Wasserstoffmoleküls

Kalotte, (fr.): Kugelabschnitt

Die Bindung im Wasserstoffmolekül. Aus Kapitel 5.20 ist bekannt, dass sich in einem Atom die Elektronen in einem Raumbereich befinden, der den Kern kugelförmig umgibt. Im Wasserstoffatom wird dieser Raum von einem Elektron eingenommen. Die negative Ladung ist über den ganzen Bereich verteilt und hat keine scharfe Begrenzung. Man spricht daher von einer *Elektronenwolke*.

Im Wasserstoffmolekül durchdringen sich die Elektronenwolken der beiden Wasserstoffatome, die beiden Elektronen befinden sich bevorzugt im Anziehungsbereich beider Kerne. Zwischen diesen kommt es zu einer Verdichtung der negativen Ladung, zu der beide Elektronen gleich viel beitragen. Die beiden Elektronen bilden eine gemeinsame Elektronenwolke um beide Kerne, die dadurch zusammengehalten werden [B2]. Die Bindung zwischen den beiden Wasserstoffatomen wird **Atombindung** genannt, die beiden Elektronen, die die Bindung bewirken, bezeichnet man als **bindendes Elektronenpaar**. Statt Atombindung sagt man daher zu dieser Bindung auch *Elektronenpaarbindung*.
Das Elektronenpaar wird in der Molekülformel durch einen Strich zwischen den Atomsymbolen angegeben:

H—H

Zur Trennung verbundener Atome ist Energie erforderlich. Die vom Betrag her gleiche Energie – die **Bindungsenergie** – wird frei, wenn zwischen Atomen eine Bindung entsteht. Das Wasserstoffmolekül ist also energieärmer und damit stabiler als die beiden einzelnen Wasserstoffatome.
Die beiden verbundenen Atomkerne haben keinen festen Abstand voneinander. Sie schwingen aufeinander zu oder voneinander weg, daraus ergibt sich ein mittlerer Abstand, der **Bindungsabstand**.

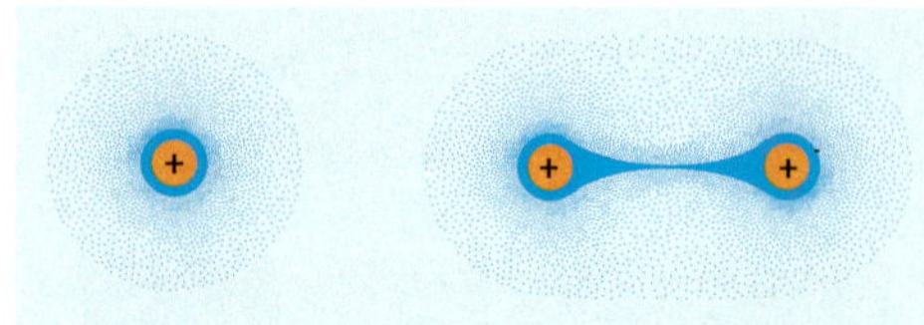

B2 Wasserstoffatom und Wasserstoffmolekül

Das Heliumatom. Die Hülle des Heliumatoms enthält nur ein Elektron mehr als die eines Wasserstoffatoms. Trotz dieses scheinbar geringen Unterschieds bilden Heliumatome keine Moleküle.
Der Grund besteht darin, dass bereits die Elektronenwolke eines Heliumatoms von zwei Elektronen gebildet wird. In einer gemeinsamen Elektronenwolke mit einem weiteren Heliumatom müssten sich mehr als zwei Elektronen aufhalten. Es hat sich jedoch gezeigt, dass eine Elektronenwolke aus höchstens zwei Elektronen bestehen kann. Das Elektronenpaar des Heliumatoms wird durch einen Strich am Atomsymbol angegeben:

He|

Elektronenanordnung weiterer Atome. In der zweiten Periode des PSE finden auf der äußersten Schale maximal acht Elektronen Platz, die Außenelektronen. Ihnen stehen insgesamt vier Elektronenwolken zur Verfügung. Von den Atomen des Lithiums bis zu denen des Kohlenstoffs werden nach und nach vier Elektronenwolken mit *je einem* Elektron gebildet. Beginnend mit den Atomen des Stickstoffs werden Elektronenwolken mit einem weiteren Elektron aufgefüllt, sodass jeweils *Elektronenpaare* vorhanden sind. Die acht Außenelektronen der Neonatome bilden schließlich vier Elektronenpaare.

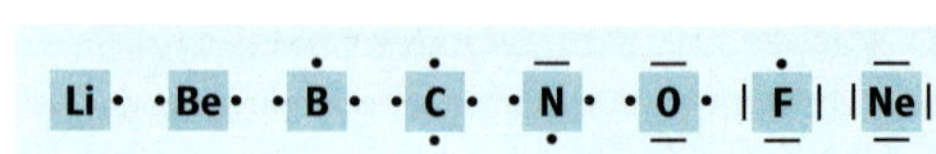

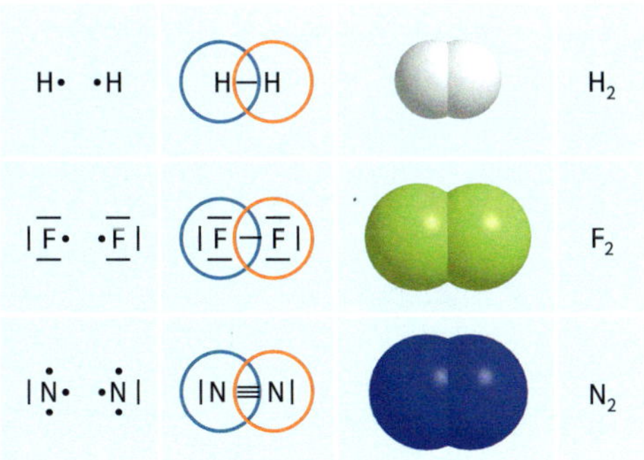

B3 Bildung von Molekülen aus Atomen. Es bilden sich bindende Elektronenpaare

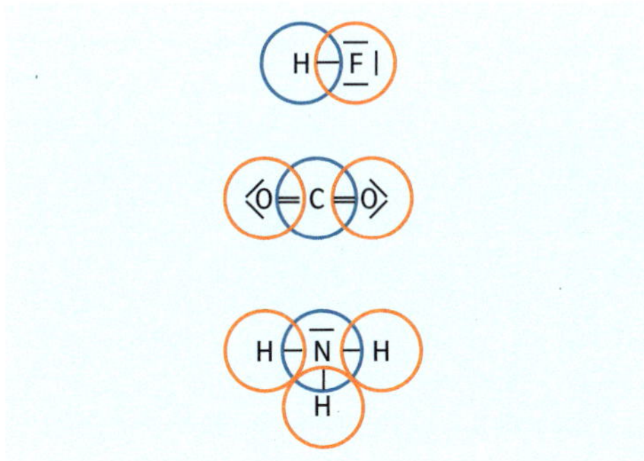

B4 Anwendung der Edelgasregel zur Ermittlung der bindenden und nicht bindenden Elektronenpaare in Molekülen

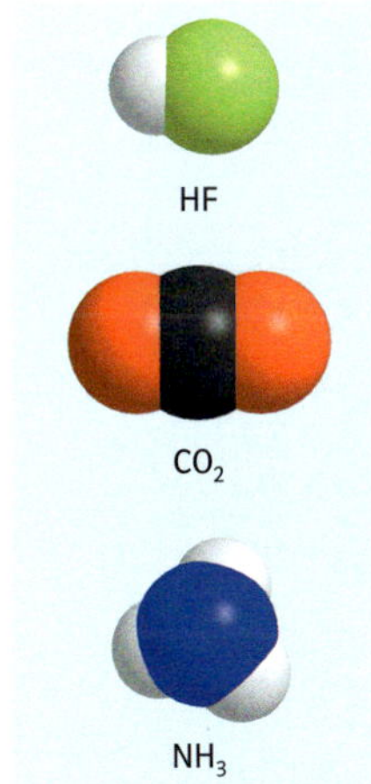

B5 Kalottenmodelle einiger Moleküle

Die im Periodensystem jeweils unter Lithium bis Neon angeordneten Elemente weisen die gleiche Anordnung ihrer Außenelektronen auf.

Halogenwasserstoffmoleküle. Bei der Bildung von Molekülen spielen nur die Valenzelektronen der Atome eine Rolle.
Das Fluorwasserstoffmolekül besteht aus einem Fluoratom und einem Wasserstoffatom, seine Summenformel ist HF. Beide Atome liefern je ein Elektron zum bindenden Elektronenpaar. Die übrigen drei Elektronenpaare des Fluoratoms sind an der Bindung nicht beteiligt, man nennt sie **nicht bindende Elektronenpaare**. Auch für die übrigen Halogenwasserstoffverbindungen ergibt sich diese Elektronenanordnung.

H—F| H—Cl| H—Br| H—I|

Mehrfachbindungen. Auch Stickstoffmoleküle bestehen aus zwei Atomen. Die Bindung zwischen den Stickstoffatomen erfolgt durch drei Elektronenpaare. Man bezeichnet diese Bindung als **Dreifachbindung** [B3]. Sind zwei Elektronenpaare an einer Bindung beteiligt, spricht man von einer **Doppelbindung (Zweifachbindung)**. Man findet sie z.B. im Kohlenstoffdioxidmolekül [B4].

Anwendung der Edelgasregel. Atomen vieler Moleküle kann man acht Außenelektronen, d.h. vier Elektronenpaare, zurechnen [B4]. Es liegt also die gleiche Anzahl an Außenelektronen vor wie bei den Edelgasatomen. Die bereits für Ionen formulierte Edelgasregel (Kap. 6.3) lässt sich auch auf Moleküle übertragen:

In vielen Molekülen kann man jedem Atom so viele Elektronenpaare zurechnen wie dem Edelgasatom, das in derselben Periode des PSE wie das betreffende Atom steht.

So kann man im Fluorwasserstoffmolekül dem Fluoratom acht Elektronen, dem Wasserstoffatom zwei Elektronen zurechnen, die bindenden Elektronen werden dabei für jedes Atom gezählt [B3, B4].

A1 Gib die Anordnung der Außenelektronen für die Atome der Elemente der 3. Periode an.

A2 Erläutere, warum Edelgase aus einzelnen Atomen und nicht aus Molekülen bestehen.

A3 Formuliere entsprechend B3 die Bildung eines **a)** Wassermoleküls (H_2O) und **b)** eines Kohlenstoffdioxidmoleküls (CO_2).

A4 Ermittle unter Anwendung der Edelgasregel die Molekülformel für ein Molekül aus einem Kohlenstoff- und mehreren Chloratomen.

7.3 Der räumliche Bau von Molekülen

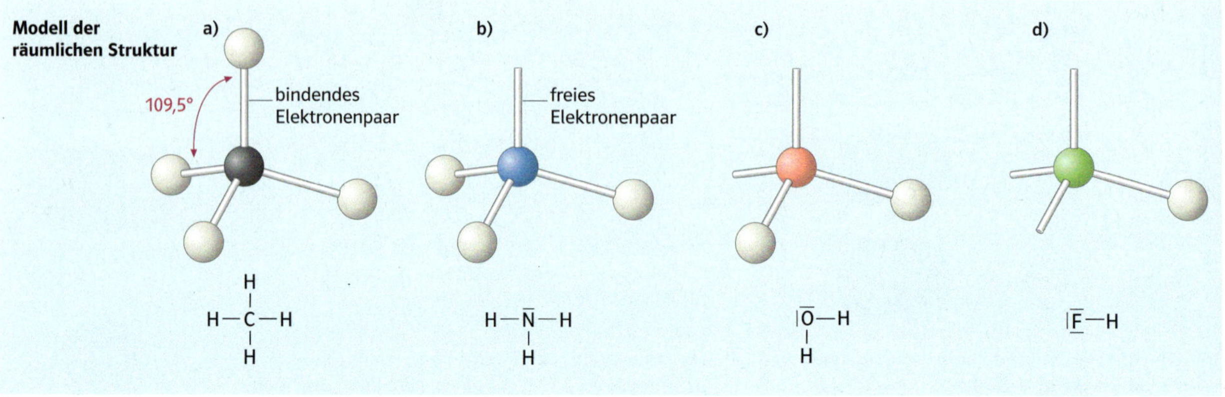

B1 Ableitung einiger Molekülstrukturen aus der tetraedrischen Anordnung der bindenden und nicht bindenden Elektronenpaare: **a)** tetraedrisch, **b)** pyramidal, **c)** gewinkelt, **d)** linear (gestreckt)

Während man für Moleküle, die nur aus zwei Atomen bestehen, keine Überlegungen zum räumlichen Aufbau anstellen muss, sind bereits bei dreiatomigen Molekülen verschiedene räumliche Anordnungen denkbar. So findet man z. B. beim Wassermolekül eine gewinkelte Struktur, im Kohlenstoffdioxidmolekül dagegen sind die Atome linear angeordnet.

Elektronenpaare und Molekülstruktur. Eine Modellvorstellung, die diese Befunde erklärt, ist das **E**lektronen**p**aar-**A**bstoßungs-Modell (EPA-Modell), das 1957 von Ronald J. Gillespie entwickelt wurde. Er nahm an, dass sich Elektronenpaarwolken im Molekül gegenseitig abstoßen. Sie ordnen sich so an, dass sie den größtmöglichen Abstand voneinander einnehmen. Für ein Molekül, in dem ein Atom mit vier weiteren Atomen verbunden ist, ergibt sich die Form eines Tetraeders [B2]. Tatsächlich findet man diese Struktur bei den Molekülen der einfachsten Kohlenstoff-Wasserstoff-Verbindung, dem Methan CH_4. Im Methanmolekül bilden die Verbindungslinien von zwei Wasserstoffatomen mit dem Kohlenstoffatom einen Winkel von 109,5°, den Tetraederwinkel. Das Kohlenstoffatom befindet sich im Zentrum des Tetraeders [B1a]. Für die zeichnerische Darstellung ist es bequemer, statt der voluminösen „Wolken" Elektronenpaare gemäß dem Kugel-Stab-Modell (Kap. 7.2) darzustellen.

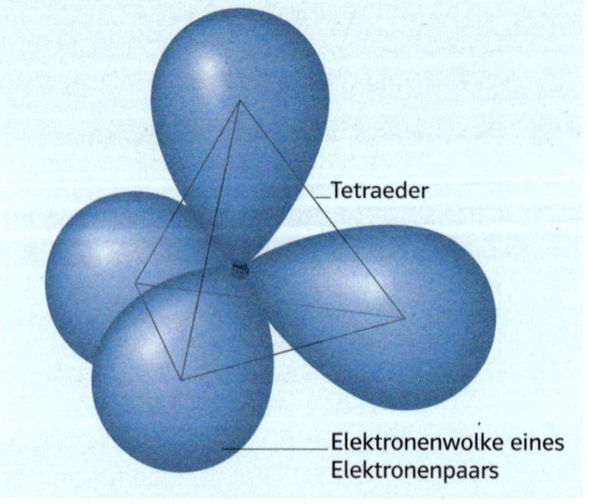

B2 Vier Elektronenpaarwolken ordnen sich durch Abstoßung tetraedrisch an

Neben den bindenden Elektronenpaaren werden in gleicher Weise auch die nicht bindenden Elektronenpaare im EPA-Modell berücksichtigt. Im NH_3-Molekül stoßen sich die bindenden Elektronenpaare der Wasserstoffatome und das nicht bindende Elektronenpaar gegenseitig ab. Dadurch ergibt sich wie im CH_4-Molekül eine tetraedrische Anordnung der Elektronenpaare, allerdings sind nur drei Ecken des Tetraeders mit Wasserstoffatomen besetzt [B1b].

Auch im Wassermolekül sind vier Elektronenpaare tetraedrisch angeordnet. Aus der Lage der beiden bindenden Elektronenpaare ergibt sich ein gewinkeltes Molekül [B1c].

Um den räumlichen Aufbau eines Moleküls zu zeichnen, ist es nicht immer sinnvoll, auch die Bindungswinkel exakt anzugeben. Besonders schwierig ist dies bei Molekülen, deren Atome nicht in einer Ebene liegen. Man zeichnet daher in der **Strukturformel** die Bindungspartner und die freien Elektronenpaare der Atome jeweils rechtwinklig an die vier Seiten des Atomsymbols [B1]. Die bindenden Elektronenpaare sind dann auf den Bindungspartner gerichtet.

Mehrfachbindungen im EPA-Modell. Im EPA-Modell werden Mehrfachbindungen gebogen dargestellt. Auf andere Elektronenpaare wirkt die Doppel- oder Dreifachbindung jeweils fast wie eine einfache Bindung.

So betragen die Bindungswinkel zwischen den Bindungen eines C-Atoms im Ethenmolekül und den drei Bindungspartnern jeweils 120 ° [B3]. Im Ethinmolekül ist das C-Atom nur mit zwei weiteren Atomen verbunden, es tritt eine Dreifachbindung auf. Die Bindungspartner des C-Atoms sind linear angeordnet, sie haben den bei festen Bindungslängen größtmöglichen Abstand voneinander [B3]. Die gleichen Verhältnisse liegen vor, wenn das C-Atom mit zwei Bindungspartnern über jeweils eine Doppelbindung verbunden ist. Auch das Molekül des Kohlenstoffdioxids ist linear gebaut [B4].

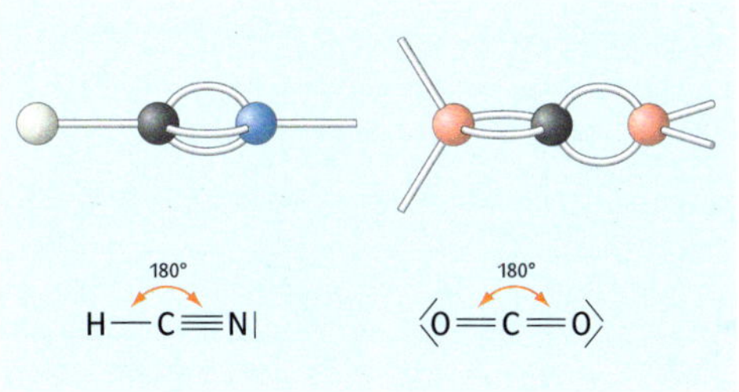

B4 Gestreckter Molekülbau bei C-Atomen mit zwei Bindungspartnern

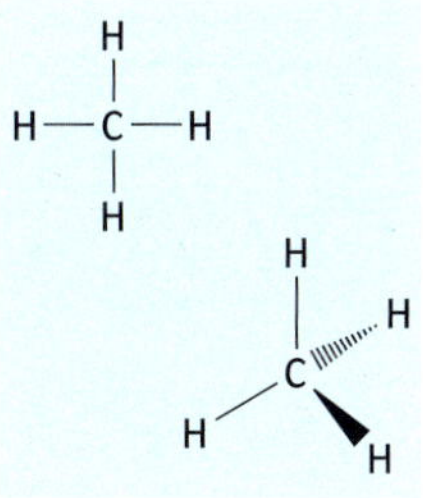

B5 Strukturformeln von Methan

A1 **a)** Baue ein Tetraeder aus Pappe oder Papier. Zeichne dazu ein gleichseitiges Dreieck (a = 16 cm) mit Klebelaschen [B7]. Zeichne zwischen den Mittelpunkten der Seiten Verbindungslinien. Falte die nun entstandenen äußeren Dreiecke nach innen. Verklebe die Kanten.
b) Wie kannst du mit zwei Tetraedermodellen Einfach-, Doppel- und Dreifachbindungen darstellen?

A2 Warum sind die vier H-Atome des CH_4-Moleküls nicht quadratisch angeordnet? Begründe mit dem EPA-Modell.

A3 Baue Strukturmodelle von CCl_4, H_2S, C_2H_6, C_2H_4, C_2H_2. Zeichne auch die Strukturformeln.

A4 Erläutere die unterschiedliche Darstellung der Formel des Methanmoleküls in [B5].

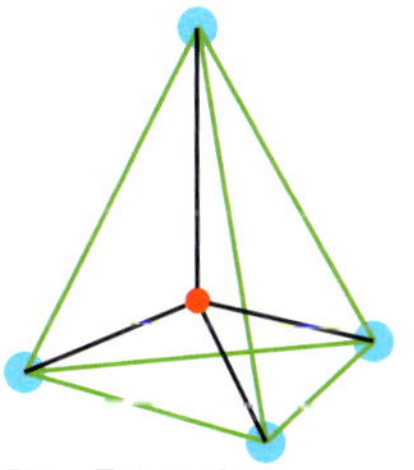

B6 Tetraeder

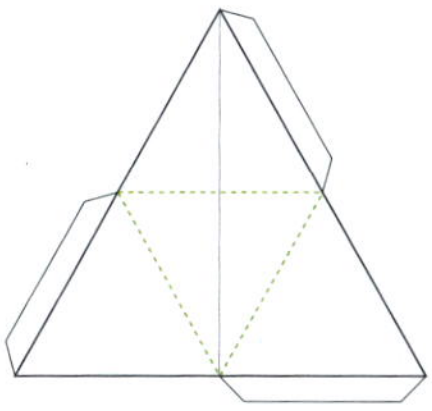

B7 Schnittanleitung zu A1

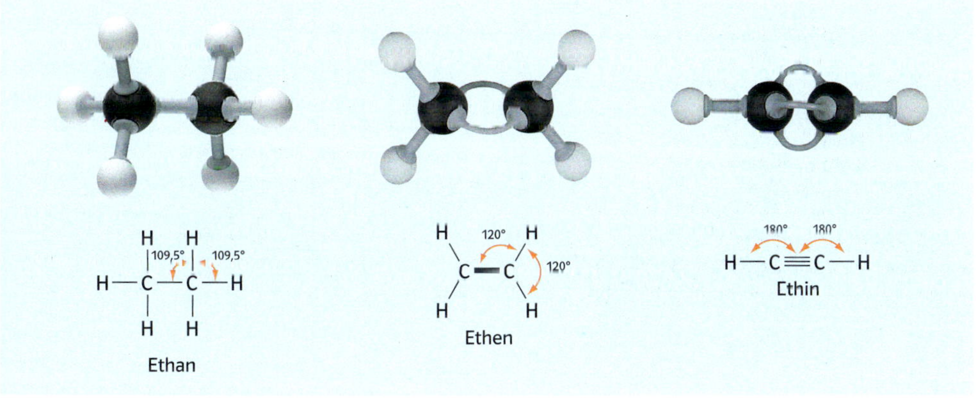

B3 Kohlenwasserstoffmoleküle mit Einfach-, Zweifach- und Dreifachbindung

7.4 Exkurs Riesenmoleküle aus Kohlenstoffatomen

Modifikationen sind elementare Stoffe derselben Atomart. Nur die Anordnung der Atome ist in den verschie-denen Modifikationen unterschiedlich

Diamant	Graphit
farblos, durchsichtig, stark lichtbrechend	schwarz, glänzend
sehr hart	sehr weich
schwer spaltbar	leicht spaltbar
keine elektrische Leitfähigkeit	gute elektrische Leitfähigkeit
Dichte 3,5 g/cm³	Dichte 2,3 g/cm³
schmilzt nicht, sondern wandelt sich in Graphit um	Sublimationstemperatur ca. 3650 °C

B2 Eigenschaften von Diamant und Graphit

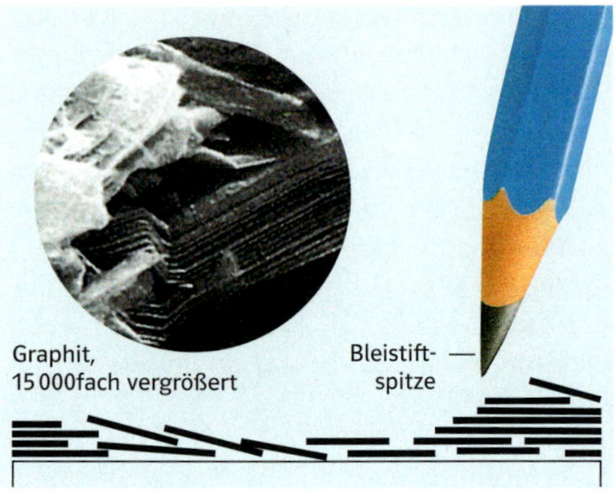

B4 Bleistiftminen. Beim Reiben spalten sich Graphitblättchen ab

Im Jahre 1772 veröffentlichte der französische Gelehrte ANTOINE LAURENT LAVOISIER die Ergebnisse seines berühmten Experiments „La destruction du diamant par le feu". Während man bereits früher festgestellt hatte, dass Diamanten bei hohen Temperaturen „verschwinden", wies LAVOISIER nach, dass beim Verbrennen eines Diamanten Kohlenstoff dioxid entsteht. Ein Diamant muss demnach aus Kohlenstoffatomen bestehen, wie auch Graphit (Ruß), der ebenfalls nur zu Kohlenstoffdioxid verbrennt. Man bezeichnet Diamant und Graphit als **Modifikationen** des Elements Kohlenstoff.

Diamant ist der härteste aller natürlich vorkommenden Stoffe. Diamanten sind farblos und leiten den elektrischen Strom nicht. Man findet sie im Gestein alter Vulkanschlote und deren Verwitterungsschutt. Nur ein kleiner Teil dieser Rohdiamanten ist zur Herstellung von Schmuckstücken geeignet [B1]. Die meisten finden als Industriediamanten Verwendung z. B. in Bohrköpfen und Schneidwerkzeugen. Diamanten lassen sich unter hohem Druck und bei hohen Temperaturen aus Graphit herstellen.

Brillant-Vollschliff

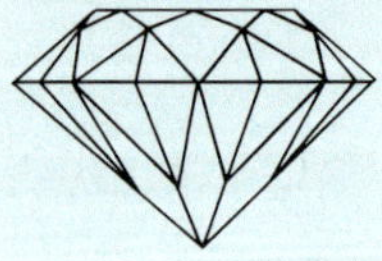

B1 Diamantschmuck. Der farblose Edelstein kann durch Lichtbrechung farbenprächtig funkeln

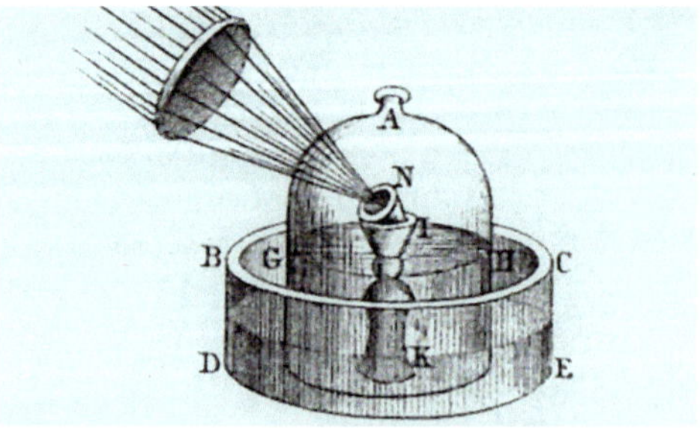

B3 Verbrennung eines Diamanten. Zeichnung aus den „Œuvres" von ANTOINE LAURENT LAVOISIER (1743 – 1794)

Graphit ist ein schwarzer, sehr weicher Stoff, der in kristallinem Zustand glänzt. Beim Gleiten über Papier spalten sich kleine Plättchen ab und hinterlassen eine schwarze Spur [B4]. Aus dieser Eigenschaft leitet sich sein Name ab (von griech. graphëin, schreiben). Zur Herstellung von Elektroden und als Schleifkontakt in Elektromotoren wird Graphit wegen seiner guten Leitfähigkeit für den elektrischen Strom verwendet. Graphit ist Bestandteil von Tonern, also Pulvergemischen, die in Kopierern und Laser-Druckern z. B. die Schrift auf dem Papier erzeugen. Graphit kann aus Koks gewonnen werden. Auch Ruß und Holzkohle bestehen zum größten Teil aus winzigen Graphitkristallen.

A1 Ermittle aus [B3], wie LAVOISIER nachgewiesen hat, dass der Diamant nur aus Kohlenstoff besteht.

A2 Erkläre die unterschiedlichen Dichten von Diamant und Graphit mit ihrem Aufbau.

A3 Erkläre die Unterschiede in der elektrischen Leitfähigkeit von Diamant und Graphit mit ihrem Aufbau.

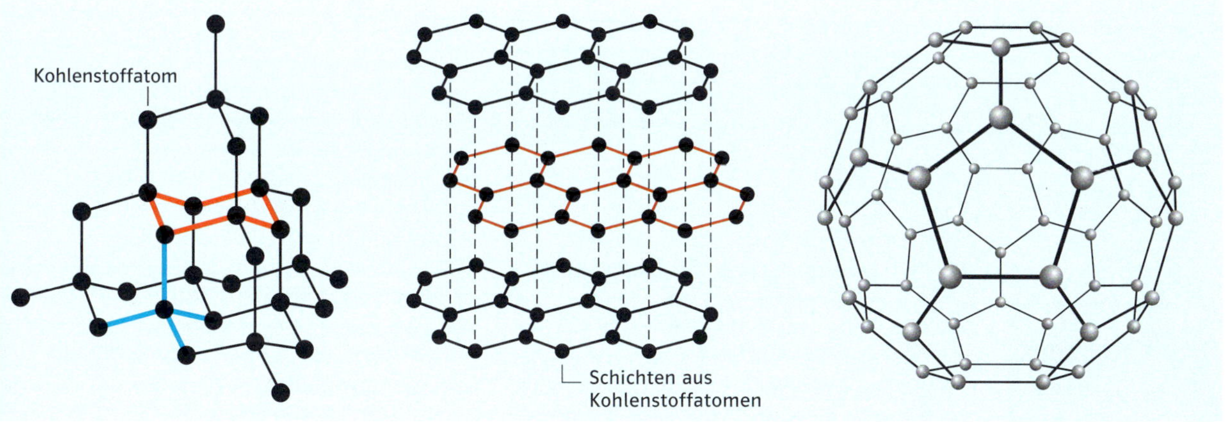

B5 Aufbau von Diamant (links), Graphit (Mitte) und Buckminsterfulleren (rechts). Das Molekül ist aus 60 C-Atomen aufgebaut

Aufbau von Diamant und Graphit. Im Kristallgitter des Diamanten hat jedes Kohlenstoffatom vier Nachbarn, die es tetraedrisch umgeben. Zwischen den Kohlenstoffatomen bestehen Elektronenpaarbindungen, von jedem C-Atom gehen vier Einfachbindungen zu seinen Nachbarn aus. Damit erklärt man die große Härte des Diamanten. In dem sich so ergebenden **Diamantgitter** liegt jedes Atom einer Schicht in den Lücken der Atome der vorherigen Schicht. Man kann *gewellte Sechsringe* von C-Atomen erkennen, vier Atome eines solchen Rings bilden ein Rechteck, ein Atom liegt über dessen Ebene, eins darunter [B5].

Das **Graphitgitter** besteht aus vielen übereinanderliegenden ebenen Schichten. Jedes C-Atom ist mit drei weiteren C-Atomen verbunden, die Bindungswinkel betragen 120°. Je drei Elektronen eines C-Atoms sind an diesen Bindungen beteiligt, das vierte Elektron ist ähnlich wie bei Metallen über die ganze Schicht beweglich. Dies erklärt die gute elektrische Leitfähigkeit des Graphits. In jeder Schicht kann man ebene Sechsringe von C-Atomen erkennen [B5]. Der Abstand zwischen den verschiedenen Schichten beträgt etwa das Zweieinhalbfache des Abstandes zwischen den Atomen derselben Schicht. Die Schichten lassen sich leicht gegeneinander verschieben, Graphit ist daher sehr weich.

Fullerene. In neuerer Zeit gelang es Forschern, eine dritte Modifikation des Kohlenstoffs aus Graphit z. B. durch Verdampfung im elektrischen Lichtbogen herzustellen. Nach dem amerikanischen Ingenieur BUCKMINSTER FULLER, der durch den Bau von Kuppeln bekannt geworden ist, werden die käfigartigen Moleküle Fullerene genannt. Die aus diesen Molekülen aufgebauten Stoffe heißen **Fullerite**. Sie sind bei Zimmertemperatur kristallin, weich und sehr elastisch. Das bekannteste Fulleren ist das Buckminsterfulleren, ein aus 60 C-Atomen bestehendes kugelförmiges Molekül, dessen Struktur an einen Fußball erinnert [B5, rechts]. Wie im Graphit hat auch hier jedes Atom drei Bindungspartner, das vierte Elektron ist über die Kugeloberfläche frei beweglich.

Eine weitere Klasse der Fullerene bilden die Nanotubes, Röhren aus Sechsecknetzen von Kohlenstoffatomen [B6]. Nanotubes können je nach der Geometrie der Sechsecknetze als elektrische Leiter oder als Halbleiter verwendet werden. Sie werden z. B. in der Nanoelektronik verwendet. Hier versucht man winzige Schaltkreise im Nanometerbereich (1 Nanometer = 1 millionstel Millimeter) herzustellen, die Nanotubes dienen darin als elektrische Leiter.

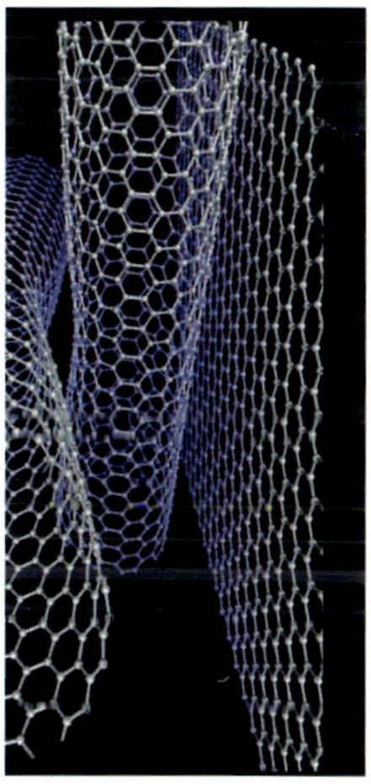

B6 Nanotubes aus Sechsecknetzen von Kohlenstoffatomen. In Längsrichtung sind die Röhrchen elektrische Leiter

7.5 Die polare Atombindung

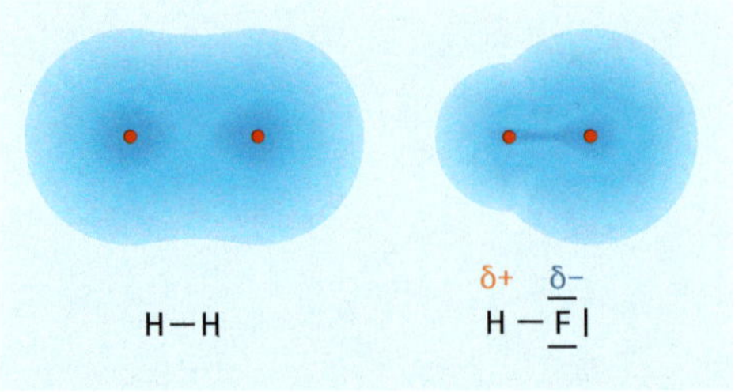

B3 Wasserstoff- und Fluorwasserstoffmolekül

B1 LINUS PAULING (1901–1994)

In Molekülen, die wie das Wasserstoffmolekül aus zwei gleichen Atomen bestehen, erfolgt die Bindung zwischen den Atomen durch eine gemeinsame Elektronenwolke. Die beiden Elektronen, die sie bilden, befinden sich im Anziehungsbereich der Kerne. Die Bindung führt zu einer Verdichtung der negativen Ladung zwischen den Kernen [B3, links]. Die bindende Elektronenwolke ist symmetrisch um beide Kerne angeordnet. Sind zwei unterschiedliche Atome verbunden, wie z. B. im Fluorwasserstoffmolekül, hat das Auswirkungen auf die Ladungsverteilung.

Die Bindung im Fluorwasserstoffmolekül. Das Fluorwasserstoffmolekül ist ein Dipolmolekül, die Ladungsverteilung zwischen den verbundenen Atomkernen ist unsymmetrisch. Die Bindungselektronen im Fluorwasserstoffmolekül werden von den beiden Kernen verschieden stark angezogen; die Elektronenwolke ist zum Fluoratom verschoben [B3, rechts].

Hauptgruppen						
I	II	III	IV	V	VI	VII
H 2,1						
Li 1,0	Be 1,5	B 2,0	C 2,5	N 3,0	O 3,5	F 4,0
Na 0,9	Mg 1,2	Al 1,5	Si 1,8	P 2,1	S 2,5	Cl 3,0
K 0,8	Ca 1,0	Ga 1,6	Ge 1,8	As 2,0	Se 2,4	Br 2,8
Rb 0,8	Sr 1,0	In 1,7	Sn 1,8	Sb 1,9	Te 2,1	I 2,5

B2 Elektronegativitätswerte von einigen Hauptgruppenelementen nach PAULING

Dadurch besitzt das Fluoratom einen Überschuss an negativer Ladung. Hier befindet sich die negativ geladene Seite des Dipols, während die Wasserstoffseite positiv geladen ist. Die Ladungen beider Seiten heben sich nach außen auf. An der Fluorseite des Moleküls befindet sich die negative **Teilladung** (Zeichen: δ−), an der Wasserstoffseite die entsprechende positive Teilladung (Zeichen: δ+) [B3]. Immer wenn zwei unterschiedliche Atome durch eine Atombindung miteinander verbunden sind, können Teilladungen vorliegen. Diese Art der Bindung bezeichnet man als **polare Atombindung**.

Elektronegativität. Die Art und die Größe der Teilladung eines gebundenen Atoms wird durch seine Anziehungskraft auf die Bindungselektronen bestimmt. Diese Anziehung hängt ab von der Ladung des Atomkerns und der Anzahl der Elektronenschalen. Bei gleicher Anzahl von Schalen werden die Außenelektronen und damit auch die Bindungselektronen umso stärker angezogen, je größer die Ladung des Kerns ist.

Mit zunehmender Anzahl der Schalen wird die Anziehung zwischen Kern und Außenelektronen schwächer. Um die Fähigkeit eines Atoms, Bindungselektronen anzuziehen, mit anderen Atomen vergleichen zu können, führte LINUS PAULING 1932 das Konzept der Elektronegativität ein. Die Elektronegativität (*EN*) eines Atoms wird durch eine Zahl angegeben. Da von allen Atomen das Fluoratom die Elektronen einer Atombindung am stärksten anzuziehen vermag, ordnete PAULING ihm den größten Elektronegativitätswert, die Zahl 4, zu. Die Elektronegativität nimmt bei den Elementen einer Periode von links nach rechts zu, in einer Hauptgruppe dagegen von oben nach unten ab [B2]. Da auch Metallatome Atombindungen ausbilden können, wurden auch ihnen Elektronegativitätswerte zugeordnet.

Sind zwei Atome miteinander verbunden, so besitzt das elektronegativere die negative Teilladung.

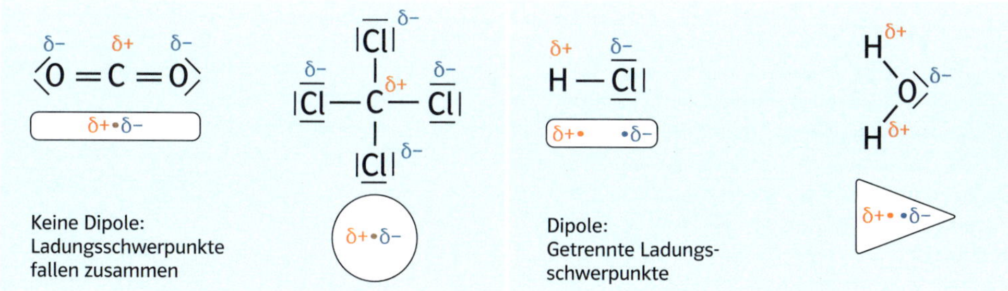

B4 Nur bei unsymmetrischen Molekülen ergibt sich aus der Ladungsverteilung ein Dipol.

Moleküle mit Teilladungen. Im Kohlenstoffdioxidmolekül (CO_2) liegen zwei polare Bindungen vor. Die elektronegativeren Sauerstoffatome tragen je eine negative Teilladung. Das Kohlenstoffatom trägt die positive Teilladung, deren Betrag so groß ist wie die beiden negativen Teilladungen zusammen. Obwohl die Bindungen im Kohlenstoffdioxidmolekül polar sind, ist es kein Dipol, da der Schwerpunkt der negativen Teilladungen mit dem Zentrum der positiven Teilladung zusammenfällt [B4, links]. Dies ist bei allen Molekülen der Fall, bei denen die Teilladungen symmetrisch angeordnet sind. Auch das tetraedrisch gebaute CCl_4-Molekül ist deshalb kein Dipol.

Alle Halogenwasserstoffmoleküle sind wie das Fluorwasserstoffmolekül ebenfalls Dipole. Da die Elektronegativität vom Fluoratom zum Iodatom abnimmt, ist das Fluorwasserstoffmolekül von allen Halogenwasserstoffmolekülen der stärkste Dipol. Man kann das mithilfe der Elektronegativitätsdifferenzen, ΔEN, zeigen:

$\Delta EN(\text{HF}) = 4{,}0 - 2{,}1 = 1{,}9$
$\Delta EN(\text{HI}) = 2{,}5 - 2{,}1 = 0{,}4.$

Im Wassermolekül (H_2O) sind die Atome winkelförmig angeordnet [B4, rechts]. Deshalb fallen hier die Schwerpunkte der Teilladungen nicht zusammen, das Wassermolekül ist ein Dipolmolekül. Dies lässt sich im Experiment zeigen: Ein Wasserstrahl wird von einem negativ geladenen Kunststoffstab angezogen [B6]. Dabei richten sich die Wassermoleküle so aus, dass positive Teilladungen zum Kunststoffstab zeigen.

Je größer die Elektronegativitätsdifferenz ist, desto größer ist die Polarität der Bindung. Dadurch lässt sich die Bindung einem Bindungstyp zuordnen [B5].

A1 Erkläre die erkennbaren Tendenzen bei den Elektronegativitätswerten der Elemente in [B2] mithilfe des Aufbaus der Atome.

A2 Ordne die folgenden Bindungen nach steigender Polarität: N—H, C—H, F—H, O—H. Begründe deine Antwort mithilfe der ΔEN-Werte.

A3 Schreibe die folgendnen Verbindungen als Strukturformeln: CH4, H2S, CO, ClF, NH3. Ordne dann den beteiligten Atomen Teilladungen zu.

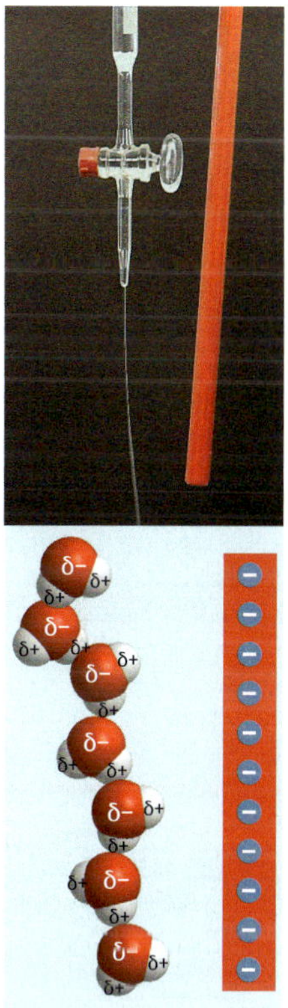

B6 Ablenkung eines Wasserstrahls durch einen geladenen Kunststoffstab.
Unten: Modellvorstellung

Verbindung	NaCl	$MgCl_2$	$AlCl_3$	$SiCl_4$	PCl_3	SCl_2	Cl_2
ΔEN	2,1	1,8	1,5	1,2	0,9	0,5	0
Bindungstyp	Ionenbindung	Ionenbindung	Feststoff: Bindung mit Ionencharakter; Schmelze/Dampf: Al_2Cl_6-Moleküle	Polare Atombindung			Unpolare Atombindung
	← zunehmende Polarität der Bindung						

B5 Elektronegativitätsdifferenzen und Bindungstypen am Beispiel der Chloride der 3. Periode

7.6 Wasser – Molekülbau und Stoffeigenschaften

Wasser ist ein außergewöhnlicher Stoff, der erst bei 100 °C siedet. Stoffe die aus Molekülen ähnlicher Größe bestehen, weisen viel niedrigere Siedetemperaturen auf. Eisberge schwimmen auf Meerwasser, d. h., festes Wasser hat eine geringere Dichte als flüssiges. Bei allen anderen Stoffen ist die Dichte der festen Form größer als die der flüssigen. Diese und weitere interessante Eigenschaften des Wassers werden vom Bau des H_2O-Moleküls bestimmt.

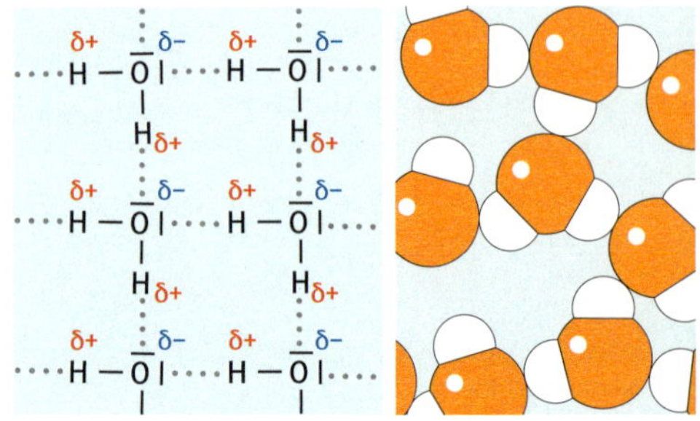

B2 Wasserstoffbrücken zwischen Wassermolekülen

Exkurs Wechselwirkungen zwischen unpolaren Molekülen

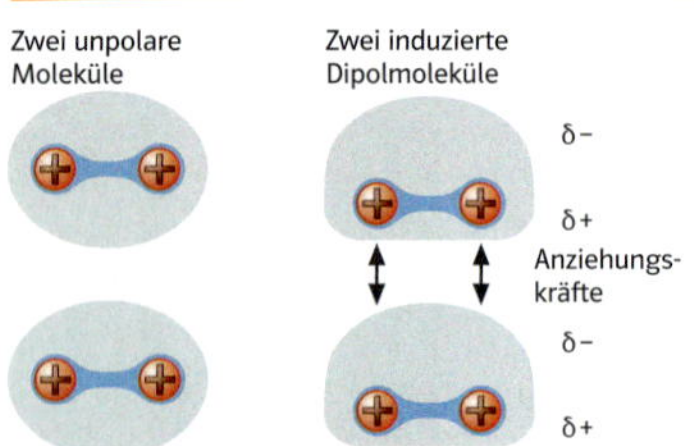

Die elementaren Stoffe Wasserstoff, Stickstoff, Sauerstoff, Fluor und Chlor sind bei Zimmertemperatur gasförmig. Ihre niedrigen Siedetemperaturen lassen darauf schließen, dass in den Gasen nur geringe Kräfte zwischen den jeweiligen Molekülen wirken. Die Siedetemperaturen sind allerdings nicht gleich, sie steigen vom Wasserstoff zum Chlor hin an. Die unterschiedlichen Siedetemperaturen zeigen, dass die Kräfte, die zwischen den jeweiligen Molekülen (H_2, N_2, O_2, F_2, Cl_2) wirken, unterschiedlich groß sind. Man erklärt die Wechselwirkungen zwischen unpolaren Molekülen mit dem kurzzeitigen Auftreten einer unsymmetrischen Verteilung der Elektronen im einzelnen Molekül. So entstehen schwache Dipole („spontane Dipole"), die auf benachbarte Teilchen einwirken und auch sie zu Dipolen machen („induzierte Dipole"). Diese relativ schwachen Anziehungskräfte nennt man **Van-der-Waals-Kräfte**. Sie werden in der Regel bei gleichem Bau der Moleküle mit steigender Elektronenzahl stärker. Die Kräfte zwischen den ebenfalls zweiatomigen Molekülen von Brom und Iod sind bereits so stark, dass diese Stoffe bei Zimmertemperatur flüssig bzw. fest sind.

B1 Eisberg. Etwa ein Zwölftel davon ragt aus dem Wasser

Das Wassermolekül als Dipol. Als Verbindung zwischen Wasserstoff- und Sauerstoffatomen ist das Wassermolekül ein Dipol. Wegen der stark polaren O—H-Bindungen (Elektronegativitätsdifferenz $\Delta EN(\text{O—H}) = 1{,}4$) und der gewinkelten Molekülstruktur sind H_2O-Moleküle Dipole. Das Sauerstoffatom trägt eine negative Teilladung, die Wasserstoffatome jeweils eine positive.

Wasserstoffbrücken. Die für derart kleine Moleküle hohe Siedetemperatur des Wassers deutet auf einen besonders starken Zusammenhalt zwischen den Wassermolekülen hin. Dieser ist auf eine Wechselwirkung zwischen den Molekülen zurückzuführen, die man **Wasserstoffbrücke** nennt. Wasserstoffbrücken bilden sich zwischen Wasserstoffatomen eines Wassermoleküls und Sauerstoffatomen eines anderen. Ein Wasserstoffatom kann sich dem Sauerstoffatom sehr stark nähern und eine Wechselwirkung mit einem nicht bindenden Elektronenpaar eingehen. Da das Sauerstoffatom im Wassermolekül zwei nicht bindende Elektronenpaare besitzt und mit zwei Wasserstoffatomen verbunden ist, kann ein Wassermolekül mit jeweils vier Nachbarmolekülen über Wasserstoffbrücken verbunden sein [B2]. Wasserstoffbrücken können ständig wieder gelöst und mit anderen Molekülen neu gebildet werden.
Auch zwischen anderen Molekülen, wie z. B. HF (Fluorwasserstoff) und NH_3 (Ammoniak), können sich Wasserstoffbrücken ausbilden. Bei diesen Molekülen sind ebenfalls stark elektronegative Atome, die nicht bindende Elektronenpaare aufweisen, mit Wasserstoffatomen verbunden.

B3 Ein Wassertropfen

Die Oberflächenspannung des Wassers. Die Wasseroberfläche eines gefüllten Glases lässt sich über den Rand hinaus vergrößern, wenn man weitere Wassertropfen hinzugibt (Kap. 7.1, Wassertropfen) – die Wasseroberfläche scheint mit einer Haut umgeben [V2]. Dieses Phänomen beruht ebenfalls auf den Wechselwirkungen zwischen den Wassermolekülen – den Wasserstoffbrücken. Diese werden von den Molekülen im Inneren der Flüssigkeit nach allen Seiten ausgebildet [B6]. Da alle Moleküle an der Oberfläche zum Inneren der Flüssigkeit gezogen werden, sie diesem Zug wegen der dort schon vorhandenen Moleküle jedoch nicht folgen können, erscheint die Oberfläche wie eine gespannte elastische Haut.

Das Molekülgitter von Eis. Die regelmäßige Form von Schneekristallen gibt einen Hinweis darauf, dass die Wassermoleküle im festen Zustand regelmäßig angeordnet sind. Im Eis bilden die Wassermoleküle ein Kristallgitter, in dem jedes Sauerstoffatom tetraedrisch von vier Wasserstoffatomen umgeben ist. Zwei dieser Wasserstoffatome sind über Atombindungen mit dem Sauerstoffatom verbunden, zwei über Wasserstoffbrücken. Da der O-H-Abstand im Wassermolekül geringer ist als der in einer Wasserstoffbrücke, sind die H-Atome nicht symmetrisch zwischen den O-Atomen verteilt. Es ergibt sich ein weitmaschiges Gitter mit durchgehenden Hohlräumen von sechseckigem Querschnitt [B4]. Wegen dieser Struktur besitzt Eis eine geringere Dichte als Wasser und schwimmt auf diesem (Kap. 7.1, Eisberge). Das Schmelzen von Eis und das Erstarren von Wasser ist mit dem Auflösen und Bilden der Wasserstoffbrücken verbunden. Wenn Eis schmilzt, bricht sein Kristallgitter zusammen. Es bilden sich kleinere Bruchstücke und die Anzahl der Hohlräume nimmt ab.
Als Folge davon nimmt die Dichte zu. Auch im flüssigen Wasser existieren noch Bruchstücke des Eisgitters, sie werden mit zunehmender Temperatur kleiner. Dadurch nimmt das Volumen der Wasserportion weiter ab und die Dichte zu. Ab 4 °C dehnt sich das Wasser aus wie andere Flüssigkeiten auch, weil seine Moleküle wegen der stärker werdenden Molekülbewegung mehr Platz benötigen. Es werden immer mehr Wasserstoffbrücken gelöst, aber auch neue gebildet. Gewässer frieren wegen dieser „Dichteanomalie" des Wassers von ober her zu [B5].

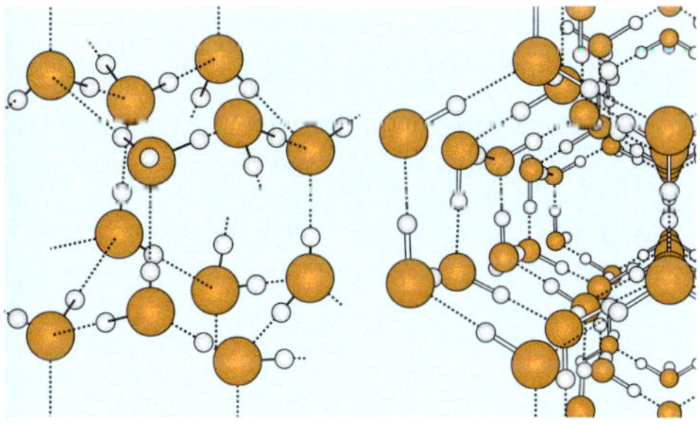

B4 Molekülgitter von Eis. Es entstehen Hohlräume

V1 Gib einen Wassertropfen auf eine Münze. Berühre seine Oberfläche mit einer Nadel, beobachte durch eine Lupe.

V2 Fülle ein Reagenzglas mit Wasser. Gib mithilfe einer Pipette vorsichtig weitere Wassertropfen hinzu.

A1 Gefrierendes Wasser kann Steine sprengen. Worauf beruht diese Sprengwirkung?

B6 Kräfte zwischen den Teilchen einer Flüssigkeit

B7 Eiskristall

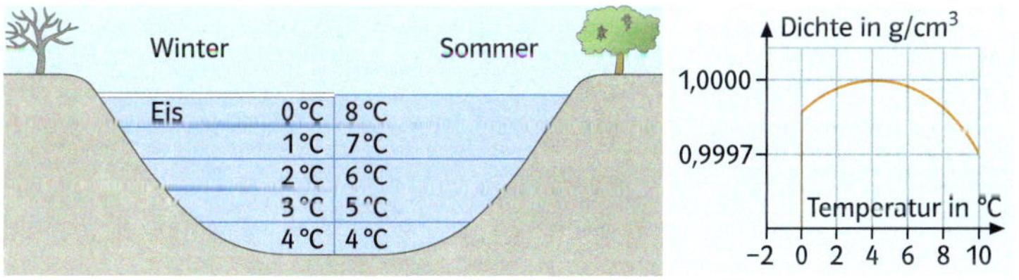

B5 Wasser hat bei 4 °C seine größte Dichte. Das Wasser mit der größten Dichte befindet sich am Boden des Teichs

7.7 Wasser als Lösungsmittel

Hydratation von griech. hydor, Wasser

B2 Wetteranzeiger

Wasser ist für viele Salze und molekulare Stoffe ein gutes Lösungsmittel (Kap. 7.1). So findet man z. B. im Mineralwasser verschiedene Ionen und gelöste Gase.

Vorgänge beim Lösen eines Salzkristalls. Beim Lösen von Natriumchlorid werden die Ionen des Gitters voneinander getrennt und sind in der Lösung beweglich. Wie kommt es, dass ein Ionengitter, in dem große Anziehungskräfte wirken, durch Wassermoleküle „zerteilt" werden kann?
Von den Ionen an der Oberfläche des Kristalls werden die Dipolmoleküle des Wassers angezogen und lagern sich am Gitter an [B1]. Sie umgeben die Ionen und bewirken so deren Trennung vom Gitter. Ionen, die sich an Ecken und Kanten befinden, sind besonders leicht zugänglich. Auf diese Ionen wirken geringere Gitterkräfte ein als auf die Ionen im Inneren. Dieser Vorgang kann sich bis zum völligen Abbau des Gitters wiederholen.

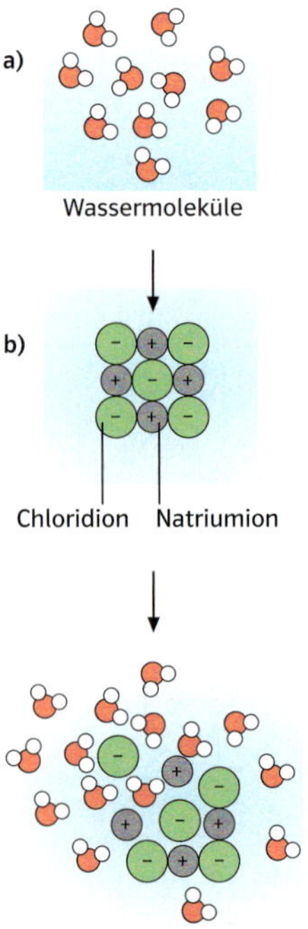

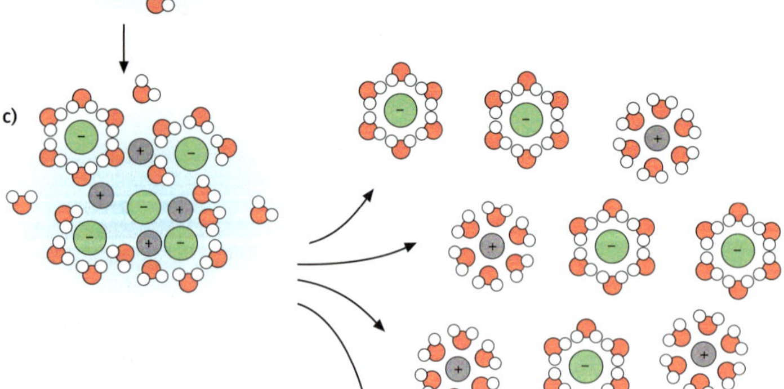

$Na^+Cl^-(s) \xrightarrow{\text{Wasser}} Na^+(aq) + Cl^-(aq)$

B1 Zerteilung des Ionengitters durch Wassermoleküle

In der Lösung besitzen alle Ionen eine vollständige Hülle von Wassermolekülen, die **Hydrathülle.** Um hydratisierte Ionen zu kennzeichnen, verwendet man das Zeichen aq (von lat. aqua, Wasser) und schreibt z. B. $Na^+(aq)$ bzw. $Cl^-(aq)$.

Salzhydrate. Viele Ionen verlieren ihre Hydrathülle nicht vollständig, wenn das Wasser einer Salzlösung verdampft oder verdunstet. Ein Teil der Wassermoleküle wird mit in das Kristallgitter eingebaut. Es entstehen Salzhydrate. Die Anzahl der zu einer Elementargruppe gehörenden Wassermoleküle wird in der Formel angegeben: z. B. $CoCl_2 \cdot 6\ H_2O$ [sprich: Cobaltchlorid mit 6 H_2O], Cobaltchlorid-Hexahydrat. Dieses Salz wird z. B. in Feuchtigkeitsanzeigern eingesetzt [B2]. Das rosafarbene Hexahydrat kann bei trockenerer Umgebungsluft Kristallwasser abgeben und wird dann zum tiefblauen Tetrahydrat, $CoCl_2 \cdot 4\ H_2O$. In feuchterer Luft wird der Vorgang umgekehrt, es entsteht wieder das Hexahydrat. Durch Erwärmen lässt sich auch das blassblaue wasserfreie Cobaltchlorid ($CoCl_2$) herstellen.

Wasser als Lösungsmittel für molekulare Stoffe. Nicht nur an Ionen, sondern auch an Dipolmoleküle können sich Wassermoleküle anlagern und sie aus einem Molekülgitter abtrennen. Aus diesem Grund sind auch Stoffe, die nicht aus Ionen aufgebaut sind, wie z. B. Zucker, wasserlöslich.

A1 Deute die in [B1] dargestellten Vorgänge beim Lösen von Natriumchlorid in Wasser.

A2 Erläutere, warum und wie Wassermoleküle in der Lage sind, sowohl positiv als auch negativ geladene Ionen zu umhüllen.

A3 Gib an, was mit dem Begriff Hydratation ausgedrückt wird, und erläutere die Bedeutung des Zeichens „aq".

A4 Was bedeutet die Formel $CaCl_2 \cdot 6\ H_2O$?

7.8 Exkurs Temperaturänderung beim Lösen von Salzen

Löst man wasserfreies Calciumchlorid in Wasser, stellt man einen starken Anstieg der Temperatur fest. Beim Lösen von Kaliumchlorid jedoch sinkt die Temperatur [V1].

Lösen von Salzen unter Erwärmen. Viele Lösungsvorgänge verlaufen wie das Lösen von Calciumchlorid unter Temperaturerhöhung ab. Hier wird offenbar bei der Bildung hydratisierter Ionen mehr Energie frei, als für das Herauslösen der Ionen aus dem Ionengitter aufgewendet werden muss. Beim Umhüllen eines Ions mit Wassermolekülen, der **Hydratation**, wird Energie frei, man bezeichnet sie als **Hydratationsenergie**. Um ein Ion aus dem Kristallgitter herauszulösen, muss diese dem Betrag nach mindestens so groß sein wie die Energie, die die Ionen im Gitter zusammenhält, die **Gitterenergie**. Wenn der Betrag der Hydratationsenergie größer ist als der der Gitterenergie, erfolgt eine Ablösung unter Wärmeabgabe. Man spricht von einem **exothermen Lösungsvorgang** [B2] .

Lösen von Salzen unter Abkühlen. Manche Salze wie z. B. Kaliumchlorid lösen sich unter Abkühlung [V1]. In diesen Fällen wird die Gitterenergie nicht ganz von der Hydratation aufgebracht. Den fehlenden Anteil liefert die thermische Energie des Wassers, das sich dadurch abkühlt. Hier findet ein **endothermer Lösungsvorgang** statt [B2].

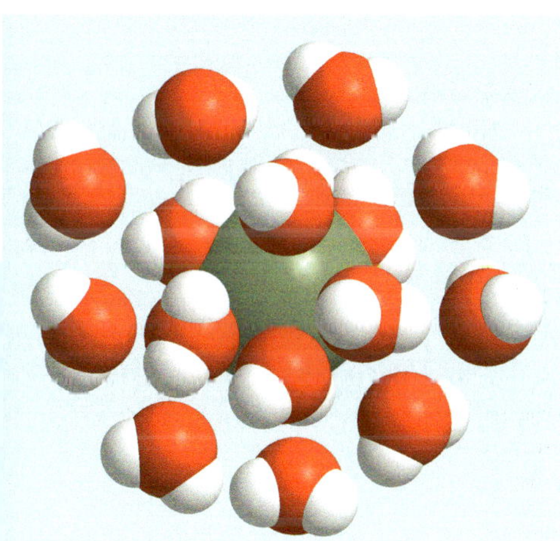

B1 Kation in einer Hydrathülle

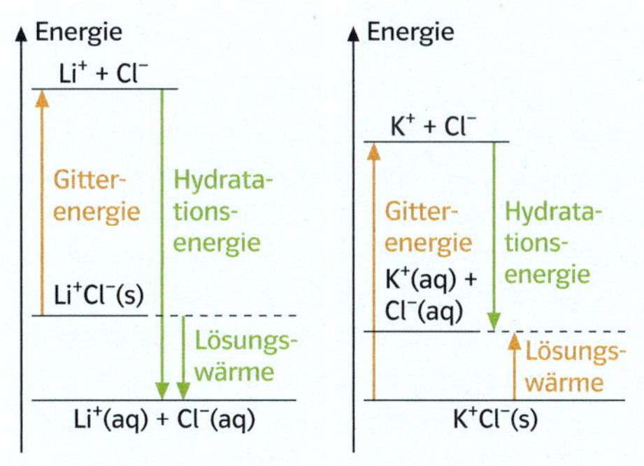

B2 Hydratationsenergie und Gitterenergie beim Lösen von Lithiumchlorid und Kaliumchlorid in Wasser

Gitterenergie und Löslichkeit. Ist die Gitterenergie dem Betrage nach viel größer als die Hydratationsenergie, ist die Löslichkeit der Salze sehr gering. Die unterschiedlichen Gitterenergien sind die Ursache für die unterschiedlichen Löslichkeiten der Salze.

Lösungsvorgang ohne Temperaturänderung der Lösung:
Hydratationsenergie = Gitterenergie
Exothermer Lösungsvorgang:
|Hydratationsenergie| > |Gitterenergie|
Endothermer Lösungsvorgang:
|Hydratationsenergie| < |Gitterenergie|

V1 Fülle in je ein Reagenzglas etwa 0,5 cm hoch **a)** Calciumchlorid, **b)** Kaliumchlorid, **c)** Natriumchlorid. Gib in jedes Reagenzglas etwa 3 cm hoch Wasser mit bekannter Ausgangstemperatur. Bestimme die Temperaturänderung und erkläre die Unterschiede.

A1 Wasserfreies Calciumchlorid wird als Trocknungsmittel für feuchte Räume eingesetzt. Erläutere seine Trocknungseigenschaft unter Verwendung der Begriffe Hydratationsenergie und Gitterenergie.

A2 Beschreibe die in [B2] dargestellten Lösungsvorgänge. Welcher ist exotherm, welcher endotherm?

A3 Beim Auflösen von Natriumchlorid tritt keine Temperaturänderung ein. Erkläre.

Betrag Der (absolute) Betrag |*x*| eines Wertes *x* ist der betreffende Wert ohne Vorzeichen.
Beispiel: |−5| = 5

B3 Trocknungsmittel

7.9 Praktikum Kristallisationswärme

Natriumacetat ist ein Salz der Essigsäure

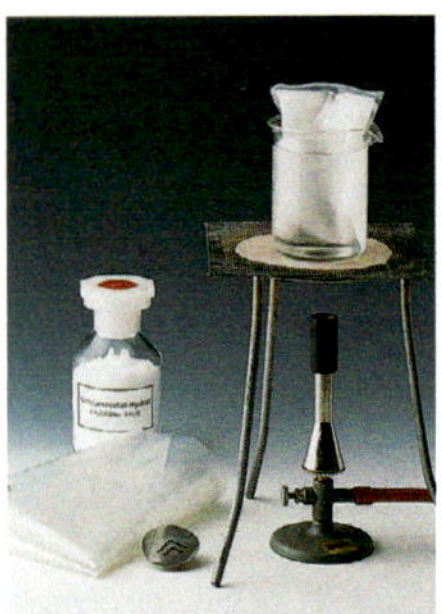

B1 Herstellung eines Wärmebeutels

V1 Kristallisationswärme von Natriumacetat

Geräte, Materialien, Chemikalien: Schutzbrille, Reagenzglas, Becherglas, Thermometer, Waage, Natriumacetat-Trihydrat ($CH_3COONa \cdot 3\ H_2O$).

Durchführung: Gib etwa 5 g Natriumacetat-Trihydrat und einige Tropfen Wasser in ein Reagenzglas und stelle es so lange in ein Bad mit siedendem Wasser, bis eine völlig klare Flüssigkeit entstanden ist. Schwenke das Glas vorsichtig so, dass Reste von Natriumacetat-Trihydrat, die an der Wand beim Einfüllen hängen geblieben sind, von der Schmelze aufgenommen werden. Stelle das Glas in einen Ständer und lass die Flüssigkeit langsam bis auf Zimmertemperatur abkühlen. (Hinweis: Wenn während des Abkühlens Kristalle erscheinen, muss das Glas erneut in siedendes Wasser gestellt werden.) Gib anschließend einige Kristalle Natriumacetat-Trihydrat hinzu. Beobachte den Inhalt des Reagenzglases und prüfe die Temperatur mit dem Handballen.

Auswertung: Deute die Beobachtungen, die im Verlauf des Experiments gemacht wurden.

V1 „Wärme aus dem Plastikbeutel"

Geräte, Materialien, Chemikalien: Schutzbrille, Plastikbeutel, Bügeleisen oder Folienschweißgerät, 2 Blätter Papier, leere Getränkedose, Schere, Thermometer, Waage, Natriumacetat-Trihydrat ($CH_3COONa \cdot 3\ H_2O$).

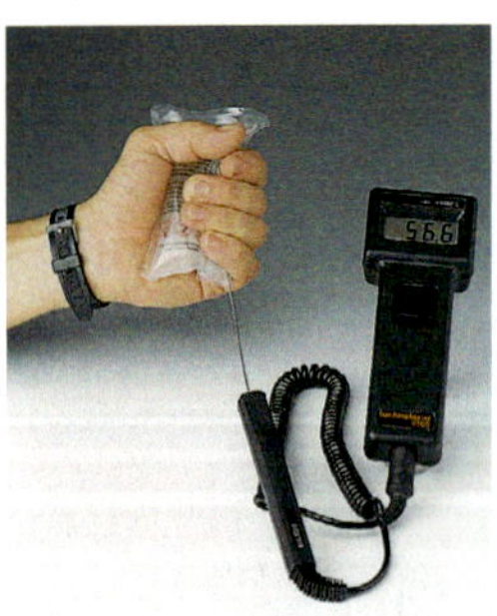

Gebrauchsanleitung

Aktivieren: Fassen Sie das im Beutel befindliche Metallplättchen mit Daumen und Zeigefinger beider Hände an und biegen Sie es leicht hin und her. Der flüssige Inhalt beginnt zu kristallisieren

Reaktivieren: Legen Sie den Beutel für etwa 6 Minuten in kochendes Wasser, bis der Inhalt vollständig geschmolzen ist. Lassen Sie den Beutel abkühlen. Er ist nun für weitere Einsätze als Taschenofen bereit.

Bitte beachten: Zum Reaktivieren keinen Mikrowellenherd benutzen!

B2 Der Taschenwärmer erzeugt angenehme Wärme

Durchführung:

a) Fertige aus einem Plastikbeutel (Tiefkühlbeutel oder Klarsichthülle) mit einem Bügeleisen (Einstellung „Seide", Andrückzeit ca. 2 – 3 Sekunden) einen Beutel von etwa 8 cm Kantenlänge an. Bei Verwendung des Bügeleisens muss darauf geachtet werden, dass das angeschmolzene Plastikmaterial weder an der Unterlage noch am Bügeleisen festklebt. Deshalb wird der zu schweißende Bereich zwischen zwei Papierblätter gelegt. Sie werden unmittelbar nach dem Bügelvorgang entfernt.

b) Schneide aus dem Blech einer Getränkedose ein rundes Stück mit einem Durchmesser von etwa 2,5 cm aus und entferne mit Schmirgelpapier sorgfältig scharfe Schnittkanten. Ritze in die Mitte zwei gewinkelte Kerben ein und drücke mit dem Daumen eine Wölbung hinein. Es entsteht ein unter Spannung stehendes Metallplättchen („Knackfrosch").

c) Gib in den angefertigten Beutel 30 g Natriumacetat-Trihydrat, etwa 3 ml Wasser und das vorbereitete Metallplättchen. Drücke möglichst vollständig die Luft aus dem Beutel und schweiße ihn mit dem Folienschweißgerät oder dem Bügeleisen zu.

d) Lege den Beutel für ca. 5 bis 10 Minuten in kochendes Wasser, bis das Natriumacetat vollständig geschmolzen ist.

e) Lass danach den Beutel langsam erkalten. (Der Inhalt soll flüssig bleiben. Falls doch Kristalle erscheinen, muss der Beutel noch einmal in kochendes Wasser gelegt werden.)

f) Knicke das im Beutel eingeschlossene Metallplättchen einige Male hin und her, bis die Kristallisation beginnt.

g) Verfolge den Ablauf der Kristallisation und prüfe mit der Hand oder einem Thermometer die Temperatur.

Nach Ablauf des Experiments kann der Beutel erneut in heißes Wasser gelegt werden, bis wieder eine klare Schmelze entstanden ist. Nach dem Abkühlen ist er wieder einsatzbereit.

► Energi

7.10 Durchblick Zusammenfassung und Übung

In **Elektronenpaarbindungen** werden Atome in einem Molekül über gemeinsame Elektronenpaare zusammengehalten.

H-H	ein Elektronenpaar	Einfachbindung
⟨O=C=O⟩	zwei Elektronenpaare	Doppelbindung
|N≡N|	drei Elektronenpaare	Dreifachbindung

bindendes Elektronenpaar zwischen den Atomkernen bewirkt die Bindung

nicht bindendes Elektronenpaar gehört zu einem Atom, trägt nicht zur Bindung bei

Edelgasregel
Bei vielen Molekülen befinden sich 4 Elektronenpaare um einen Atomrumpf. Bei diesen 4 Elektronenpaaren handelt es sich sowohl um bindende als auch nicht bindende.

Elektronenpaarabstoßungs(EPA)-Modell
Das EPA-Modell erklärt den räumlichen Bau von Molekülen mit mehr als zwei Atomen. Bindende und nicht bindende Elektronenpaare nehmen den größtmöglichen Abstand zueinander ein (4 Elektronenpaare: Tetraeder, 3 Elektronenpaare: Dreieck, 2 Elektronenpaare: Linie). Elektronenpaare in einer Doppelbindung (Dreifachbindung) werden wie ein Elektronenpaar gesehen.

Modifikationen
Die Atome eines Elements sind im elementaren Stoff unterschiedlich angeordnet. Beispiel für Kohlenstoffmodifikationen: Graphit und Diamant.

Polare Atombindung
Eine Bindung zwischen zwei Atomen unterschiedlicher Elektronegativität führt zur polaren Atombindung. Die Ladungsverteilung zwischen den verbundenen Atomkernen ist unsymmetrisch. Das eine Atom des Moleküls trägt eine positive (δ+), das andere eine negative Teilladung (δ−).

Elektronegativität
Zahl, die angibt, wie stark ein Atom die Elek-tronen einer Bindung zu sich zieht.

Elektronegativität nimmt zu ↑	Elektronegativität nimmt zu →			
	C 2,5	N 3,0	O 3,5	F 4,0
	Si 1,8	P 2,1	S 2,5	Cl 3,0
	Ge 1,8	As 2,0	Se 2,4	Br 2,8

Die Polarität einer Bindung steigt mit zunehmender **Elektronegativitätsdifferenz Δ*EN*.**

	H—I	H—Br	H—Cl	H—F
Δ*EN*:	0,4	0,7	0,9	1,9

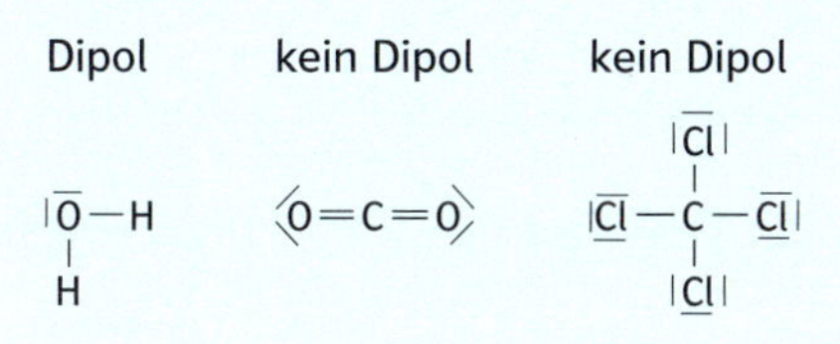

Unsymmetrische Moleküle mit mehreren polaren Bindungen sind **Dipole**. Symmetrische Moleküle können keine Dipole sein.

Wasserstoffbrücken
Polar gebundene Wasserstoffatome in Dipolmolekülen, deren weitere Atome nicht bindende Elektronenpaare aufweisen, bilden Wasserstoffbrücken aus. Diese sind die stärksten zwischenmolekularen Wechselwirkungen, die man kennt.

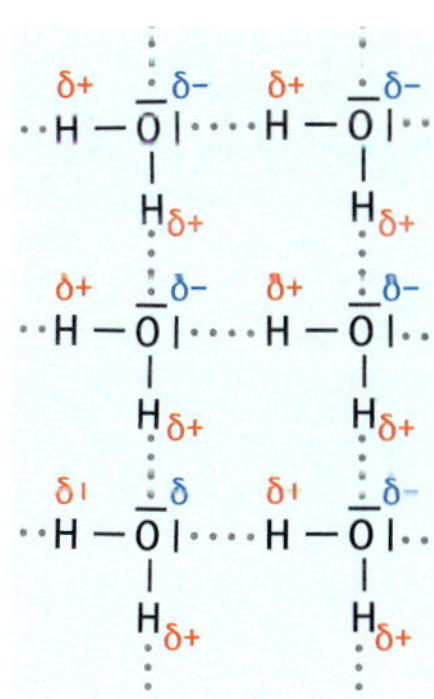

Mit **Wasserstoffbrücken** zwischen Wassermolekülen lassen sich die besonderen **Eigenschaften des Wassers** wie die hohe Siedetemperatur, die Dichteanomalie und die Oberflächenspannung erklären.

B1 Zu Aufgabe 8

A1 Gib die Strukturformeln folgender Verbindungen mit bindenden und nicht bindenden Elektronenpaaren an: CF_4, NH_3, $CHCl_3$, H_2S. Welche der Moleküle sind Dipole? Versieh die Atome mit den jeweiligen Teilladungen.

A2 Ermittle unter Anwendung der Edelgasregel die Strukturformel des Moleküls CH_2O (Methanal, Formaldehyd). Gib auch die Bindungswinkel an.

A3 Ordne folgende Atome nach steigender Elektronegativität:
a) O, F, H, Na, S, Al,
b) Br, C, O, H, Cl, Mg.

A4 Ordne folgende Bindungen nach steigender Polarität. Ermittle zuvor die Differenzen der Elektronegativitätswerte (ΔEN).
Cl—H, O—H, C—H, Br—H, C—I, C—O, F—H, O—Cl

A5 Erkläre die Unterschiede in der Härte von Graphit und Diamant.

A6 Gletscher können langsam talwärts fließen. Durch vertikal und seitlich einwirkende Kräfte, die von den gewaltigen Eismassen ausgehen, wird eine plastische Verformung des Eises möglich. Durch Abschürfung von Gestein und Mitnahme von Geröll haben Gletscher große Teile Mitteleuropas geformt. Erkläre das Fließen des Gletschers unter Berücksichtigung der Wasserstoffbrücken im Eisgitter.

B2 Zu Aufgabe 6

A7 Feuchte Schwammtücher saugen Wasser besser auf als trockene. Trockene Erde nimmt Wasser nicht so gut auf wie feuchte. Man erklärt dieses Phänomen mit Wasserteilchen, die, wenn sie erst einmal einen Kontakt zu einer Oberfläche haben, andere Wasserteilchen über …
Erkläre weiter.

A8 Ketchup bekommt man häufig nur schwer aus einer Flasche heraus. Eine Möglichkeit, den Ketchupfluss zu beschleunigen, besteht darin, kurz auf den Boden der Flasche zu klopfen [B1]. Der Ketchup fließt dann, dünnflüssig geworden, schnell heraus. Man nennt dieses Phänomen Thixotropie. Eine Erklärung des Phänomens geht von Wasserstoffbrücken aus, die im Ketchup Bestandteile zusammenhalten, die dreidimensionale Strukturen erzeugen. Wenn man nun die Mischung in Bewegung setzt …
Erkläre weiter.

A9 Im flüssigen Ammoniak können sich Wasserstoffbrücken zwischen NH_3-Molekülen ausbilden. Zeichne einen Ausschnitt aus dem Molekülverband.

A10 Schlingt man bei einer Temperatur von unter 0 °C eine Drahtschlaufe um einen Eisblock und hängt ein Gewicht daran, so wandert der Draht langsam durch den Eisblock, ohne ihn zu zerteilen [B3]. Erkläre diese Erscheinung mit der Gitterstruktur des Eises.

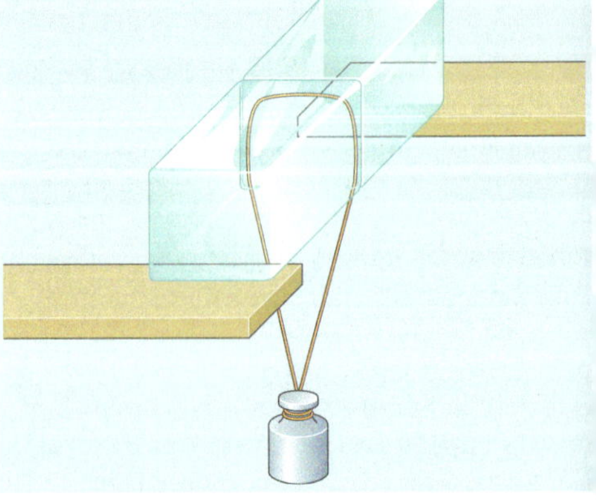
B3 Zu Aufgabe 10

7.11 Horizonte Die Bindung zwischen Atomen

B1 Die Expertenrunde bei der Arbeit

Ein Gruppenpuzzle

Geteilte Arbeit verdoppelt das Wissen. Für den Einzelnen ist es schwierig, sich in kurzer Zeit über alles selbst zu informieren. Man kann sich die Arbeit erleichtern, wenn man das Thema aufteilt und in Gruppen bearbeitet [B1].

In einer Gruppe zum Experten werden.
- Die Klasse ist in Gruppen eingeteilt.
- Jede Gruppe bearbeitet die Aufgaben zu einem bestimmten Thema.
- Jeder in dieser Gruppe recherchiert im Buch, liest Texte und sucht eventuell auch in anderen Informationsquellen. Macht euch Notizen.
- Nach dem Sammeln von Informationen ist es wichtig, die Meinung der anderen zu hören. Besprecht die Ergebnisse in eurer Expertengruppe.

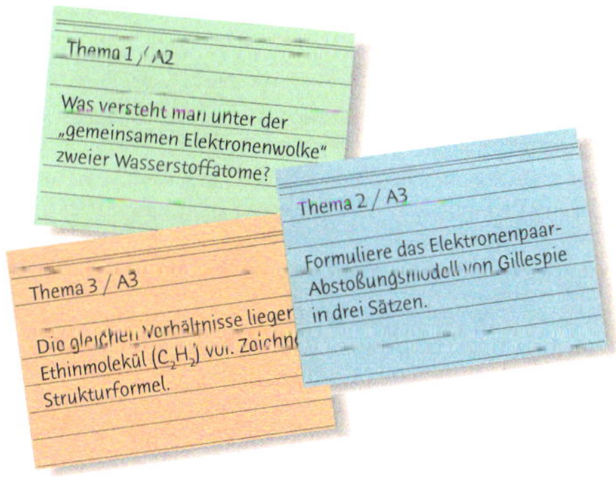

B2 Aufgaben und Antworten griffbereit zur Hand

Alle in der Gruppe sind jetzt Experten für ein Thema.

Die Unterrichtsrunde
Die Experten einer Gruppe verteilen sich einzeln auf die Gruppentische. Es bilden sich neue Gruppen [B3].

B3 In der Unterrichtsrunde finden sich die Experten zu neuen Gruppen zusammen

- In der neuen Gruppe ist jeder Experte für ein bestimmtes Thema.
- Jeder Experte unterrichtet nun die anderen Experten in seinem Thema, so dass schließlich alle von allen profitieren.

In diesem Gruppenpuzzle sollt ihr euch in drei Gruppen mithilfe des Buches zu Experten beim Thema „Die Bindung zwischen Atomen" ausbilden. In der anschließenden Unterrichtsrunde unterrichtet ihr eure Mitschülerinnen und Mitschüler, die in den anderen Themen Experten sind [B4]. Jetzt sind in jeder Gruppe drei Experten.

Die Aufgaben und Fragen auf der nächsten Seite sollen euch zum einen helfen, das notwendige Wissen anzueignen, zum anderen könnt ihr sie zum Unterrichten verwenden. Sie dienen euch dann als „roter Faden" damit ihr nichts vergesst.
Es bietet es sich an, die Aufgaben auch auf Kärtchen zu notieren und eine knappe Antwort auf der jeweiligen Rücksteite zu verfassen [B2].

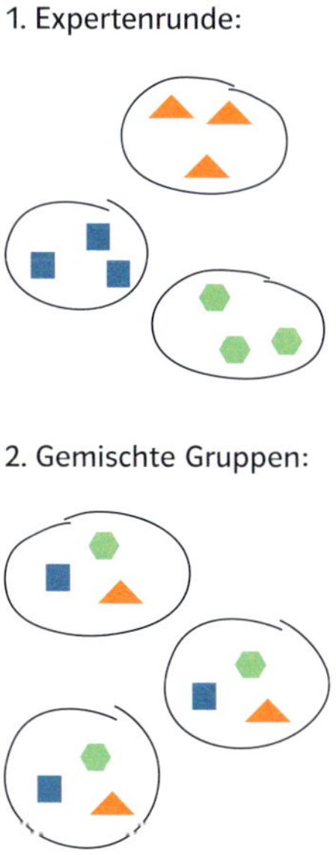

B4 Von der Expertenrunde zur Unterrichtsstunde

Thema 1: Die Bindung in Moleküen

A1 Beschreibe die Verteilung der negativen Ladung im Wasserstoffatom. Wodurch kommt sie zustande?

A2 Was versteht man unter der „gemeinsamen Elektronenwolke" zweier Wasserstoffatome?

A3 Erläutere den Begriff „bindendes Elektronenpaar".

A4 Die Schreibweise für Elektronenpaare nennt man auch LEWIS-Schreibweise. Zeichne die Formel für das Wasserstoffmolekül H_2 in der LEWIS-Schreibweise.

A5 Erläutere die Begriffe „Bindungsenergie" und „Bindungsabstand".

A6 Beschreibe die Anordnung der Elektronen in den Atomen der Elemente der zweiten Periode.

A7 Zeichne die Formeln für die Wasserstoffverbindungen der Elemente Kohlenstoff (C), Stickstoff (N), Sauerstoff (O) und Fluor (F) in der LEWIS-Schreibweise.

A8 Erläutere den Unterschied zwischen bindenden und nicht bindenden Elektronenpaaren.

A9 Verdeutliche die Edelgasregel an den Formeln der Verbindungen aus [A7].

Thema 2: Der räumliche Bau von Molekülen

A1 Warum muss man sich erst bei Molekülen, die aus mehr als zwei Atomen bestehen, Gedanken über deren räumliche Anordnung, machen?

A2 Schreibe Beispiele für lineare und gewinkelte Strukturen auf. Auf die korrekte Verteilung der Elektronenpaare musst du hier keine Rücksicht nehmen.

A3 Formuliere das Elektronenpaar-Abstoßungsmodell von GILLESPIE in drei Sätzen.

A4 Fasse vier mäßig aufgeblasene Luftballons an den Enden zusammen. Es entsteht ein Tetraeder.

A5 Wie kann man mit dem Tetraedermodell die Struktur des Ammoniak- und des Wassermoleküls (NH_3 und H_2O) erklären?

A6 Baue ein Tetraeder aus Pappe oder Papier wie in [A1, S. 245] im Lehrbuch. In der Unterrichtsrunde sollte jedes Mitglied deiner Gruppe solch ein Tetraeder haben.

A7 Mach dir mithilfe dieser Tetraeder die Strukturen des Methanmoleküls (CH_4), des Ammoniakmoleküls (NH_3), des Wassermoleküls (H_2O) und des Fluorwasserstoffmoleküls (HF) klar. Jedes Tetraeder stellt ein Atom (nicht Wasserstoff) dar. Der Atomkern befinde sich im Mittelpunkt des Tetraeders, die vier Elektronenwolken an den Ecken.

A8 In einem Kugel-Stab-Modell werden die Verbindungslinien vom Mittelpunkt des Tetraeders zu den Ecken durch Stäbchen dargestellt. Baue auch mit diesen Modellen die Moleküle aus [A7].

A9 Lege das Stabmodell eines Moleküls so vor dich hin, dass zwei Ecken des Tetraeders zu dir hin, die beiden anderen von dir weg weisen. Projiziere diese Ansicht auf ein Blatt Papier, bringe also das Modell aus dem Raum in die Ebene. Zeichne die entsprechende Formel.

Thema 3: Bindung zwischen Kohlenstoffatomen

A1 Baue zwei Tetraeder aus Pappe oder Papier wie in [A1, S. 245] im Lehrbuch.

A2 Im Stickstoffmolekül sind nur zwei Stickstoffatome miteinander verbunden, das Stickstoffatom besitzt aber drei Bindungsmöglichkeiten. Wie kann man sich die Bindung hier vorstellen? Nimm deine beiden Tetraeder zur Hand: drei Ecken stehen für eine Bindung zur Verfügung, die vierte Ecke hälst du in der Hand.

A3 Die gleichen Verhältnisse liegen im Ethinmolekül (C_2H_2) vor. Zeichne die Strukturformel.

A4 Warum sind die Atome im Ethinmolekül, in dem die Kohlenstoffatome durch eine Dreifachbindung verbunden sind, nach dem Tetraedermodell linear angeordnet?

A5 Erläutere die Verhältnisse in der Doppelbindung im Ethenmolekül (C_2H_4) am Tetraedermodell. Zeichne die Strukturformel.

A6 Erläutere ebenfalls die Struktur des Ethanmoleküls (C_2H_8) am Tetraedermodell.

A7 In einem Kugel-Stab-Modell werden die Verbindungslinien vom Mittelpunkt des Tetraeders zu den Ecken durch Stäbchen dargestellt. Baue für alle drei Kohlenwasserstoffmoleküle aus [A3], [A5] und [A6] Strukturmodelle.

A8 Vergleiche die Bindungslängen der C-C-Bindungen in den drei Molekülen (C—C: 154 pm, C═C: 134 pm, C≡C: 120 pm) mit den Darstellungen im Tetraedermodell.

A9 Das Element Kohlenstoff kommt in verschiedenen Modifikationen vor. Die Bindungen der Kohlenstoffatome untereinander unterscheiden sich vor allem im Graphit und im Diamant. Erkläre die unterschiedlichen Eigenschaften dieser Stoffe mit der Art ihrer Bindungen.

8 Saure und alkalische Lösungen

Säuren und Laugen spielen in Haushalt, Technik und Industrie eine große Rolle. Im Alltag begegnen sie uns als saure und alkalische Lösungen, bei der Zubereitung von Lebensmitteln bis hin zu Inhaltsstoffen verschiedener Reinigungsmittel.

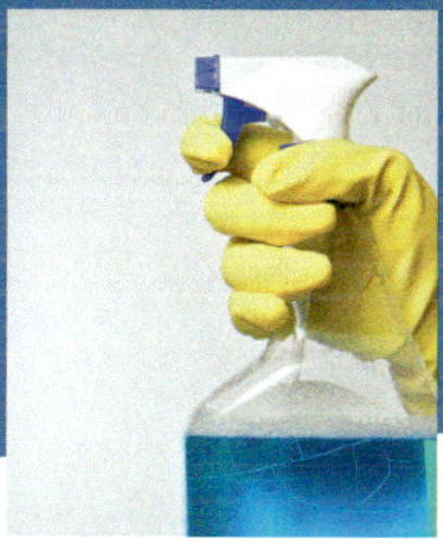

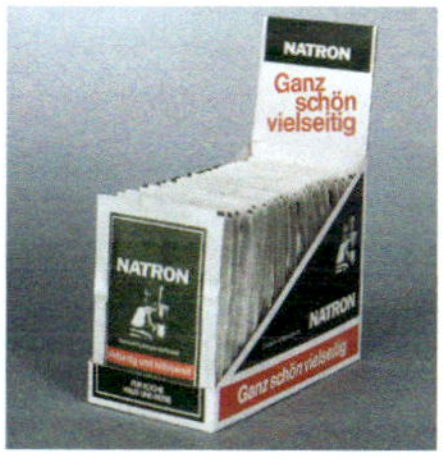

- Laugenbrezeln werden vor dem Backen in Natronlauge getaucht.

- Unser Magensaft enthält Salzsäure. In der Apotheke gibt es Mittel, die einen Überschuss an Magensäure ausgleichen.

- Bei der Verwendung von Glasreinigern fällt häufig ein Geruch nach Ammoniak (Salmiakgeist) auf.

- Saure und alkalische Lösungen können sich in ihrer Wirkung aufheben, sie neutralisieren sich. So werden z. B. Abwässer vor dem Einleiten in die Kläranlage neutralisiert.
Für ein tiefer gehendes Verständnis der Neutralisation ist es hilfreich, die charakteristischen Teilchen von sauren und alkalischen Lösungen kennen zu lernen.

- Bei der Neutralisation spielen die Konzentrationen der zu neutralisierenden und der zugesetzten Lösungen eine wichtige Rolle.

Online-Link
756082-0800

8.1 Reinigungsmittel, Säuren und Laugen im Alltag

B1 Saure Lösungen im Alltag

B3 Milchsäurehaltige Lebensmittel

Säuren in Lebensmitteln

Viele Menschen schätzen den erfrischenden, sauren Geschmack verschiedener Lebensmittel. Dies können Früchte wie Äpfel und Orangen sein, aber auch Zubereitungen, wie z. B. Naturjoghurts, Buttermilch, saure Gurken, Apfelsaftschorle oder Zitronenlimonade [B1, B3].

A1 Informiere dich, durch welche Stoffe bei den oben angegebenen Lebensmitteln der saure Geschmack hervorgerufen wird. Gib an, ob es sich um einen Lebensmittelzusatzstoff handelt oder um einen Bestandteil, der von Natur aus enthalten ist.

A2 Zahlreiche Sauerkonserven werden in Gläsern angeboten, viele aber auch in Konservendosen aus Metall [B4], wobei dann die Innenseite der Dosen z. B. durch einen Lacküberzug geschützt ist. Versuche, hierfür eine Erklärung zu finden. Beachte in diesem Zusammenhang auch die Regel, die besagt, dass man keine angestoßenen, eingedellten Konservendosen kaufen soll.

B2 Duschlotion

B4 Konservendosen - innen beschichtet

Säuren und Laugen in Reinigern

In zahlreichen Reinigungsmitteln, die im Haushalt, aber auch bei industriellen Prozessen eingesetzt werden, sind Säuren oder Laugen enthalten [B5].

A3 Untersuche im Haushalt vorhandene Reiniger, ob sie Säuren oder Laugen enthalten. Gib hierzu auf einer Untertasse jeweils zu einer kleinen Substanzprobe etwas Wasser und halte mit einer Pinzette ein Stückchen Universalindikatorpapier in die Lösungen. Stelle das Ergebnis in Form einer Tabelle dar und vergleiche es mit dem anderer Mitschüler und Mitschülerinnen. Wieso kommen wohl zwei Sorten von Reinigern zum Einsatz?

A4 Informiere dich über die Wirkungsweise von Rohr- bzw. Abflussreinigern, WC- und Glasreinigern.

B5 Haushaltsreiniger

A5 Menschen mit empfindlicher Haut wird empfohlen, beim Duschen keine Seife zu verwenden, sondern ein „seifenfreies Waschstück" oder eine „pH-neutrale Duschlotion" [B2]. Suche eine Erklärung.

A6 Essig wird einerseits in Essigreinigern eingesetzt, andererseits aber auch zum Einlegen von Essiggurken. Erläutere den vielseitigen Einsatz von Essig im Alltag.

A7 Untersuche die Verpackungsaufschriften saurer Reiniger auf Hinweise zur Anwendung auf Marmor. Gib ein Stückchen Marmor zu der Probe eines sauren Reinigers und beobachte.

Alles im neutralen Bereich
In chemischen Labors und bei zahlreichen technischen Prozessen fallen saure und alkalische Lösungen an. Da sie die Lebensbedingungen von Fischen, Pflanzen und Mikroorganismen in Gewässern gefährden, dürfen sie nicht einfach ins Abwasser geschüttet werden. Da sich saure und alkalische Lösungen gegenseitig in ihrer Wirkung aufheben, können sie zur gegenseitigen Neutralisation verwendet werden [B6].

Saure und alkalische Abfälle

Wenn 3/4 voll, mit Natronlauge bzw. Salzsäure neutralisieren (pH = 7). Neutrale Flüssigkeit in den Abguss. Schlamm in Flasche oder Kunststoffbeutel bzw. nach Verfestigen durch Einzementieren zum Müll.

B6 Entsorgungshinweis für saure und alkalische Lösungen

A8 Ein Laborantin setzt bei dem Versuch einer Neutralisation zu 0,1 l saurer Lösung exakt 0,1 l alkalische Lösung zu [B7]. Bei der Prüfung mit Universalindikator stellt sie fest, dass trotz der Verwendung gleicher Volumenportionen keine Neutralisation erfolgt ist. Was hat sie übersehen?

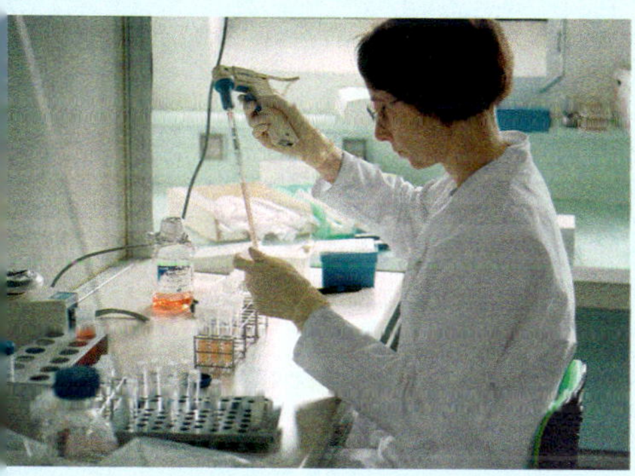

B7 Eine Laborantin bei der Neutralisation

A9 Gib auf eine Untertasse Maschinenspülmittel und etwas Wasser und prüfe den pH-Wert. Gehe dabei wie in [A3] vor. Wiederhole den Versuch mit wenig Klarspüler. Versuche eine Erklärung.

Beim Färben von Haaren werden alkalische Lösungen verwendet, um das Haar für den Färbeprozess „aufzuschließen".

A10 Ermittle aus dem Packungsaufdruck, welche Eigenschaften die Spülung besitzt, die am Ende des Färbevorgangs aufgetragen wird.

Ein Sprichwort lautet zwar „sauer macht lustig", aber andererseits „stößt einem etwas sauer auf". Im übertragenen Sinn bedeutet dies, dass einem etwas missfällt. Es kann einem aber tatsächlich sauer aufstoßen. Dieses **Sodbrennen** löst ein korperliches Unbehagen aus.

A11 Informiere dich, wodurch Sodbrennen hervorgerufen wird [B8].

A12 Gegen Sodbrennen kann man Antazida einnehmen. Wie wirken sie?

B8 Zu üppiges Essen kann einem später sauer aufstoßen

8.2 Salzsäure und Chlorwasserstoff

Eine im Labor häufig gebrauchte Säure ist **Salzsäure**, eine farblose, stark ätzende Flüssigkeit. Man verwendet sie z. B. zum Reinigen oxidierter Metalle („Lötwasser") oder zum Entfernen von Kalkbelägen an Glasgeräten. Stark verdünnte Salzsäure ($w \approx 0{,}3\,\%$) ist Bestandteil des Magensaftes.

Untersuchung von Salzsäure. Öffnet man eine Flasche mit konzentrierter Salzsäure, so entweicht ein stechend riechendes, farbloses Gas, das mit der Feuchtigkeit der Luft Nebel bildet [B1] und ein angefeuchtetes Universalindikatorpapier rot färbt.
Erhitzt man konzentrierte Salzsäure [V1] und leitet das entweichende „Salzsäuregas" auf eine Wasseroberfläche, beobachtet man, dass sich Schlieren bilden. Diese Beobachtung kann man dadurch erklären, dass das Gas sich in Wasser löst und die Lösung eine größere Dichte hat als Wasser. Ein zugesetzter Indikator zeigt an, dass eine saure Lösung vorliegt. Die Vermutung liegt nahe, dass wieder Salzsäure entstanden ist.

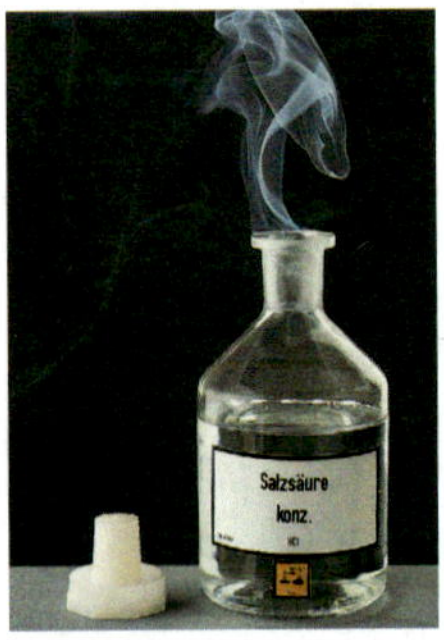

B1 Konzentrierte Salzsäure bildet an der Luft Nebel

Zusammensetzung von Salzsäure. Der Name „Salzsäure" leitet sich von einem Herstellungsverfahren ab, bei dem man Schwefelsäure mit Natriumchlorid – „Salz" – reagieren lässt [V2, B3]. Dabei entsteht ein Gas, das die oben beschriebenen Eigenschaften zeigt und in Wasser eingeleitet Salzsäure bildet. Die Zusammensetzung von Salzsäure kann durch folgende Versuche ermittelt werden.
Gibt man zu Salzsäure Silbernitratlösung [V3], fällt ein weißer Niederschlag von Silberchlorid aus. Salzsäure enthält offenbar Chloridionen. Der Aggregatzustand des „Salzsäuregases" legt die Vermutung nahe, dass es sich nicht um ein Metallchlorid handelt, sondern um ein Nichtmetallchlorid. Da Salzsäure mit einigen Metallen unter Bildung von Wasserstoff [V4] reagiert, kann man annehmen, dass das „Salzsäuregas" eine Verbindung aus Chlor und Wasserstoff ist. Allerdings könnte der bei der Reaktion eines Metalls mit Salzsäure freigesetzte Wasserstoff auch aus der Reaktion mit dem Lösungsmittel Wasser stammen.

B2 Reaktion von Wasserstoff mit Chlor

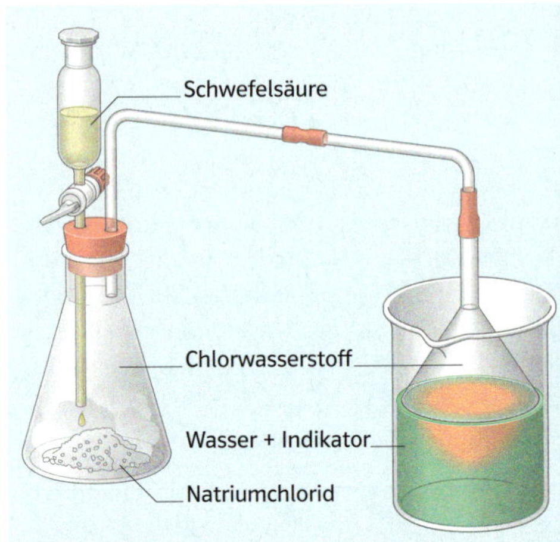

B3 Herstellung von Chlorwasserstoff aus Natriumchlorid und Schwefelsäure

Zur Überprüfung dieser Vermutung versucht man, „Salzsäuregas" aus Wasserstoff und Chlor herzustellen.

Chlorwasserstoff. Taucht man eine Wasserstoffflamme langsam in einen mit Chlor gefüllten Zylinder [V5, B2], so stellt man fest, dass Wasserstoff mit fahlweißer Flamme weiterbrennt und dabei die Farbe des Chlors verschwindet. Es entsteht ein stechend riechendes, farbloses Gas, das mit Feuchtigkeit, die im Zylinder enthalten ist, Nebel bildet. Das in der Reaktion von Wasserstoff mit Chlor entstandene Gas heißt **Chlorwasserstoff**.

Wasserstoff + Chlor ⟶ Chlorwasserstoff

$$H_2 + Cl_2 \longrightarrow 2\,HCl$$

Löst man Chlorwasserstoff in Wasser und untersucht die entstandene Lösung mit Universalindikator- bzw. Silbernitratlösung, beobachtet man eine Rotfärbung bzw. die Bildung eines weißen Niederschlags.

Die Lösung von Chlorwasserstoff in Wasser besitzt also dieselben Eigenschaften wie Salzsäure. Folglich sind Chlorwasserstoff und „Salzsäuregas" identische Gase.

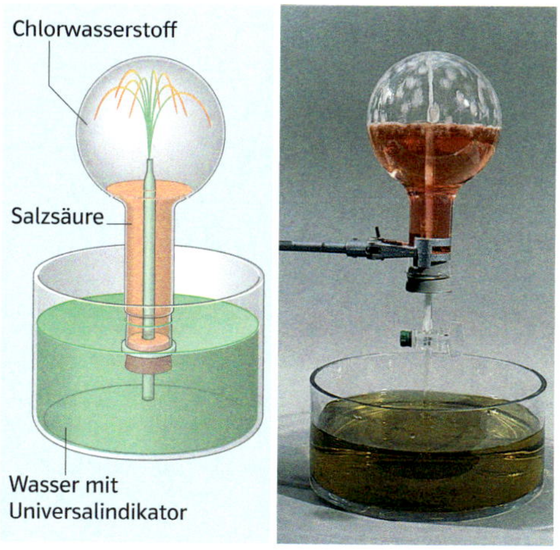

B4 Der Springbrunnenversuch beruht auf der außerordentlich guten Löslichkeit von Chlorwasserstoff in Wasser

Aus Chlorwasserstoff und Wasser entsteht Salzsäure.

Löslichkeit von Chlorwasserstoff. In welchem Ausmaß sich Chlorwasserstoff in Wasser löst, zeigt der *„Springbrunnenversuch"* [B4, V6] besonders eindrucksvoll. Sobald die ersten Wassertropfen in den mit Chlorwasserstoff gefüllten Kolben gelangen, löst sich in ihnen ein großer Teil der Chlorwasserstoffportion. Dadurch entsteht ein starker Unterdruck, der den Springbrunnen entstehen lässt. Ein Liter Wasser kann bei 0 °C und einem Druck von 1013 hPa etwa 500 l Chlorwasserstoff aufnehmen. Verglichen mit anderen Gasen ist diese Löslichkeit ungewöhnlich groß, denn bei gleichen Bedingungen lösen sich etwa 1,7 l Kohlenstoffdioxid bzw. nur 0,05 l Sauerstoff in einem Liter Wasser. Aus der Farbänderung im Kolben kann man schließen, dass sich eine saure Lösung gebildet hat. Die saure Lösung ist Salzsäure.

Magensäure ist Salzsäure. In der Magenschleimhaut wird in speziellen Zellen, den so genannten Belegzellen, die Magensäure produziert. Als Bestandteil des Magensaftes hat sie mehrere Funktionen. Sie hemmt das Bakterienwachstum und ermöglicht die Verdauung eiweißhaltiger Nahrung.

V1 Konzentrierte Salzsäure wird erhitzt. Das freigesetzte Gas wird durch ein doppelt rechtwinklig gebogenes Glasrohr mit einem umgedrehten Trichter zunächst auf Wasser, dann auf Wasser mit zugesetztem Universalindikator geleitet.

V2 (Abzug!) In einem Gasentwickler wird auf Natriumchlorid konz. Schwefelsäure getropft. Das entstehende Gas leitet man auf Wasser, das mit Universalindikator angefärbt wurde [B3].

V3 Gib zu verdünnter Salzsäure einige Tropfen Silbernitratlösung. (Vorsicht! Silbernitratlösung darf nicht in die Augen gelangen!)

V4 Gib in ein Reagenzglas verdünnte Salzsäure und füge ein Stück Magnesiumband (oder eine Spatelspitze Eisenpulver) zu. Fange das entstehende Gas in einem Reagenzglas auf und führe die Knallgasprobe damit durch. (Vorsicht!)

V5 (Abzug!) Eine Wasserstoffflamme wird langsam in einen Standzylinder mit Chlor getaucht [B2]. Nach Beendigung der Reaktion gießt man etwas Wasser in den Zylinder, verschließt ihn sofort mit einer Glasplatte und schüttelt. Der Inhalt des Zylinders wird auf 2 Reagenzgläser verteilt und Universalindikator- bzw. Silbernitratlösung zugesetzt (Vorsicht! Silbernitratlösung darf nicht in die Augen gelangen!).

V6 (Schutzscheibe!) Wie in [V2] stellt man Chlorwasserstoff her und füllt damit einen trockenen Rundkolben (Abzug!). Als Verschluss dient ein durchbohrter Gummistopfen mit einem ausgezogenen Glasrohr (die Spitze zeigt in den Kolben) [B4]. Das andere Ende des Glasrohres wird in eine Wanne mit Wasser getaucht, das mit Universalindikator angefärbt wurde.

A1 Beschreibe zwei Methoden zur Herstellung von Salzsäure.

A2 Warum kann man durch Eindampfen von konzentrierter Salzsäure (w = 37 %) keine wasserfreie Salzsäure (w = 100 %) erhalten?

A3 Erkläre das Zustandekommen des Springbrunnens in [B4] in Einzelschritten.

Salzsäure ist eine saure Lösung, die durch exotherme Reaktion von Chlorwasserstoff mit Wasser entsteht

8.3 Gemeinsamkeiten saurer Lösungen

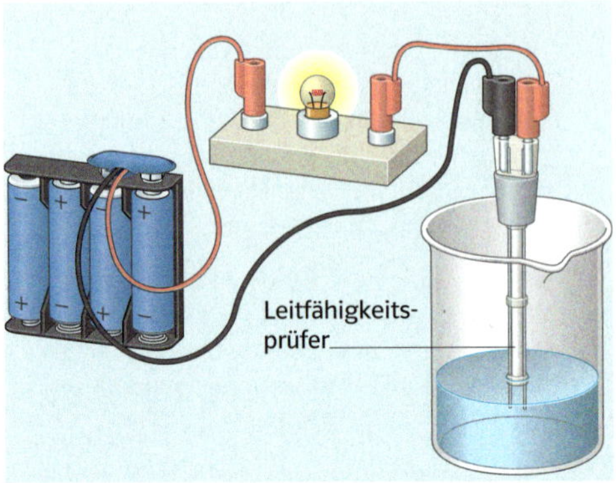

B4 Leitfähigkeitsprüfung einer Citronensäurelösung

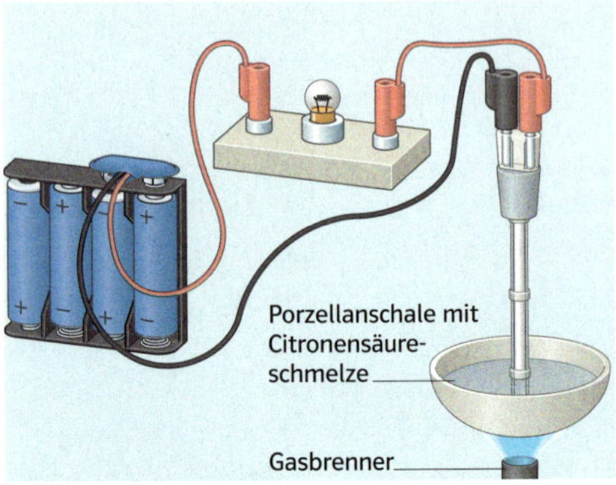

B5 Leitfähigkeitsprüfung einer Citronensäureschmelze

B1 Essig
w(Essigsäure) ≈ 5 %

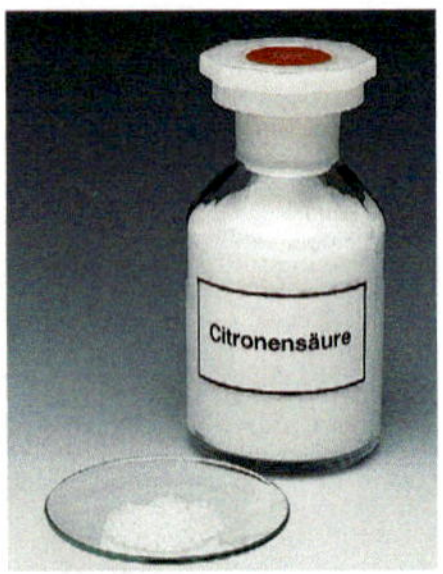

B2 Citronensäure ist ein Reinstoff

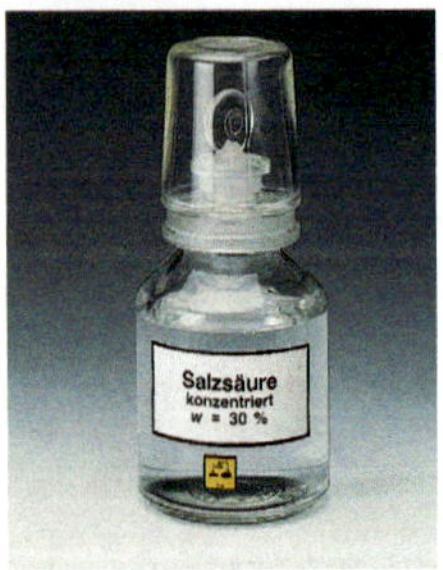

B3 Salzsäure ist eine saure Lösung

Säuren werden in Alltag und Technik für viele Zwecke verwendet. So findet man z. B. Citronensäure in Limonade, Essigsäure in Sauerkonserven oder in Haushaltsreinigern. Salzsäure dient in Spezialreinigern zur Entfernung von Ablagerungen. Dabei nutzt man die unterschiedlichen Eigenschaften dieser Stoffe. Der Sammelbegriff „Säuren" lässt jedoch vermuten, dass sie auch Gemeinsamkeiten aufweisen.

Säuren und saure Lösungen. Säuren sind feste, flüssige oder gasförmige Reinstoffe. Häufig spricht man auch dann von Säuren, wenn die wässrigen Lösungen der Säuren gemeint sind [B1, B3]. Bei sauren Lösungen wird *je nach dem Anteil der gelösten Säure* häufig auch von **konzentrierten** oder **verdünnten Säuren** gesprochen.

Gemeinsamkeiten saurer Lösungen. Zitronensaft und Speiseessig schmecken sauer und bewirken wie Salzsäure charakteristische Farben von Indikatorlösungen [V1]. In Autobatterien dient verdünnte Schwefelsäure der Ermöglichung des Stromflusses. Eine Überprüfung verschiedener saurer Lösungen ergibt [V2a, b; B4], dass sie alle den elektrischen Strom leiten.

Saure Lösungen leiten den elektrischen Strom.

Saure Lösungen zeigen hier die gleichen Eigenschaften wie Salzlösungen.
Da die elektrische Leitfähigkeit von Lösungen nur durch frei bewegliche Ionen verursacht werden kann, müssen in sauren Lösungen Ionen vorhanden sein.
Prüft man dagegen die elektrische Leitfähigkeit einer Citronensäureschmelze [B5], so zeigt sich, dass diese im Gegensatz zur Salzschmelze den elektrischen Strom nicht leitet.

Genau wie geschmolzene Säuren zeigen meist auch wasserfreie flüssige Säuren keine Leitfähigkeit. Sie tritt erst ein, wenn man die Säure mit Wasser versetzt.
Aus diesen Beobachtungen kann man schließen, dass Säuren aus *Molekülen* bestehen. Die Ionen *bilden* sich also erst dann, wenn eine Säure zu Wasser gegeben wird, durch eine chemische Reaktion.

Säuren bestehen aus Molekülen. In sauren Lösungen liegen Ionen vor.

Die Beobachtung, dass alle sauren Lösungen z. B. mit dem Indikator Bromthymolblau gelb gefärbte Lösungen bilden, deutet darauf hin, dass diese Lösungen gleiche Ionen enthalten. Welche Ionen das sind, soll nun am Beispiel der Salzsäure dargestellt werden.

Welche Ionen enthält Salzsäure? Gibt man zu Salzsäure Silbernitratlösung, bildet sich ein weißer Niederschlag aus Silberchlorid. Aus der Bildung von Silberchlorid muss man folgern, dass in Salzsäure Chloridionen (Cl^--Ionen) enthalten sein müssen. Da Salzsäure aus Chlorwasserstoff und Wasser gebildet wird, müssen die Chloridionen in der Salzsäure aus Chlorwasserstoffmolekülen entstanden sein. Nach Abtrennung des Chloridions bleibt ein Wasserstoffion zurück.
Wasserstoffionen (H^+-Ionen) sind identisch mit Protonen. Da Protonen keine Elektronenhülle besitzen, sind sie extrem klein. Sie haben nur $\frac{1}{100\,000}$ der Größe anderer Ionen und üben folglich sehr hohe Anziehungskräfte auf die Elektronen der Wassermoleküle in ihrer näheren Umgebung aus. Jedes Proton wird deshalb sofort von einem Wassermolekül [B6] gebunden. Für die Bindung stellt das Wassermolekül ein nicht bindendes Elektronenpaar zur Verfügung, das damit zum bindenden Elektronenpaar wird. Dieses aus einem Proton und einem Wassermolekül gebildete **H_3O^+-Ion** wird **Oxoniumion** genannt.
Bei der Bildung des Oxoniumions aus einem Chlorwasserstoff- und einem Wassermolekül findet ein **Protonenübergang** statt.

Sowohl die H_3O^+- als auch die Cl^--Ionen sind zusätzlich von einer Hülle aus Wassermolekülen, einer **Hydrathülle**, umgeben. Die hydratisierten Oxoniumionen werden manchmal auch **Hydroniumionen** genannt.

Typische Teilchen in sauren Lösungen. Welche Ionen in Salzsäure bewirken die gelbe Farbe der Bromthymolblaulösung? Wären die Chloridionen die Ursache für diese Farbänderung, so müsste der Indikator die Farbe auch in einer Natriumchloridlösung zeigen. Da diese Lösung aber neutral ist, muss die saure Wirkung der Salzsäure auf die *H_3O^+-Ionen* zurückzuführen sein. Alle sauren Lösungen enthalten diese Ionen. Die Oxoniumionen bewirken also die charakteristischen Eigenschaften saurer Lösungen.

Oxoniumionen (H_3O^+-Ionen) sind die für alle sauren Lösungen typischen Teilchen.

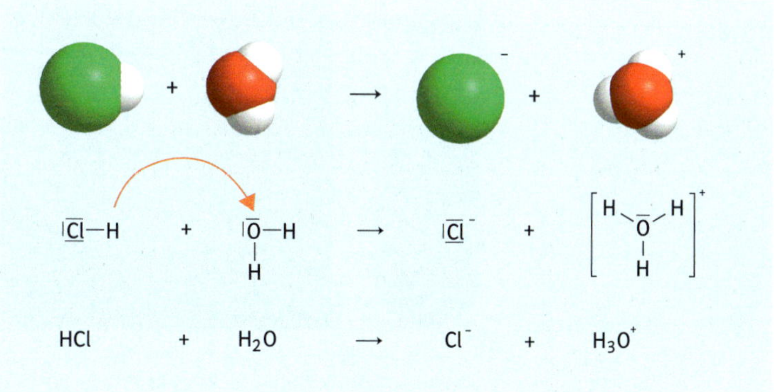

B6 Bildung eines Oxoniumions durch Abgabe eines Protons von einem Chlorwasserstoffmolekül an ein Wassermolekül

Die Bildung von sauren Lösungen ist durch Protonenübergänge erklärbar. *Teilchen*, die bei einer Reaktion Protonen abgeben, werden **Protonendonatoren** genannt. Allerdings kann ein Proton nur deshalb übergehen, weil ein Akzeptor vorhanden ist. Diejenigen *Teilchen*, die Protonen aufnehmen, werden **Protonenakzeptoren** genannt. Bei der Bildung der sauren Lösung Salzsäure aus Chlorwasserstoff und Wasser ist das Chlorwasserstoffmolekül der Protonendonator und das Wassermolekül der Protonenakzeptor.

Donator von lat. donare, geben

Akzeptor von lat. acceptare, annehmen

V1 Prüfe verdünnte Salzsäure sowie Lösungen von Citronensäure oder Essigsäure mit Bromthymolblau als Indikatorlösung.

V2 Prüfe die elektrische Leitfähigkeit [B4 und B5] **a)** von verdünnter Salzsäure, **b)** einer Citronensäurelösung, **c)** einer Citronensäureschmelze.

A1 Eine Essigsäurelösung (z. B. Essig) leitet im Gegensatz zu reiner Essigsäure den elektrischen Strom. Deute diesen Unterschied.

A2 Warum kommen in sauren Lösungen keine freien Protonen (H^+-Ionen) vor?

A3 Welche Ionen liegen **a)** in verdünnter Salzsäure und **b)** in Natriumchloridlösung vor? **c)** Welche dieser Ionen sind für die Eigenschaften der sauren Lösung verantwortlich?

8.4 Exkurs Saure Lösungen und Salzbildung

B2 Links: Kupferoxid reagiert mit Salzsäure. Rechts: Beim Eindampfen bleibt Kupferchlorid zurück

Kennzeichnend für saure Lösungen ist, dass sie manche Metalle „angreifen". Worin besteht dieser „Angriff"?

Reaktionen von sauren Lösungen mit Metallen. Gibt man Natrium zu konzentrierter Salzsäure, so bildet sich neben Wasserstoff ein weißer Niederschlag [V1, B1] aus Natriumchlorid. Nicht immer lässt sich jedoch die Salzbildung direkt beobachten. Reagiert z. B. Magnesium mit Salzsäure, so entsteht eine Lösung. Wird diese eingedampft, so bleibt ein weißer Feststoff zurück, dessen Lösung den elektrischen Strom leitet. Sie enthält also

B1 Reaktion von Natrium mit konz. Salzsäure

B3 Magnesium reagiert mit Salzsäure, Kupfer nicht

Ionen. Aus den Magnesiumatomen sind Magnesiumionen entstanden. Sie liegen in der Lösung neben den Chloridionen der Salzsäure hydratisiert vor. Beim Eindampfen bleibt dann festes Magnesiumchlorid zurück.

$$Mg + 2\ H_3O^+ + 2\ Cl^- \longrightarrow Mg^{2+} + 2\ Cl^- + H_2 + 2\ H_2O$$

Die Chloridionen bleiben bei der Reaktion unverändert; die eigentliche Reaktion erfolgt nur zwischen den Oxoniumionen und Magnesiumatomen. Dabei läuft folgende Redoxreaktion ab: Magnesiumatome geben Elektronen ab und aus den H_3O^+-Ionen entstehen durch Elektronenaufnahme Wasserstoffmoleküle [B4].
Wie Magnesium reagieren auch andere unedle Metalle [B3] mit Salzsäure oder anderen sauren Lösungen. Kupfer, Quecksilber und Edelmetalle reagieren nicht.

Unedle Metalle reagieren mit sauren Lösungen unter Bildung von Wasserstoff und den entsprechenden Salzen, die häufig gelöst vorliegen.

Reaktionen von sauren Lösungen mit Metalloxiden. Lässt man Metalloxide mit Salzsäure oder anderen sauren Lösungen reagieren, bilden sich auch Salzlösungen, aber es ist keine Gasentwicklung zu beobachten.
So bildet sich z. B. bei der Reaktion von schwarzem Kupferoxid mit Salzsäure [B2] eine blaue Lösung. Nach dem Eindampfen erhält man blaugrünes Kupferchlorid. Die eigentliche Reaktion lässt sich als Protonenübergang von den Oxoniumionen auf die Oxidionen des Kupferoxids beschreiben.

$$Cu^{2+}O^{2-} + 2\ H_3O^+ + 2\ Cl^- \longrightarrow Cu^{2+} + 2\ Cl^- + 3\ H_2O$$

Metalloxide reagieren mit sauren Lösungen zu Wasser und den entsprechenden Salzlösungen.

V1 (Schutzbrille! Abzug!) Man gibt in einem kleinen Standzylinder ein linsengroßes Natriumstückchen auf konz. Salzsäure und fügt nach der Reaktion jeweils ein weiteres Natriumstückchen hinzu. Man gießt die überstehende Lösung ab, löst einen Teil des Salzes in wenig Wasser und dampft einen Teil der Lösung ein. Den übrigen Teil lässt man verdunsten und betrachtet die auftretenden Kristalle unter der Lupe.

V2 **a)** Gib in ein Reagenzglas zu verdünnter Salzsäure Calciumkörner. Fange das entstehende Gas auf und führe mit ihm die Knallgasprobe durch.
b) Gib anschließend so lange Calciumkörner zu der Salzsäure, bis die Gasentwicklung aufhört. Filtriere die Calciumreste ab und dampfe die Lösung ein. Löse den eingedampften Stoff in Wasser. Prüfe die elektrische Leitfähigkeit der Lösung, auch im Vergleich zu Wasser, und setze anschließend einige Tropfen Silbernitratlösung zu.
c) Wiederhole den Versuch (a) und setze einmal anstelle der Calciumkörner Kupferblech ein, das nächste Mal Zinkblech.

V3 **a)** Gib in ein Reagenzglas etwas schwarzes Kupferoxid, setze verdünnte Salzsäure zu und erwärme kurz.
b) Filtriere die Kupferoxidreste ab und dampfe die Lösung in einer Porzellanschale vorsichtig ein.
c) Wiederhole (a) und (b) mit Magnesiumoxid und Zinkoxid.

Oxidation: $Mg \longrightarrow Mg^{2+} + 2\,e^-$

Reduktion: $2\,H_3O^+ + 2\,e^- \longrightarrow H_2 + 2\,H_2O$

Die Wasserstoffbildung aus H_3O^+-Ionen in Teilreaktionsgleichungen zerlegt:

$$H_3O^+ \longrightarrow H_2O + H^+$$
$$H^+ + e^- \longrightarrow H$$
$$2\,H \longrightarrow H_2$$

B4 Reaktion von Magnesium mit Salzsäure als Redoxreaktion

Elektrolyse von Salzsäure

Mit verdünnter Salzsäure wird eine Elektrolyse durchgeführt. Man beobachtet an beiden Elektroden eine Gasentwicklung. Am Minuspol (Kathode) entsteht Wasserstoff und am Pluspol (Anode) Chlor.

Anode: $2\,Cl^- \longrightarrow Cl_2 + 2\,e^-$
Kathode: $2\,H_3O^+ + 2\,e^- \longrightarrow H_2 + 2\,H_2O$

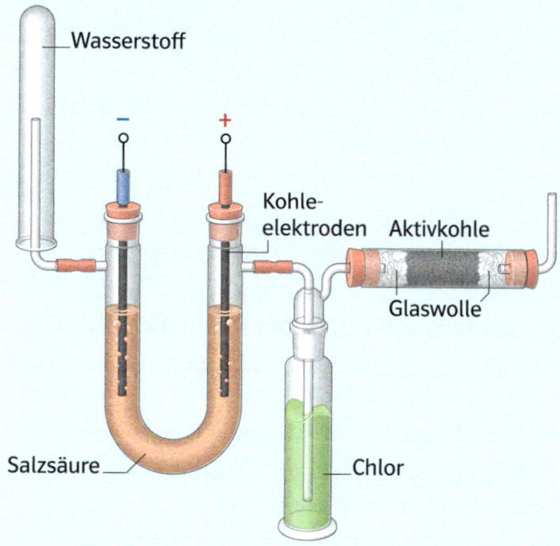

A1 Formuliere die Reaktionsgleichung für die Reaktion von Aluminiumoxid mit Salzsäure und markiere darin den Protonenübergang. Benenne die Teilchen, die als Protonendonator bzw. Protonenakzeptor fungieren.

A2 Notiere die Reaktionsgleichung für die Reaktion von Zink mit Salzsäure zu Zinkchlorid, Wasserstoff und Wasser. Stelle dabei die Elektronenübergänge (Oxidation und Reduktion) als Teilgleichungen dar.

A3 Notiere zu [V3c] die Reaktionsgleichungen und benenne die Verbindungen, die nach dem Eindampfen der Salzlösungen übrig bleiben.

A4 **a)** Beschreibe, wie man die beiden Gase nachweisen kann, die bei der Elektrolyse von Salzsäure (Exkurs) entstehen.
b) Welche Rückschlüsse auf die Zusammensetzung von Salzsäure kann man aus dem Experiment ziehen?

8.5 Natriumhydroxid und Natronlauge

B1 Natrium reagiert mit Wasser, das mit Phenolphthalein versetzt wurde

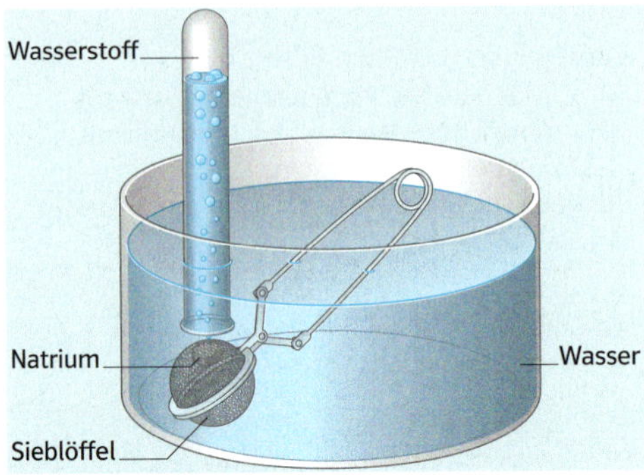

B4 Auffangen des Wasserstoffs bei der Reaktion von Natrium mit Wasser

Einige unedle Metalle reagieren mit Wasser unter Bildung von Wasserstoff und einer alkalischen Lösung (Kap. 5.10). Am Beispiel von Natrium soll diese Reaktion betrachtet werden.

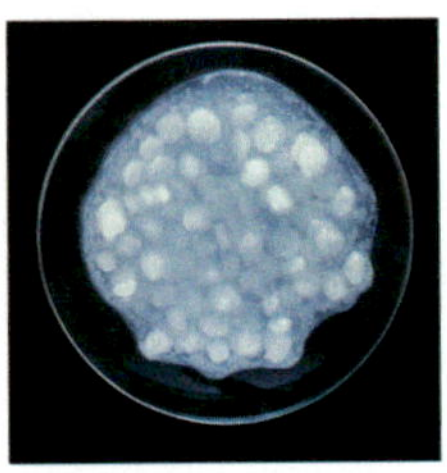

B2 Natriumhydroxid zerfließt an der Luft

Natrium reagiert mit Wasser. Lässt man ein Natriumstückchen mit einer größeren Wasserportion reagieren [V1], bildet sich aus dem kantigen Metallstückchen sofort eine Kugel, die sich zischend auf der Wasseroberfläche hin und her bewegt und Schlieren bildet. Dabei wird die Natriumkugel schnell kleiner und verschwindet. Führt man die Reaktion mit Wasser durch, dem Phenolphthalein zugesetzt ist, zeigt Rotviolettfärbung die Bildung einer **alkalischen Lösung** an [B1]. Das zischende Geräusch rührt von einem entstehenden Gas her. Die Gasentwicklung kann man beobachten, wenn man ein Natriumstück mit einem Sieblöffel unter Wasser drückt [B4]. Bei dem Gas handelt es sich um *Wasserstoff*. Lässt man Natrium mit einer kleinen Wasserportion reagieren [V3] und dampft die entstandene Lösung ein, erhält man einen weißen Feststoff [B5]. Um welche Verbindung handelt es sich dabei?
Es gibt zwei Möglichkeiten:

$$2\,Na + H_2O \longrightarrow Na_2O + H_2$$
$$2\,Na + 2\,H_2O \longrightarrow 2\,NaOH + H_2$$

Sowohl Natriumoxid (Na_2O) als auch Natriumhydroxid ($NaOH$) sind weiße Feststoffe. Beide sind Salze, und zwar Verbindungen aus Metall und Nichtmetall. Die Erklärung erfolgt durch ein Experiment.

Natriumhydroxid. Erhitzt man den Feststoff, der aus der Reaktion von Natrium mit Wasser [V3] stammt, zusammen mit Zinkpulver, entsteht ein Gas, das man als Wasserstoff identifizieren kann [V4]. Offensichtlich stammt der Wasserstoff aus dem untersuchten Feststoff, d.h., die Verbindung enthält gebundene Wasserstoffatome. Sie heißt **Natriumhydroxid**, die Verhältnisformel ist **NaOH**.
Die Reaktionsgleichung für die Reaktion von Natrium mit Wasser lautet:

$$2\,Na + 2\,H_2O \longrightarrow 2\,NaOH + H_2$$

Im Handel ist Natriumhydroxid meist in Form kleiner Körner oder Plätzchen [B3] erhältlich. Lässt man Natriumhydroxidplätzchen offen stehen, so zerfließen sie allmählich [B2]. Natriumhydroxid entzieht der Luft Wasserdampf – es ist **hygroskopisch**.
Natriumhydroxid kann starke Verätzungen auf der Haut verursachen (Kap. 8.1, A5). Besonders gefährdet sind Augen und Schleimhäute.
Die ältere Benennung **Ätznatron** weist unter anderem auf diese Gefahren hin. In einigen Haushaltsreinigern, z. B. Abflussreinigern (Kap. 8.7, Praktikum) oder Backofenreinigern, ist Natriumhydroxid enthalten.

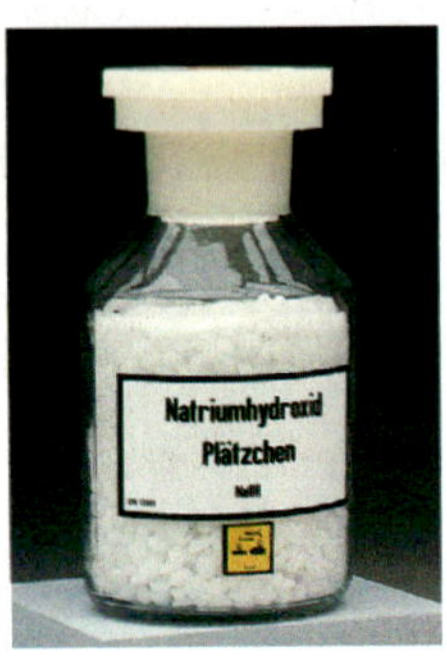

B3 Natriumhydroxidplätzchen

B5 Eindampfen der alkalischen Lösung aus der Reaktion von Natrium und Wasser. Es bleibt ein weißer Feststoff zurück

Natronlauge. Löst man Natriumhydroxid in wenig Wasser [V5], so stellt man eine deutliche *Temperaturerhöhung* fest. Der Lösungsvorgang verläuft also unter Abgabe von thermischer Energie. An der Farbänderung der zugesetzten Phenolphthaleinlösung erkennt man, dass die Lösung alkalisch ist. Die wässrige Lösung von Natriumhydroxid nennt man Natronlauge. Wie Natriumhydroxid, so wirkt auch dessen Lösung ätzend auf Haut und Schleimhäute. Beim Umgang mit Natronlauge ist es daher sehr wichtig, eine Schutzbrille und Schutzhandschuhe zu tragen.

Als sehr bedeutende Industriechemikalie wird Natronlauge in großer Menge durch Elektrolyse aus Natriumchloridlösung erzeugt. Natronlauge wird u.a. bei der Herstellung von Aluminium, Farben, Kunststoffen, Papier, Seife und Textilien benötigt.

Bäcker benutzen zur Herstellung von Laugengebäck Natronlauge mit einem Massenanteil von $w = 4\,\%$. Der Teig wird vor dem Backen kurz in die Lauge getaucht [B6]. Beim Backen reagiert die Lauge mit dem Teig zu Stoffen, die den typischen Geschmack des Laugengebäcks ausmachen. Außerdem bildet sich dabei die glatte, tiefbraune Oberfläche des Laugengebäcks.

B6 Laugenbrezeln werden vor dem Backen in verdünnte Natronlauge getaucht

A1 **a)** Erkläre den Unterschied zwischen Natriumhydroxid und Natronlauge. **b)** Warum nennt man Natriumhydroxid auch Ätznatron?

A2 Erkläre, warum es zu einer Massenzunahme kommt, wenn Natriumhydroxid in einem offenen Gefäß aufbewahrt wird.

V1 (Schutzscheibe!) Eine große runde Glaswanne wird etwa zur Hälfte mit Wasser gefüllt und mit einigen Tropfen Spülmittel versetzt (verhindert, dass Natrium an der Glaswand haftet). Man wirft ein sorgfältig entrindetes, etwa linsengroßes Stückchen Natrium auf das Wasser. (Vorsicht, das Reaktionsprodukt kann zerspritzen!

V2 ⚠ Ein etwa linsengroßes Stück Natrium mit **frischen(!)** Schnittflächen wird sofort in einen Sieblöffel gegeben und in einer Wanne unter Wasser gedrückt. Das entstehende Gas fängt man in einem großen Reagenzglas auf und führt die Knallgasprobe durch.

V3 (Schutzscheibe!) Man lässt ein kleines krustenfreies Natriumstückchen in einer Porzellanschale mit wenig Wasser reagieren und dampft die entstandene Lösung ein. Dann prüft man, ob sich das entstandene Produkt in Wasser löst, und gibt zu einer Probe etwas Phenolphthaleinlösung.

V4 In einem Reagenzglas werden 20 Natriumhydroxidplätzchen mit etwa 2 g Zinkpulver durch Schütteln vermischt. Man verschließt das Reagenzglas mit einem durchbohrten Stopfen, in dem eine Glasdüse mit Stahlwollesicherung steckt. Das Gemisch wird kräftig erhitzt. Nach der Knallgasprobe kann das entstehende Gas an der Spitze der Glasdüse entzündet werden.

V5 Fülle in ein Reagenzglas ca. 5 ml Wasser und miss die Temperatur. Gib 1 g Natriumhydroxid (ca. 10 Plätzchen) hinzu, rühre und verfolge die Temperaturänderung. Verdünne eine Probe mit etwas Wasser und setze Indikatorlösung zu.

V6 Fülle ein Reagenzglas ca. 2 cm hoch mit Wasser und erhitze Haar- oder Wollebüschel darin. Stelle das Glas danach in den Regenzglasständer und füge sofort 3 Natriumhydroxidplätzchen zu. (Achtung, heftige Reaktion möglich!)

Hydroxid Verkürzte Form des Hydrogeniumoxids

hygroskopisch von griech. hygros, feucht oder nass und skopein, anschauen, auf etwas gerichtet sein

B7 Laugengebäck

8.6 Gemeinsamkeiten alkalischer Lösungen

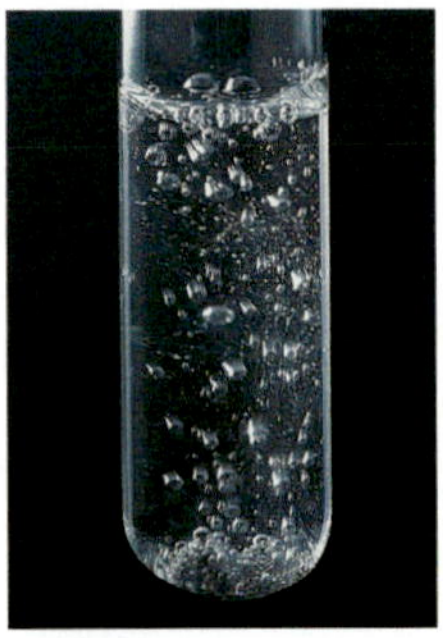

B1 Calcium reagiert mit Wasser

Wie Natrium reagieren auch die Alkalimetalle Lithium und Kalium mit Wasser in exothermen Reaktionen zu Wasserstoff und den entsprechenden Hydroxiden.

Kaliumhydroxid mit der Verhältnisformel **KOH** hat ähnliche Eigenschaften wie Natriumhydroxid. So löst es sich auch exotherm in Wasser. Die Lösung nennt man **Kalilauge**. Sie wird u.a. in der Seifenindustrie und in Batterien eingesetzt.

Lithiumhydroxid hat die Verhältnisformel **LiOH.** Aus ihm werden z.B. „Lithiumseifen" hergestellt, die als Schmiermittel im Kfz-Bereich eingesetzt werden.

Calciumhydroxid. Das Erdalkalimetall Calcium verhält sich gegenüber Wasser ähnlich wie die Alkalimetalle. Gibt man einige Calciumstückchen auf Wasser [V1], sinken diese zunächst aufgrund ihrer höheren Dichte zu Boden. Gleichzeitig trübt sich die Flüssigkeit und die Calciumstückchen werden kleiner. Calcium reagiert mit Wasser unter Bildung eines brennbaren Gases – Wasserstoff. Zurück bleibt eine weiße Suspension. Durch Filtration erhält man einen weißen Feststoff und eine alkalische Lösung.

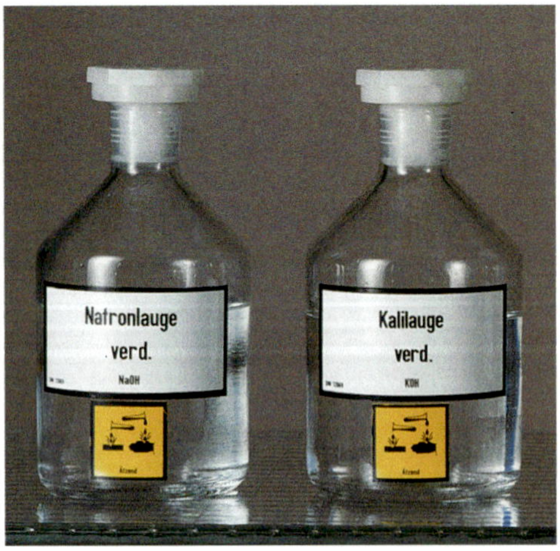

B2 Alkalische Lösungen

Der weiße Feststoff ist auch ein Hydroxid: **Calciumhydroxid** mit der Verhältnisformel **CaO_2H_2**. Das Entstehen der alkalischen Lösung ist auch hier auf die **OH-Atomgruppe** zurückzuführen. Man schreibt deshalb **$Ca(OH)_2$**. Damit lautet die Reaktionsgleichung:

$$Ca + 2\,H_2O \longrightarrow Ca(OH)_2 + H_2$$

Die Löslichkeit von Calciumhydroxid in Wasser ist im Gegensatz zu den Alkalimetallhydroxiden nur gering. Die **Calciumhydroxidlösung** nennt man auch **Kalkwasser** [B3]. Es wird unter anderem als Nachweismittel für Kohlenstoffdioxid eingesetzt.

Wie saure Lösungen besitzen auch alkalische Lösungen einige gemeinsame Eigenschaften. Diese Lösungen leiten den elektrischen Strom und bewirken bei Indikatorlösungen charakteristische Farben.
Welche Teilchen haben die alkalischen Lösungen gemeinsam?

Hydroxidionen. Da alkalische Lösungen den elektrischen Strom leiten [V3a], bestätigt sich, dass sie als Salzlösungen Ionen enthalten.

B3 Herstellen von Kalkwasser aus einer Suspension von Calciumhydroxid

Aus der Tatsache, dass auch die Schmelzen der genannten Hydroxide den elektrischen Strom leiten [V2], kann man folgern, dass sie aus Ionen bestehen. Es liegen Metallionen und OH^--Ionen vor. Man bezeichnet die OH^--Ionen als **Hydroxidionen**. Die Kationen und Anionen sind schon im festen Zustand vorhanden und bilden ein Ionengitter.
Aus festem Natriumhydroxid werden beim Lösen bewegliche, hydratisierte Na^+- und OH^--Ionen und die Temperatur der Lösung nimmt zu [B5]. Es wird also *Hydratationsenergie* freigesetzt. Die Reaktionsgleichung für das Lösen von Natriumhydroxid lautet:

$$Na^+OH^-(s) \xrightarrow{\text{Wasser}} Na^+(aq) + OH^-(aq) \mid \text{exotherm}$$

Da in den genannten alkalischen Lösungen unterschiedliche Metallionen enthalten sind, müssen die gemeinsamen Eigenschaften auf die Hydroxidionen zurückgeführt werden.

Alle alkalischen Lösungen enthalten Hydroxidionen (OH^--Ionen).

Alkalische Lösungen entstehen nicht nur bei Lösungsvorgängen von Hydroxiden, sondern auch z. B. bei der Reaktion von Calciumoxid mit Wasser. Die Hydroxidionen entstehen hier in einer exothermen Reaktion:

$$Ca^{2+}O^{2-}(s) + H_2O \longrightarrow Ca^{2+}(aq) + 2\,OH^-(aq)$$

Bei dieser Reaktion werden die Hydroxidionen durch einen Protonenübergang von Wassermolekülen auf die Oxidionen im Calciumoxid gebildet.

Stoff	Formel (Ionen)	wässrige Lösung
Natriumhydroxid	Na^+OH^-	Natronlauge
Kaliumhydroxid	K^+OH^-	Kalilauge
Calciumhydroxid	$Ca^{2+}(OH^-)_2$	Kalkwasser

B4 Hydroxide und Laugen im Überblick

V1 In ein Becherglas (250 ml), das zur Hälfte mit Wasser gefüllt ist, gibt man zwei Spatellöffel voll Calciumstückchen. Mit einem brennenden Holzspan entzündet man anschließend das sich bildende Gas. Nachdem die Reaktion beendet ist, wird die Suspension filtriert und das klare Filtrat mit Phenolphthaleinlösung geprüft.

V2 (Schutzhandschuhe und Schutzscheibe!) Sorgfältig entwässertes Natriumhydroxid wird in einem Nickeltiegel, der in einem Tondreieck sitzt, geschmolzen. Dann prüft man mit zwei Zinkelektroden die elektrische Leitfähigkeit der Schmelze.

V3 **a)** Prüfe die Leitfähigkeit von verdünnter Natron- oder Kalilauge.
b) Prüfe die Lösungen mit Phenolphthaleinlösung.

A1 Benenne alle Teilchen, die in verdünnter Kalilauge vorkommen.

A2 Stelle die Lösungsvorgänge für Kalium- und Calciumhydroxid in Wasser mit Formeln dar.

A3 Gibt man Lithiumoxid in Wasser, entsteht eine alkalische Lösung. Erkläre, wie die für eine alkalische Lösung typischen Teilchen entstehen.

A4 Eine Citronensäureschmelze leitet den elektrischen Strom nicht, jedoch leitet eine Schmelze aus Natriumhydroxid. Erkläre.

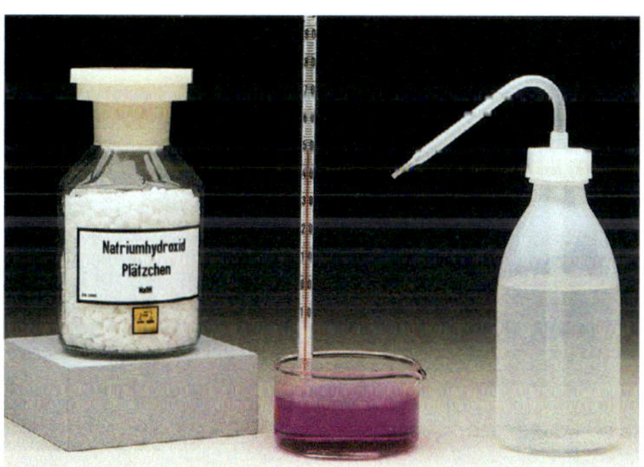

B5 Natriumhydroxid löst sich unter Erwärmen in Wasser. Die Lösung ist alkalisch

B6 Hydroxidion, Kalottenmodell

OH^-

Verhältnisformel

$[|\overline{O}-H]^-$

Strukturformel

8.7 Praktikum Untersuchung eines Abflussreinigers

Ein Abflussreiniger bietet scheinbar eine problemlose Möglichkeit, Verstopfungen im Abfluss zu beseitigen. Ein Blick auf die Liste der Inhaltsstoffe zeigt jedoch, dass diese Mittel für die Umwelt und für die eigene Gesundheit nicht unbedenklich sind [B2].

V1 Inhaltsstoffe und Wirkung

Der Abflussreiniger ist ein Gemisch verschiedener Stoffe. Die Liste der Inhaltsstoffe nennt drei Bestandteile: Aluminium, Natriumhydroxid und „Salze". Diese Stoffe sollen Haare und Seifenreste im Abfluss zersetzen und „lösen".

Wichtige Zusatzinformation:

Eine Blaufärbung von feuchtem Universalindikatorpapier rührt von dem Gas Ammoniak her. Ammoniak entsteht z. B. in einer Reaktion von Wasserstoff mit Kalium- oder Natriumnitrat.

Geräte und Chemikalien:

Schutzbrille, Schutzhandschuhe, Petrischale, Holzstäbchen, Reagenzgläser, Reagenzglashalter und -ständer, Löffelspatel, Holzspan, Thermometer, Abflussreiniger, Natriumhydroxidplätzchen, Universalindikatorpapier, Wasser, Nitrat-Test-stäbchen, Phenolphthaleinlösung, Natronlauge mit $c(NaOH) = 1\,mol/l$.

Durchführung:

a) Gib einen Spatellöffel Abflussreiniger in eine Petrischale und sortiere die drei Bestandteile mit einem Holzstäbchen.

b) Zur Identifizierung der weißen Bestandteile wird eine kleine Probe der „glasig-weißen" Kügelchen im Reagenzglas in wenig Wasser gelöst und mit Phenolphthaleinlösung geprüft. Eine Probe der „reinweißen" Kügelchen in wässriger Lösung wird mit Nitrat-Teststäbchen getestet.

c) Nach Identifikation der Bestandteile werden deren Funktionen überprüft:

- *Natriumhydroxid:* Fülle in ein Reagenzglas ca. 2 cm hoch Wasser und erhitze ein Haarbüschel darin. Stelle das Reagenzglas in den Ständer und füge mit der Pinzette drei Natriumhydroxidplätzchen zu. (Achtung, heftige Reaktion möglich!)
  Eine weitere Funktion von Natriumhydroxid findest du, indem du drei Natriumhydroxidplätzchen im Reagenzglas in wenig Wasser (etwa 1 cm hoch) löst und die Temperaturänderung erfasst.
- *Aluminium:* Gib zu einigen Aluminiumkörnchen im Reagenzglas höchstens 1 cm hoch Natronlauge (Vorsicht!). Beobachte die Mischung eine Zeit lang. Zur Durchführung der Knallgasprobe wird ein brennender Holzspan so in den oberen Teil des Reagenzglases gehalten, dass er die Reagenzglaswand nicht berührt (Vorsicht!).
- *Salze:* Gib zu einer kleinen Probe des original Abflussreinigers im Reagenzglas vorsichtig etwas Wasser. Halte ein angefeuchtetes Stück Indikatorpapier *über* die Öffnung des Reagenzglases. Führe anschließend die Knallgasprobe wie unter „Aluminium" beschrieben durch.

Auswertung:

1. Welche wichtige Sicherheitsvorschrift fehlt auf dem Etikett des Abflussreinigers?

2. Welchen Bestandteil des vorliegenden Gemisches kannst du in der Petrischale ohne Weiteres identifizieren? An welcher Eigenschaft hast du ihn erkannt?

3. Erkläre die Funktionen der drei Bestandteile beim Reinigungsvorgang.

4. Welche Sicherheitsfunktion haben die Salze?

5. Bewerte den Einsatz des Abflussreinigers im Haushalt und nenne Alternativen.

B1 Abflussreiniger

Bei Bodensielen bzw. großen Abflüssen 3 Esslöffel Abflussreiniger nehmen und mit 3 Tassen kaltem Wasser nachspülen.
Die Dosierungsvorschrift ist unbedingt zu beachten.
Nach Gebrauch Verschluss wieder fest zuschrauben.

Verursacht schwere Verätzungen. Darf nicht in die Hände von Kindern gelangen. Spritzer in die Augen gründlich mit Wasser abspülen und Arzt konsultieren. Beschmutzte Kleidung sofort ausziehen. Geeignete Schutzhandschuhe tragen.
Enthält: 56 % Natriumhydroxid, Aluminium und Salze.

4014 38899

Inhalt **1000 g**

B2 Etikett mit Inhaltsstoffen im Abflussreiniger

Basiskonzepte

Basiskonzepte verdeutlichen, dass die Chemie nicht aus isolierten Fakten besteht. Vielmehr lassen sich diese zu immer wiederkehrenden Grundprinzipien zusammenfassen.
Sie sind eine übergreifende Systematisierungshilfe. Wir betrachten drei Basiskonzepte:

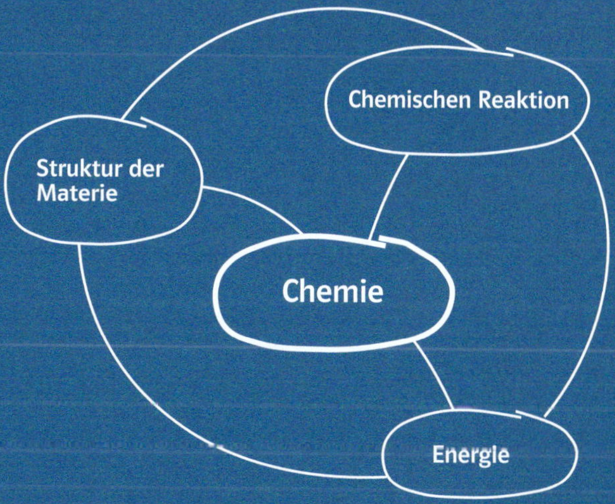

Um den Sinn von Basiskonzepten aufzuzeigen, kann man sich des folgenden Beispiels bedienen: In einem CD-Geschäft sind die CDs nach den Namen der Interpreten angeordnet. Der Inhaber könnte nun die CDs nach Musikstilen, etwa Klassik, Jazz, Pop, Rock umsortieren. Eine andere Möglichkeit wäre die, Verzeichnisse anzulegen oder ein Computerprogramm zu besorgen, welches die CDs je nach Bedürfnis in den verschiedenen Kategorien sortiert und den Standort der CD anzeigt.

Die im Geschäft vorhandenen CDs entsprechen dem Wissensstoff der Chemie. Schaut man sich die unterschiedlichen Sachverhalte, wie sie z. B. in diesem Lehrbuch dargestellt werden, zusammenfassend an, so stellt man fest, dass bestimmte Prinzipien immer wieder auftreten, sich sozusagen ein „roter Faden" ergibt: Durch diese Basiskonzepte wird der „Wissensstoff" neu strukturiert, so wie die CDs unter verschiedenen Gesichtspunkten sortiert werden können.

Auf den folgenden Seiten findet ihr zu den drei Basiskonzepten Beispiele von Themen oder Fragestellungen. Diese sollen euch vor allem als Anregung dienen, weitere Beispiele zu suchen, die sich dem jeweiligen Basiskonzept zuordnen lassen. Schaut dazu z. B. auch im Hauptteil des Lehrbuches nach. Sofern es euch hilfreich erscheint, könnt ihr die angegebenen Fragen beantworten. Erstellt eure eigenen Basiskonzeptseiten und präsentiert diese am Ende der Klasse.

Struktur der Materie

Atomaufbau

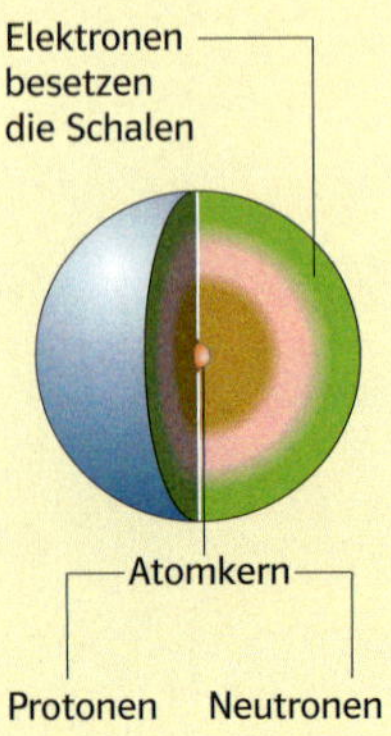

Stoffe sind aus Atomen, Ionen oder Molekülen aufgebaut. Der Aufbau von Atomen, Ionen und vielen Molekülen lässt sich mithilfe des Periodensystems ermitteln. Zwischen den Teilchen wirken Anziehungskräfte, die z.B. dazu führen, dass die Stoffe bei Zimmertemperatur fest, flüssig oder gasförmig vorliegen. Der räumliche Aufbau der Moleküle beeinflusst die Stärke der Anziehungskräfte zwischen ihnen. Die Lage der Teilchen zueinander im festen und flüssigen Zustand beeinflusst ebenfalls die Anziehungskräfte zwischen den Teilchen.
Will man die Eigenschaften eines Stoffes deuten, so helfen folgende Fragen:
1. Aus welchen Teilchen besteht der Stoff?
2. Welche Anziehungskräfte können zwischen den Teilchen wirken?
Bestehen die Stoffe aus Molekülen, so helfen Strukturformeln, um die Verknüpfungen zwischen den Atomen und die Anziehungskräfte zwischen den Molekülen und hervortreten zu lassen.

Die Eigenschaften von Stoffen, ihre Zusammensetzung aus Teilchen und deren Anordnung gehören zusammen und bilden das Basiskonzept der Struktur der Materie.

Modell der räumlichen Struktur

a)

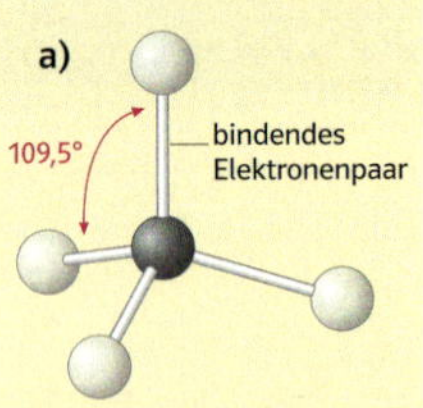

Strukturformel

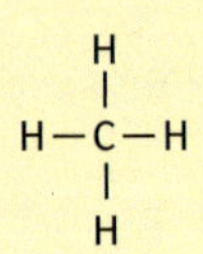

b)

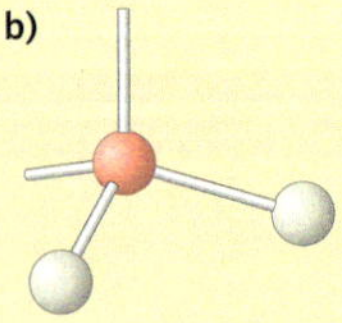

Strukturformel

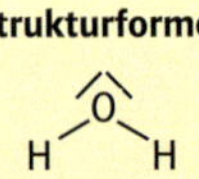

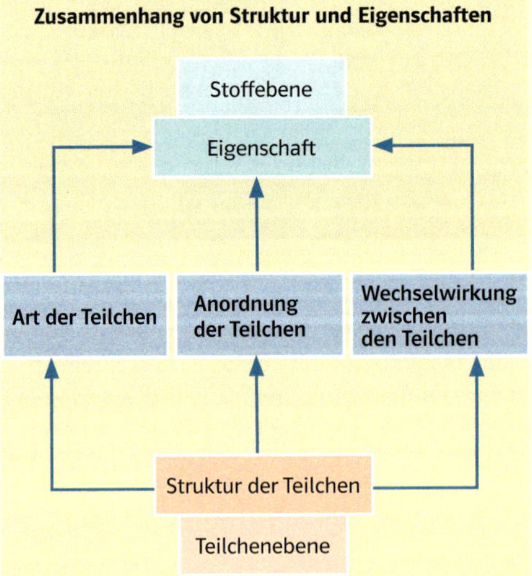

A1 Ordne den folgenden Stoffen: Aluminium, Argon, Brom, Natriumbromid, Chlorwasserstoff die Teilchenarten zu, aus denen sie aufgebaut sind.

A2 Beschreibe, wo im Periodensystem die Metalle und wo die Nichtmetalle stehen.

A3 Erläutere an einem Beispiel die Zusammensetzung des Atomkerns und den Aufbau der Elektronenhülle eines Atoms. Wodurch lässt sich die energetische Differenzierung der Elektronenhülle nachweisen?

A4 Erkläre an einem Beispiel, dass die Atome vieler Elemente nicht untereinander gleich sich. Worin können sie sich unterscheiden?

A5 Erläutere, warum Ionenverbindungen meist spröde sind, eine hohe Schmelztemperatur haben und häufig gut in Wasser löslich sind.

A6 Erläutere die Edelgasregel.

A7 Beschreibe den Aufbau des Wassermoleküls, nenne und begründe die besonderen Eigenschaften des Wassers.

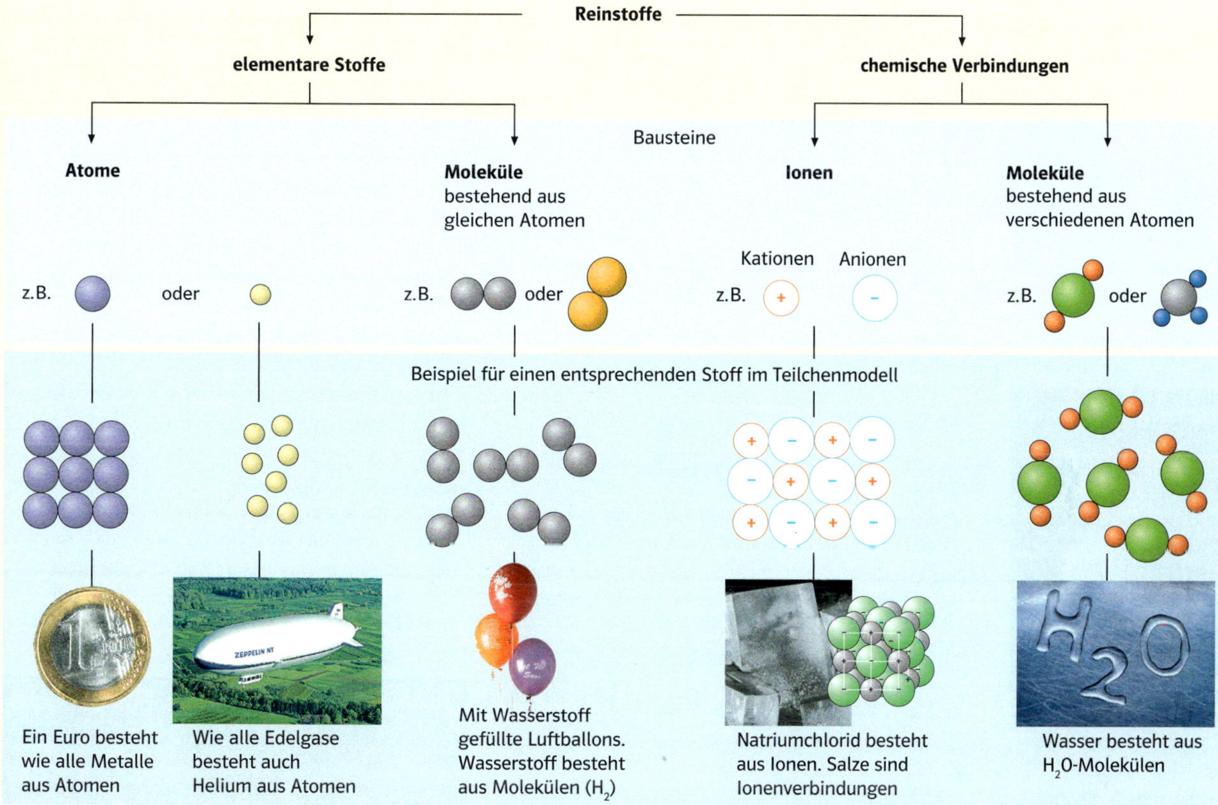

Modelle helfen dabei, den räumlichen Bau einfacher Moleküle und die zwischen ihnen herrschenden Kräfte zu beschreiben.
Durch die zwischenmolekularen Kräfte werden viele Eigenschaften von Stoffen verständlich und vorhersagbar.

A8 Ordne den Stoffen: Wasserstoff, Chlorwasserstoff, Wasser, Kaliumchlorid die folgenden Siedetemperaturen zu: 100 °C, 1420 °C, -253 °C, -85 °C.
Begründe deine Zuordnung.

A9 Erläutere, worauf die elektrische Leitfähigkeit von Metallen, Salzschmelzen und Salzlösungen beruht.

Moleküle und Elektronenpaare

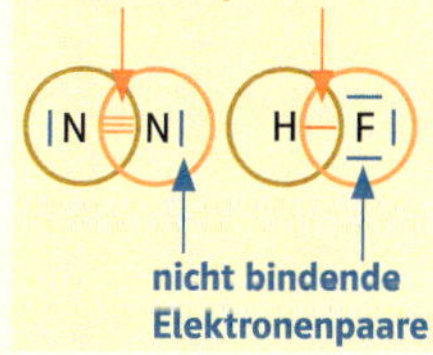

Zwischenmolekulare Wechselwirkungen

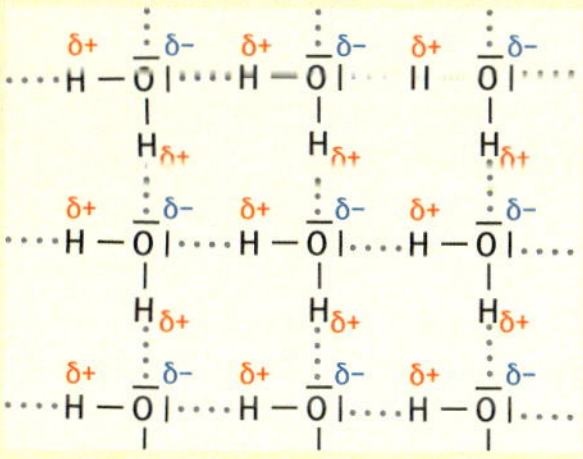

Wasserstoffbrücken

Molekül und Dipol

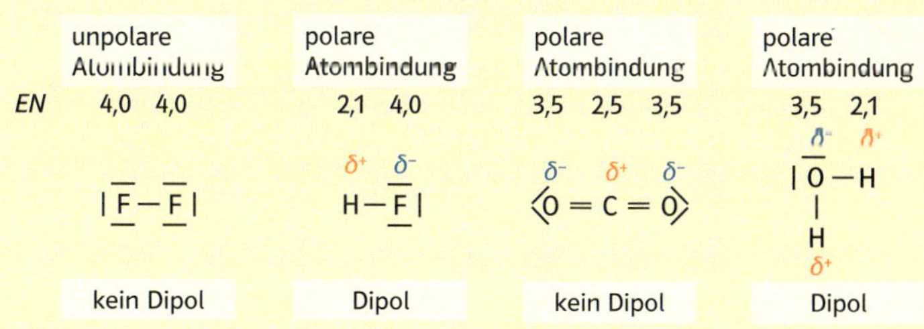

Chemische Reaktion

Reaktionsschema:

Ausgangsstoffe ⟶ Reaktionsprodukte
z. B. Aluminium + rotes Eisenoxid ⟶ Aluminiumoxid + Eisen
z. B. Wasserstoff + Sauerstoff ⟶ Wasser

Reaktionsgleichung:

$2\,Al + Fe_2O_3 \longrightarrow Al_2O_3 + 2\,Fe$
$2\,H_2 + O_2 \longrightarrow 2\,H_2O$

In einer Reaktionsgleichung werden für elementare Stoffe die Zeichen für die Atome bzw. die Molekülformel und für die Verbindungen Formeln angegeben. Dabei müssen die Anzahlen der Atome für jede Atomart auf beiden Seiten des Reaktionspfeils gleich sein.

Massengesetze
Für eine chemische Reaktion, z. B.:
Stoff A + Stoff B ⟶ Stoff C + Stoff D
gelten **zwei Massengesetze:**
das **Gesetz von der Erhaltung der Masse**
$m(\text{Stoff A}) + m(\text{Stoff B}) = m(\text{Stoff C}) + m(\text{Stoff D})$
und
das **Gesetz der konstanten Massenverhältnisse**

$$\frac{m(\text{Stoff A})}{m(\text{Stoff B})} = K_1 \qquad \frac{m(\text{Stoff A})}{m(\text{Stoff C})} = K_2$$

$K_1, K_2, \ldots$ sind konstante Zahlenwerte

Bei bekannter Reaktionsgleichung

$2\,Al + Fe_2O_3 \longrightarrow Al_2O_3 + 2\,Fe$

lassen sich Massenverhältnisse berechnen, z. B.:

$$\frac{m(\text{Aluminium})}{m(\text{Eisenoxid})} = \frac{2 \cdot m_t(\text{Al})}{m_t(\text{Fe}_2\text{O}_3)} = \frac{2 \cdot 27\,u}{159{,}6\,u} = 0{,}34$$

Redoxreaktion als **Sauerstoffübertragung**, z. B. vom Eisenoxid auf das Aluminium:

$2\,Al + Fe_2O_3 \longrightarrow Al_2O_3 + 2\,Fe$

Oxidation: Al ⟶ Al_2O_3
Reduktion: Fe_2O_3 ⟶ Fe

Redoxreaktion als **Elektronenübergang**, z. B. von Aluminiumatomen auf Eisenionen:
$(2\,Fe^{3+}, 3\,O^{2-})$ $(2\,Al^{3+}, 3\,O^{2-})$

$Al + Fe^{3+} \longrightarrow Al^{3+} + Fe$

Elektronenabgabe: Al ⟶ Al^{3+}
Elektronenaufnahme: Fe^{3+} ⟶ Fe

Die Chemie untersucht Stoffe und chemische Reaktionen. Im Mittelpunkt der Betrachtung stand bisher die Bildung von neuen Stoffen aus einem oder mehreren Ausgangsstoffen.

Das **Gesetz von der Erhaltung der Masse** und die Kenntnis, dass alle Stoffe aus kleinsten Teilchen bestehen, lassen sich damit erklären, dass bei einer chemischen Reaktion eine **Teilchenumgruppierung** erfolgt, aber keine Teilchen verloren gehen.
Mit dem Gesetz von den konstanten Massenverhältnissen, Verhältnisformeln und Summenformeln lassen sich chemische Reaktionen und Formeln **quantitativ** auswerten.

Donator-Akzeptor-Prinzip
Chemische Reaktionen beruhen auf der Übertragung von Teilchen. **Redoxreaktionen** zeichnen sich auf der Teilchenebene dadurch aus, dass von einem **Elektronendonator** Elektronen auf einen **Elektronenakzeptor** übertragen weden.

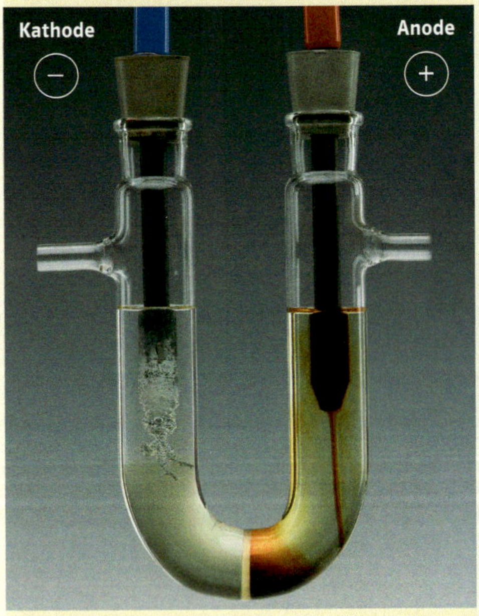

Elektrolyse einer Zinkiodidlösung

Kathode (Akzeptor): $Zn^{2+} + 2\,e^- \longrightarrow Zn$
Anode (Donator): $2\,I^- \longrightarrow I_2 + 2\,e^-$

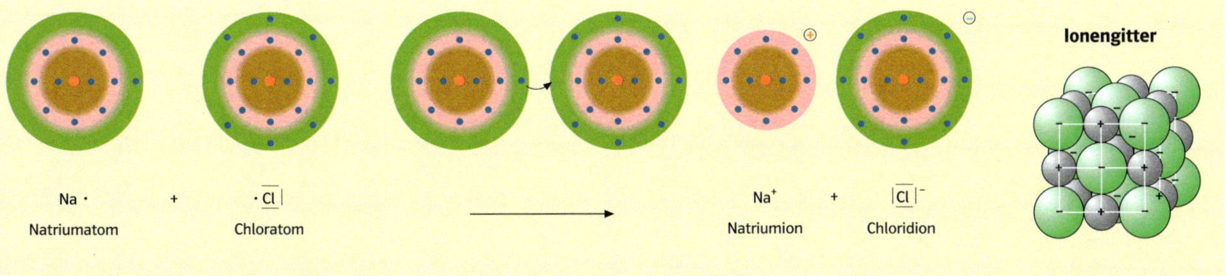

Bei der Salzbildung werden Elektronen von einem Metallatom auf ein Nichtmetallatom übertragen. Das Metallatom wird dabei zu einem position geladenen **Kation**, das Nichtmetallatom zu einem negativ geladenen **Anion**. Bei der Reaktion von Natrium mit Chlor sind die Natriumatome **Elektronendonatoren** und die Chloratome **Elektronenakzeptoren**.

A1 Kennzeichne die Reaktion von schwarzem Kupferoxid (CuO) mit Wasserstoff als Redoxreaktion. Nenne das Oxidations- und Reduktionsmittel.

A2 Formuliere für die Bildung einer Metall-Nichtmetall-Verbindung aus den elementaren Stoffen den Elektronenübergang.

A3 **a)** Formuliere für die folgenden Begriffe Merksätze: Oxidation, Reduktion, Redoxreaktion.
b) Erkläre, woran man erkennen kann, ob eine Reaktion zu den Redoxreaktionen zählt.

A4 Beschreibe und erläutere das Lösen eines Salzes in Wasser, dabei sollen auch die folgenden Fachbegriffe benutzt werden: Kation(en), Anion(en), Ionengitter, Hydratation.

A5 An welcher Elektrode findet bei der Elektrolyse die Oxidation und an welcher die Reduktion statt?

A6 **a)** Formuliere die Reaktionsgleichung für die Zerlegung des Silberoxids (Ag_2O).
b) Berechne das

Massenverhältnis $\frac{m(\text{Silber})}{m(\text{Silberoxid})}$

Das Lösen eines Salzes in Wasser ist eine chemische Reaktion. Es bilden sich neue Teilchenverbände, wenn die Ionen des Gitters von Wassermolekülen umhüllt (hydratisiert) werden.

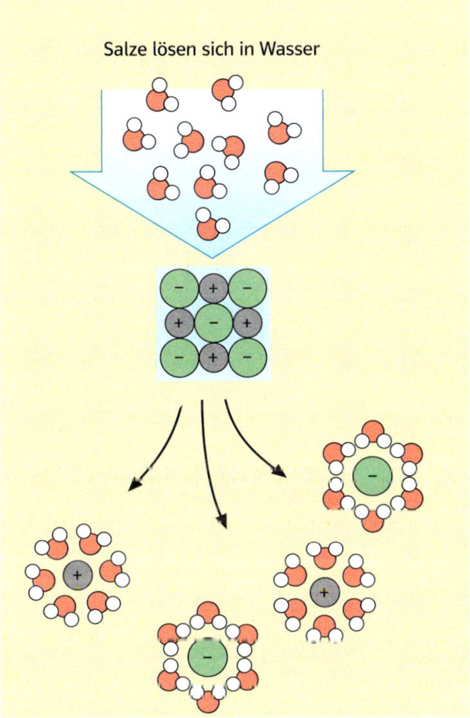

Energie

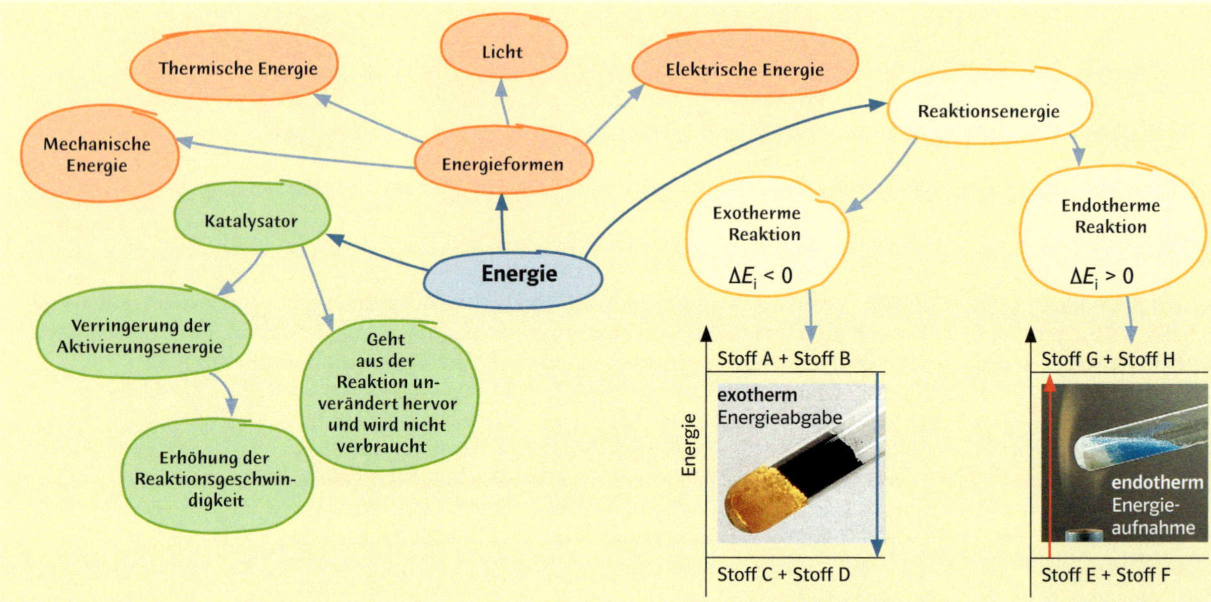

Aktivierungsenergie mit und ohne Katalysator im Modell

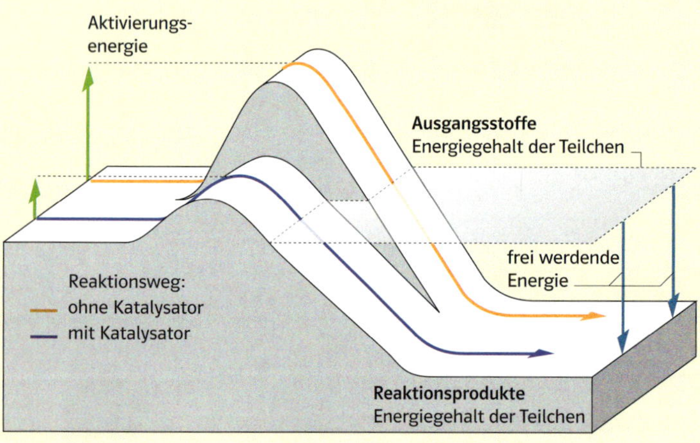

Zum Starten von chemischen Reaktionen ist **Aktivierungsenergie** nötig, die durch den Einsatz von **Katalysatoren** verringert werden kann. Dadurch wird der Reaktionsablauf beschleunigt oder bei niedrigerer Temperatur ermöglicht. Die Reaktionsenergie ändert sich dabei aber nicht.

Bei allen chemischen Reaktionen findet ein Energieumsatz statt. Haben die Produkte einen kleineren Energieinhalt als die Edukte, wird die Energiedifferenz an die Umgebung abgegeben. Man spricht von einer **exothermen** Reaktion. Im umgekehrten Fall muss Energie von außen zugeführt werden, man spricht von einer **endothermen** Reaktion. Diese Energie kann in Form von Wärme, Licht oder elektrischer Energie auftreten. Die abgegebene bzw. aufgenommene Energie heißt **Reaktionsenergie.**

Die Zufuhr von Aktivierungsenergie lässt sich mit dem Domino-Effekt vergleichen: Nur ein Stein muss angestoßen werden.

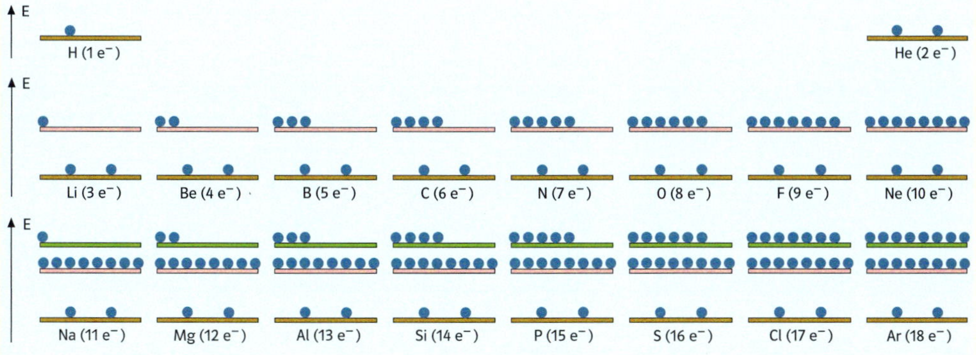

Energiestufen. Die Elektronen der Atome lassen sich verschiedenen Energiestufen zuordnen

Kugelschalenmodell verschiedener Atomhüllen

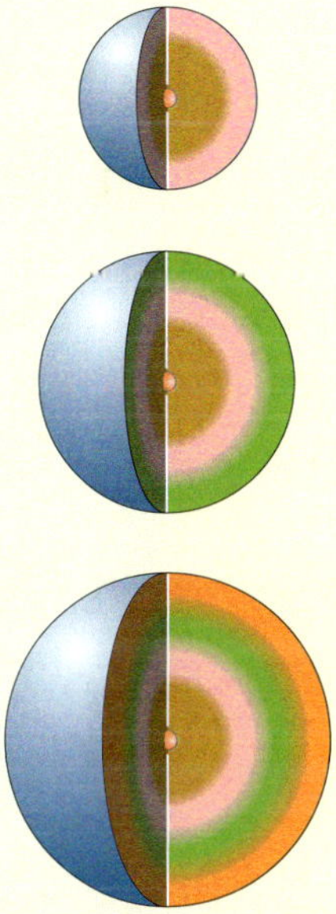

Die Anordnung der Elektronen auf den verschiedenen Energiestufen der Atome legt die Stellung eines Elements im Periodensystem fest. Die Atome der Elemente einer Elementgruppe besitzen jeweils die gleiche Anzahl von Außenelektronen. Sie stehen im Periodensystem untereinander.

Die Elektronen befinden sich in verschiedenen Schalen. Die Elektronen der äußersten Schale, die Außenelektronen, bestimmen wesentlich die Eigenschaften einer Atomart.

A1 Entscheide, ob es sich um eine exotherme oder endotherme Reaktion handelt und begründe.
a) Zink reagiert mit Kupferoxid.
b) Chlorwasserstoff wird in die Elemente zerlegt.
c) Brom reagiert mit Wasserstoff.
d) Lithium wird durch Elektrolyse einer Lithiumchloridschmelze gewonnen.

A2 Die Reaktion eines Metalls mit einem Nichtmetall ist eine exotherme Reaktion. Erkläre dies an einem Beispiel.

A3 Erkläre, warum zur Bildung von Magnesiumionen aus Magnesiumatomen Energie aufgewendet werden muss.

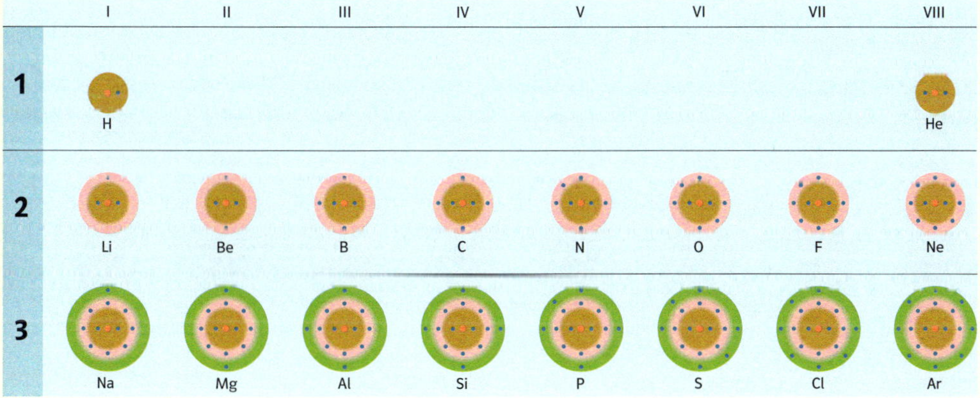

Schalenmodell der Atomhülle. Die Elektronen der verschiedenen Energiestufen sind den entsprechenden Kugelschalen zugeordnet. Diese sind bei den verschiedenen Atomen zur besseren Übersicht gleich groß dargestellt

Tabellen

Name der chemischen Elemente	Zeichen	Ordnungszahl	Atommasse in u [4]	Dichte [1] in g/cm^3 (Gase: g/l)	Schmelz-temperatur in °C	Siede-temperatur in °C
Actinium	Ac	89	227,0277	10,1	1050	3200
Aluminium	Al	13	26,981538	2,70	660	2467
Antimon	Sb	51	121,760	6,68	630	1750
Argon	Ar	18	39,948	1,66	−189	−186
Arsen	As	33	74,92160	5,72	613 s	—
Astat	At	85	219,9871	—	302	337
Barium	Ba	56	137,327	3,51	725	1640
Beryllium	Be	4	9,012182	1,85	1278	2970
Bismut	Bi	83	208,98038	9,8	271	1560
Blei	Pb	82	207,2	11,4	327	1740
Bor	B	5	10,811	2,34	2300	2550
Brom	Br	35	79,904	3,12	−7	59
Cadmium	Cd	48	112,411	8,65	321	765
Caesium	Cs	55	132,90545	1,88	28	669
Calcium	Ca	20	40,078	1,54	839	1484
Cer	Ce	58	140,116	6,65	799	3426
Chlor	Cl	17	35,4527	2,99	−101	−35
Chrom	Cr	24	51,9961	7,20	1857	2672
Cobalt	Co	27	58,933200	8,9	1495	2870
Eisen	Fe	26	55,845	7,87	1535	2750
Fluor	F	9	18,9984032	1,58	−219	−188
Francium	Fr	87	223,0197	—	27	677
Gallium	Ga	31	69,723	5,90	30	2403
Germanium	Ge	32	72,61	5,32	937	2830
Gold	Au	79	196,96655	19,32	1064	3080
Hafnium	Hf	72	178,49	13,3	2227	4602
Helium	He	2	4,002602	0,17	−272 p	−269
Indium	In	49	114,818	7,30	156	2080
Iod	I	53	126,90447	4,93	113	184
Iridium	Ir	77	192,217	22,41	2410	4130
Kalium	K	19	39,0983	0,86	63	760
Kohlenstoff	C	6	12,0107	2,25 [2]	3650 s [2]	—
Krypton	Kr	36	83,798	3,48	−157	−152
Kupfer	Cu	29	63,546	8,92	1083	2567
Lanthan	La	57	138,9055	6,17	921	3457
Lithium	Li	3	6,941	0,53	180	1342
Magnesium	Mg	12	24,3050	1,74	649	1107
Mangan	Mn	25	54,938049	7,20	1244	1962
Molybdän	Mo	42	95,94	10,2	2610	5560
Natrium	Na	11	22,989770	0,97	98	883

Name der chemischen Elemente	Zeichen	Ordnungszahl	Atommasse in u [4]	Dichte [1] in g/cm^3 (Gase: g/l)	Schmelz-temperatur in °C	Siede-temperatur in °C
Neon	Ne	10	20,1797	0,84	−249	−246
Nickel	Ni	28	58,6934	8,90	1455	2730
Niob	Nb	41	92,90638	8,57	2468	4742
Osmium	Os	76	190,23	22,5	2700	5300
Palladium	Pd	46	106,42	12,0	1554	2970
Phosphor	P	15	30,973761	1,82 [3]	44 [3]	280
Platin	Pt	78	195,078	21,4	1772	3827
Polonium	Po	84	208,9824	9,4	254	962
Praseodym	Pr	59	140,90765	6,77	931	3512
Protactinium	Pa	91	231,03588	15,4	1840	4030
Quecksilber	Hg	80	200,59	13,55	−39	356
Radium	Ra	88	226,0254	5,0	700	1140
Radon	Rn	86	222,0176	9,23	−71	−62
Rhenium	Re	75	186,207	20,5	3180	5627
Rhodium	Rh	45	102,90550	12,4	1966	3727
Rubidium	Rb	37	85,4678	1,53	39	686
Ruthenium	Ru	44	101,07	12,3	2310	3900
Sauerstoff	O	8	15,9994	1,33	−219	−183
Scandium	Sc	21	44,955910	3,0	1541	2831
Schwefel	S	16	32,066	2,07 (rh)	119 (mo)	444
Selen	Se	34	78,96	4,81	217	685
Silber	Ag	47	107,8682	10,5	962	2212
Silicium	Si	14	28,0855	2,32	1410	2355
Stickstoff	N	7	14,00674	1,17	−210	−196
Strontium	Sr	38	87,62	2,60	769	1384
Tantal	Ta	73	180,9479	16,6	2996	5425
Technetium	Tc	43	97,9072	11,5	2172	4877
Tellur	Te	52	127,60	6,0	449	990
Thallium	Tl	81	204,3833	11,8	303	1457
Thorium	Th	90	232,0381	11,7	1750	4790
Titan	Ti	22	47,867	4,51	1660	3287
Uran	U	92	238,0289	19,0	1132	3818
Vanadium	V	23	50,9415	5,96	1890	3380
Wasserstoff	H	1	1,00794	0,083	−259	−253
Wolfram	W	74	183,84	19,3	3410	5660
Xenon	Xe	54	131,29	5,49	−112	−107
Yttrium	Y	39	88,90585	4,47	1522	3338
Zink	Zn	30	65,409	7,14	419	907
Zinn	Sn	50	118,710	7,30	232	2270
Zirconium	Zr	40	91,224	6,49	1852	4377

Die Elemente mit den Ordnungszahlen 60 bis 71 und ab 93 sind nicht aufgeführt.
Eine Zusammenstellung aller Elemente befindet sich im Periodensystem am Ende des Buches.

s = sublimiert
p = unter Druck
— = Werte nicht bekannt

1) Dichteangaben für 20 °C und 1013 hPa
2) Angaben gelten für Graphit; Diamant: Schmelztemperatur 3550 °C, Dichte 3,51 g/cm^3
3) Angaben gelten für weißen Phosphor; roter Phosphor: Schmelztemperatur 590 °C (p), Dichte 2,34 g/cm^3
4) Atommasseneinheit u: 1 u = 0,000 000 000 000 000 000 000 001 660 54 g

Eigenschaften einiger Gase

Name, Formel	Dichte in g/l [1]	Siedetemp. in °C	Löslichkeit in Wasser [1,2]	Name, Formel	Dichte in g/l [1]	Siedetemp. in °C	Löslichkeit in Wasser [1,2]
Wasserstoff (H_2)	0,090	−253	0,022	Schwefelwasserstoff (H_2S)	1,539	−60	4,7
Helium (He)	0,178	−269	0,01	Chlorwasserstoff (HCl)	1,639	−85	525
Stickstoff (N_2)	1,250	−196	0,024	Kohlenstoffdioxid (CO_2)	1,977	−78,5 [3]	1,71
Sauerstoff (O_2)	1,429	−183	0,05	Luft	1,293	−194,4	0,03
Chlor (Cl_2)	3,214	−35	4,61	Schwefeldioxid (SO_2)	2,926	−10,0	79,8
Ammoniak (NH_3)	0,771	−33,4	1175				

[1] bei 0 °C und 1013 hPa
[2] Quotient aus dem Volumen der (lösbaren) Gasportion und dem Volumen des Wassers (bei 0 °C und 1013 hPa)
[3] Sublimationstemperatur

Größen und Einheiten

Name	Zeichen	Größe, Beziehung	Erläuterungen	Einheitenname	Einheitenzeichen
Masse	m			[Kilo]gramm	[k]g
Volumen	V		Produkt aus drei Längen	Kubik[zenti]meter Liter Milliliter	[c]m³ 1 l = 1 dm³ 1 ml = 1 cm³
Dichte	ϱ	$\varrho = \frac{m}{V}$	m: Masse der Stoffportion V: Volumen der Stoffportion		g/cm³ 1 g/l = 0,001 g/cm³
Massenanteil	w	$w_1 = \frac{m_1}{m_S}$	m_1: Masse des Bestandteils 1 m_S: Summe aller Massen (Gesamtmasse)	Prozent	1 $1\% = \frac{1}{100}$
Volumenanteil	φ	$\varphi_1 = \frac{V_1}{V_S}$	V_1: Volumen des Bestandteils 1 V_S: Summe aller Volumina vor dem Mischen	Prozent	1 $1\% = \frac{1}{100}$
Massenkonzentration	β	$\beta = \frac{m_1}{V}$	m_1: Masse des gelösten Bestandteils V: Volumen der Lösung		g/l
Kraft	F	$F = m \cdot a$	a: Beschleunigung	Newton	$1\,N = \frac{1\,kg \cdot m}{s^2}$
Druck	p	$p = \frac{F}{A}$	A: Flächeninhalt	Pascal Bar Millibar	$1\,Pa = 1\frac{N}{m^2}$ $1\,bar = 10^5\,Pa$ 1 mbar = 1 hPa
Energie	E	$W = F \cdot s$	Energie ist die Fähigkeit zur Arbeit W s: Weglänge	Joule Kilojoule	1 J = 1 N · m kJ
Celsiustemperatur	t, ϑ			Grad Celsius	°C
thermodynamische Temperatur	T	$\frac{T}{K} = \frac{t}{°C} + 273{,}15$		Kelvin	K

Dezimale Vielfache und Teile von Einheiten

Vorsatz		Faktor
p	Piko	10^{-12}
n	Nano	10^{-9}
µ	Mikro	10^{-6}
m	Milli	10^{-3}
c	Zenti	10^{-2}
d	Dezi	10^{-1}
da	Deka	10
h	Hekto	10^{2}
k	Kilo	10^{3}
M	Mega	10^{6}
G	Giga	10^{9}

Umrechnung von Massen- und Volumeneinheiten

1 Tonne = 1000 Kilogramm = 1 000 000 Gramm
1 t = 1000 kg = 1 000 000 g = 10^6 g

1 Gramm = 1000 Milligramm = 1 000 000 Mikrogramm
1 g = 1000 mg = 1 000 000 µg = 10^6 µg

1 Kubikmeter = 1000 Kubikdezimeter = 1000 Liter
1 m³ = 1000 dm³ = 10^3 dm³ = 1000 l = 10^3 l

1 Kubikdezimeter = 1000 Kubikzentimeter = 1 Liter
1 dm³ = 1000 cm³ = 1 l

1 Kubikzentimeter = 0,001 Liter = 1 Milliliter
1 cm³ = 0,001 l = 1 ml

Hinweise auf besondere Gefahren: R-Sätze

R 1	In trockenem Zustand explosionsgefährlich
R 2	Durch Schlag, Reibung, Feuer oder andere Zündquellen explosionsgefährlich
R 3	Durch Schlag, Reibung, Feuer oder andere Zündquellen besonders explosionsgefährlich
R 4	Bildet hoch empfindliche explosionsgefährliche Metallverbindungen
R 5	Beim Erwärmen explosionsfähig
R 6	Mit und ohne Luft explosionsfähig
R 7	Kann Brand verursachen
R 8	Feuergefahr bei Berührung mit brennbaren Stoffen
R 9	Explosionsgefahr bei Mischung mit brennbaren Stoffen
R 10	Entzündlich
R 11	Leicht entzündlich
R 12	Hochentzündlich
R 14	Reagiert heftig mit Wasser
R 15	Reagiert mit Wasser unter Bildung hochentzündlicher Gase
R 16	Explosionsgefährlich in Mischung mit Brand fördernden Stoffen
R 17	Selbstentzündlich an der Luft
R 18	Bei Gebrauch Bildung explosionsfähiger/leicht entzündlicher Dampf-Luft-Gemische möglich
R 19	Kann explosionsfähige Peroxide bilden
R 20	Gesundheitsschädlich beim Einatmen
R 21	Gesundheitsschädlich bei Berührung mit der Haut
R 22	Gesundheitsschädlich beim Verschlucken
R 23	Giftig beim Einatmen
R 24	Giftig bei Berührung mit der Haut
R 25	Giftig beim Verschlucken
R 26	Sehr giftig beim Einatmen
R 27	Sehr giftig bei Berührung mit der Haut
R 28	Sehr giftig beim Verschlucken
R 29	Entwickelt bei Berührung mit Wasser giftige Gase
R 30	Kann bei Gebrauch leicht entzündlich werden
R 31	Entwickelt bei Berührung mit Säure giftige Gase
R 32	Entwickelt bei Berührung mit Säure sehr giftige Gase
R 33	Gefahr kumulativer Wirkungen
R 34	Verursacht Verätzungen
R 35	Verursacht schwere Verätzungen
R 36	Reizt die Augen
R 37	Reizt die Atmungsorgane
R 38	Reizt die Haut
R 39	Ernste Gefahr irreversiblen Schadens
R 40	Verdacht auf Krebs erzeugende Wirkung
R 41	Gefahr ernster Augenschäden
R 42	Sensibilisierung durch Einatmen möglich
R 43	Sensibilisierung durch Hautkontakt möglich
R 44	Explosionsgefahr bei Erhitzen unter Einschluss
R 45	Kann Krebs erzeugen
R 46	Kann vererbbare Schäden verursachen
R 48	Gefahr ernster Gesundheitsschäden bei längerer Exposition
R 49	Kann Krebs erzeugen beim Einatmen
R 50	Sehr giftig für Wasserorganismen
R 51	Giftig für Wasserorganismen
R 52	Schädlich für Wasserorganismen
R 53	Kann in Gewässern längerfristig schädliche Wirkung haben
R 54	Giftig für Pflanzen
R 55	Giftig für Tiere
R 56	Giftig für Bodenorganismen
R 57	Giftig für Bienen
R 58	Kann längerfristig schädliche Wirkungen auf die Umwelt haben
R 59	Gefährlich für die Ozonschicht
R 60	Kann die Fortpflanzungsfähigkeit beeinträchtigen
R 61	Kann das Kind im Mutterleib schädigen
R 62	Kann möglicherweise die Fortpflanzungsfähigkeit beeinträchtigen
R 63	Kann das Kind im Mutterleib möglicherweise schädigen
R 64	Kann Säuglinge über die Muttermilch schädigen
R 65	Gesundheitsschädlich: Kann beim Verschlucken Lungenschäden verursachen
R 66	Wiederholter Kontakt kann zu spröder und rissiger Haut führen
R 67	Dämpfe können Schläfrigkeit und Benommenheit verursachen
R 68	Irreversibler Schaden möglich

Beispielhafte Kombinationen der R-Sätze (Auszug)

R 14/15	Reagiert heftig mit Wasser unter Bildung hoch entzündlicher Gase
R 15/29	Reagiert mit Wasser unter Bildung giftiger und hoch entzündlicher Gase
R 20/21	Gesundheitsschädlich beim Einatmen und bei Berührung mit der Haut
R 20/22	Gesundheitsschädlich beim Einatmen und Verschlucken
R 20/21/22	Gesundheitsschädlich beim Einatmen, Verschlucken und bei Berührung mit der Haut
R 21/22	Gesundheitsschädlich bei Berührung mit der Haut und beim Verschlucken
R 26/27/28	Sehr giftig beim Einatmen, Verschlucken und bei Berührung mit der Haut
R 36/37/38	Reizt die Augen, Atmungsorgane und die Haut
R 39/23	Giftig: ernste Gefahr irreversiblen Schadens durch Einatmen
R 39/24	Giftig: ernste Gefahr irreversiblen Schadens bei Berührung mit der Haut
R 39/25	Giftig: ernste Gefahr irreversiblen Schadens durch Verschlucken
R 39/23/24	Giftig: ernste Gefahr irreversiblen Schadens durch Einatmen und Berührung mit der Haut
R 39/23/25	Giftig: ernste Gefahr irreversiblen Schadens durch Einatmen und durch Verschlucken
R 39/24/25	Giftig: ernste Gefahr irreversiblen Schadens bei Berührung mit der Haut und durch Verschlucken
R 39/23/24/25	Giftig: ernste Gefahr irreversiblen Schadens durch Einatmen, bei Berührung mit der Haut und durch Verschlucken
R 39/26/27	Sehr giftig: ernste Gefahr irreversiblen Schadens durch Einatmen und bei Berührung mit der Haut
R 39/26/28	Sehr giftig: ernste Gefahr irreversiblen Schadens durch Einatmen und Verschlucken
R 39/27/28	Sehr giftig: ernste Gefahr irreversiblen Schadens bei Berührung mit der Haut und durch Verschlucken
R 68/22	Gesundheitsschädlich: Möglichkeit irreversiblen Schadens durch Verschlucken
R 68/20/21	Gesundheitsschädlich: Möglichkeit irreversiblen Schadens durch Einatmen und bei Berührung mit der Haut

Sicherheitsratschläge: S-Sätze

S 1	Unter Verschluss aufbewahren
S 2	Darf nicht in die Hände von Kindern gelangen
S 3	Kühl aufbewahren
S 4	Von Wohnplätzen fern halten
S 5	Unter … aufbewahren (geeignete Flüssigkeit vom Hersteller anzugeben)
S 6	Unter … aufbewahren (inertes Gas vom Hersteller anzugeben)
S 7	Behälter dicht geschlossen halten
S 8	Behälter trocken halten
S 9	Behälter an einem gut gelüfteten Ort aufbewahren
S 12	Behälter nicht gasdicht verschließen
S 13	Von Nahrungsmitteln, Getränken und Futtermitteln fern halten
S 14	Von … fern halten (inkompatible Substanzen vom Hersteller anzugeben)
S 15	Vor Hitze schützen
S 16	Von Zündquellen fern halten – Nicht rauchen
S 17	Von brennbaren Stoffen fern halten
S 18	Behälter mit Vorsicht öffnen und handhaben
S 20	Bei der Arbeit nicht essen und trinken
S 21	Bei der Arbeit nicht rauchen
S 22	Staub nicht einatmen
S 23	Gas/Rauch/Dampf/Aerosol nicht einatmen (geeignete Bezeichnung[en] vom Hersteller anzugeben)
S 24	Berührung mit der Haut vermeiden
S 25	Berührung mit den Augen vermeiden
S 26	Bei Berührung mit den Augen gründlich mit Wasser abspülen und Arzt konsultieren
S 27	Beschmutzte, getränkte Kleidung sofort ausziehen
S 28	Bei Berührung mit der Haut sofort abwaschen mit viel … (vom Hersteller anzugeben)
S 29	Nicht in die Kanalisation gelangen lassen
S 30	Niemals Wasser hinzugießen
S 33	Maßnahmen gegen elektrostatische Aufladung treffen
S 35	Abfälle und Behälter müssen in gesicherter Weise beseitigt werden
S 36	Bei der Arbeit geeignete Schutzkleidung tragen
S 37	Geeignete Schutzhandschuhe tragen
S 38	Bei unzureichender Belüftung Atemschutzgerät anlegen
S 39	Schutzbrille/Gesichtsschutz tragen
S 40	Fußboden und verunreinigte Gegenstände mit … reinigen (vom Hersteller anzugeben)
S 41	Explosions- und Brandgase nicht einatmen
S 42	Beim Räuchern/Versprühen geeignetes Atemschutzgerät anlegen (geeignete Bezeichnung[en] vom Hersteller anzugeben)
S 43	Zum Löschen … (vom Hersteller anzugeben) verwenden (wenn Wasser die Gefahr erhöht, anfügen: „Kein Wasser verwenden“)
S 45	Bei Unfällen oder Unwohlsein sofort Arzt zuziehen (wenn möglich, dieses Etikett vorzeigen)
S 46	Bei Verschlucken sofort ärztlichen Rat einholen und Verpackung oder Etikett vorzeigen
S 47	Nicht bei Temperaturen über … °C aufbewahren (vom Hersteller anzugeben)
S 48	Feucht halten mit … (geeignetes Mittel vom Hersteller anzugeben)
S 49	Nur im Originalbehälter aufbewahren
S 50	Nicht mischen mit … (vom Hersteller anzugeben)
S 51	Nur in gut belüfteten Bereichen verwenden
S 52	Nicht großflächig für Wohn- und Aufenthaltsräume zu verwenden
S 53	Exposition vermeiden. Vor Gebrauch besondere Anweisung einholen
S 56	Diesen Stoff und seinen Behälter der Problemabfallentsorgung zuführen
S 57	Zur Vermeidung einer Kontamination der Umwelt geeigneten Behälter verwenden
S 59	Informationen zur Wiederverwendung/Wiederverwertung beim Hersteller/Lieferanten erfragen
S 60	Dieser Stoff und/oder sein Behälter sind als gefährlicher Abfall zu entsorgen
S 61	Freisetzung in die Umwelt vermeiden. Besondere Anweisungen einholen/Sicherheitsdatenblatt zu Rate ziehen
S 62	Bei Verschlucken kein Erbrechen herbeiführen. Sofort ärztlichen Rat einholen und Verpackung oder dieses Etikett vorzeigen
S 63	Bei Unfall durch Einatmen: Verunfallten an die frische Luft bringen und ruhig stellen
S 64	Bei Verschlucken Mund mit Wasser ausspülen (nur wenn Verunfallter bei Bewusstsein ist)

Beispielhafte Kombination der S-Sätze (Auszug)

S 1/2	Unter Verschluss und für Kinder unzugänglich aufbewahren
S 3/7	Behälter dicht geschlossen halten und an einem kühlen Ort aufbewahren
S 3/14	An einem kühlen Ort entfernt von … aufbewahren (die Stoffe, mit denen Kontakt vermieden werden muss, sind vom Hersteller anzugeben)
S 3/9/14	An einem kühlen, gut gelüfteten Ort, entfernt von … aufbewahren (die Stoffe, mit denen Kontakt vermieden werden muss, sind vom Hersteller anzugeben)
S 3/9/49	Nur im Originalbehälter an einem kühlen, gut gelüfteten Ort aufbewahren
S 7/8	Behälter trocken und dicht geschlossen halten
S 7/9	Behälter dicht geschlossen an einem gut gelüfteten Ort aufbewahren
S 20/21	Bei der Arbeit nicht essen, trinken, rauchen
S 24/25	Berührung mit den Augen und der Haut vermeiden
S 36/37	Bei der Arbeit geeignete Schutzhandschuhe und Schutzkleidung tragen
S 36/39	Bei der Arbeit geeignete Schutzkleidung und Schutzbrille/Gesichtsschutz tragen
S 37/39	Bei der Arbeit geeignete Schutzhandschuhe und Schutzbrille/Gesichtsschutz tragen
S 36/37/39	Bei der Arbeit geeignete Schutzkleidung, Schutzhandschuhe und Schutzbrille/Gesichtsschutz tragen
S 47/49	Nur im Originalbehälter bei einer Temperatur von nicht über … °C (vom Hersteller anzugeben) aufbewahren

Entsorgung von Chemikalienabfällen

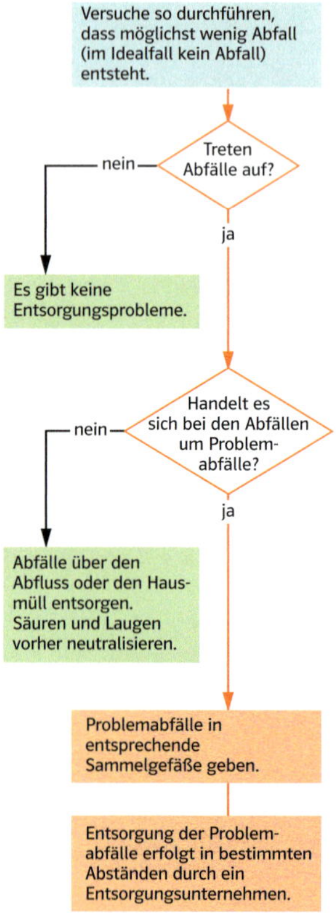

B1 Abfälle beim Experimentieren

Nach der Durchführung von Experimenten bleiben oft Abfälle (z. B. Chemikalienreste oder Reaktionsprodukte) zurück. Diese Abfälle können gesundheits-, luft- oder wassergefährdend, explosionsgefährlich oder brennbar sein. Nach dem Abfallgesetz werden solche Abfälle als **Problemabfälle** bezeichnet. Zur Entsorgung der Problemabfälle stehen im Chemieraum geeignete Sammelgefäße zur Verfügung. Bleiben z. B. nach einem Experiment Benzinreste zurück, so dürfen diese nicht einfach in den Ausguss gegeben werden, da sie auf diese Weise über das Abwasser in die Umwelt gelangen würden. Die Benzinreste müssen deshalb in ein Sammelgefäß für organische Lösungsmittel gegeben werden. Die gesammelten Abfälle werden in bestimmten Abständen von einem Entsorgungsunternehmen abgeholt und wiederaufbereitet oder als Sondermüll beseitigt (Müllverbrennung oder Sondermüll-Deponierung [B2]).

Möglichst wenig Abfälle. Besonders im Chemieunterricht gilt der Grundsatz Abfälle möglichst zu vermeiden [B1]. Gerade die Entsorgung von Problemabfällen ist oft schwierig und mit Umweltgefährdungen verbunden. Bei der Versuchsdurchführung sind deshalb nur möglichst kleine Stoffportionen zu verwenden. In der Regel wird ein Versuchsergebnis durch die Verwendung größerer Stoffportionen nicht verbessert. Entscheidend ist die sorgfältige und genaue Durchführung der Versuche.

B2 Lagerung von Sondermüll in einer Untertage-Deponie

Wassergefährdungsklassen. Viele Problemabfälle aus dem Chemieunterricht sind flüssig. Werden sie über den Ausguss beseitigt, können sie unterschiedlich stark die Umwelt belasten. Zur Unterscheidung der Wassergefährdung teilt man die Chemikalien in **vier Wassergefährdungsklassen (WGK)** ein. Chemikalien, die ungiftig und biologisch ab-baubar sind, gehören der Wassergefährdungsklasse 0 an, alle anderen werden je nach ihrem Gefährdungsgrad in die Klassen 1 bis 3 ein-gestuft.

WGK 0:	im Allgemeinen nicht wassergefährdend, z. B. Alkohol (Ethanol) oder Kochsalzlösung
WGK 1:	schwach wassergefährdend, z. B. Säuren oder Laugen
WGK 2:	wassergefährdend, z. B. Dieselöl oder Benzin
WGK 3:	stark wassergefährdend, z. B. Quecksilber oder Quecksilberverbindungen

Nur Chemikalien, die der Wassergefährdungsklasse 0 angehören, dürfen in kleinen Mengen in den Ausguss gegeben werden. Alle anderen Chemikalien müssen zunächst gesammelt und dann entsorgt werden.

Kennzeichnung der Sammelgefäße. Da viele Chemikalienabfälle Gefahrstoffe sind, müssen die Sammelgefäße mit den international gebräuchlichen Gefahrensymbolen gekennzeichnet werden. Bestehen die Abfälle aus einem Gemisch unterschiedlicher Gefahrstoffe, wird mit dem Gefahrensymbol gekennzeichnet, das den gefährlichsten Stoff des Gemisches angibt.

Entsorgungsplan. Bei der Sammlung der Abfälle ist ein Entsorgungsplan nützlich, der in übersichtlicher Form zeigt, in welcher Weise die Chemikalienreste gesammelt und entsorgt werden. Der abgebildete Entsorgungsplan (nächste Seite) zeigt beispielhaft, wie Chemikalienabfälle gesammelt und weitergeleitet werden können. Fallen im Unterricht noch weitere Abfälle an, muss der Plan ergänzt oder abgeändert werden.

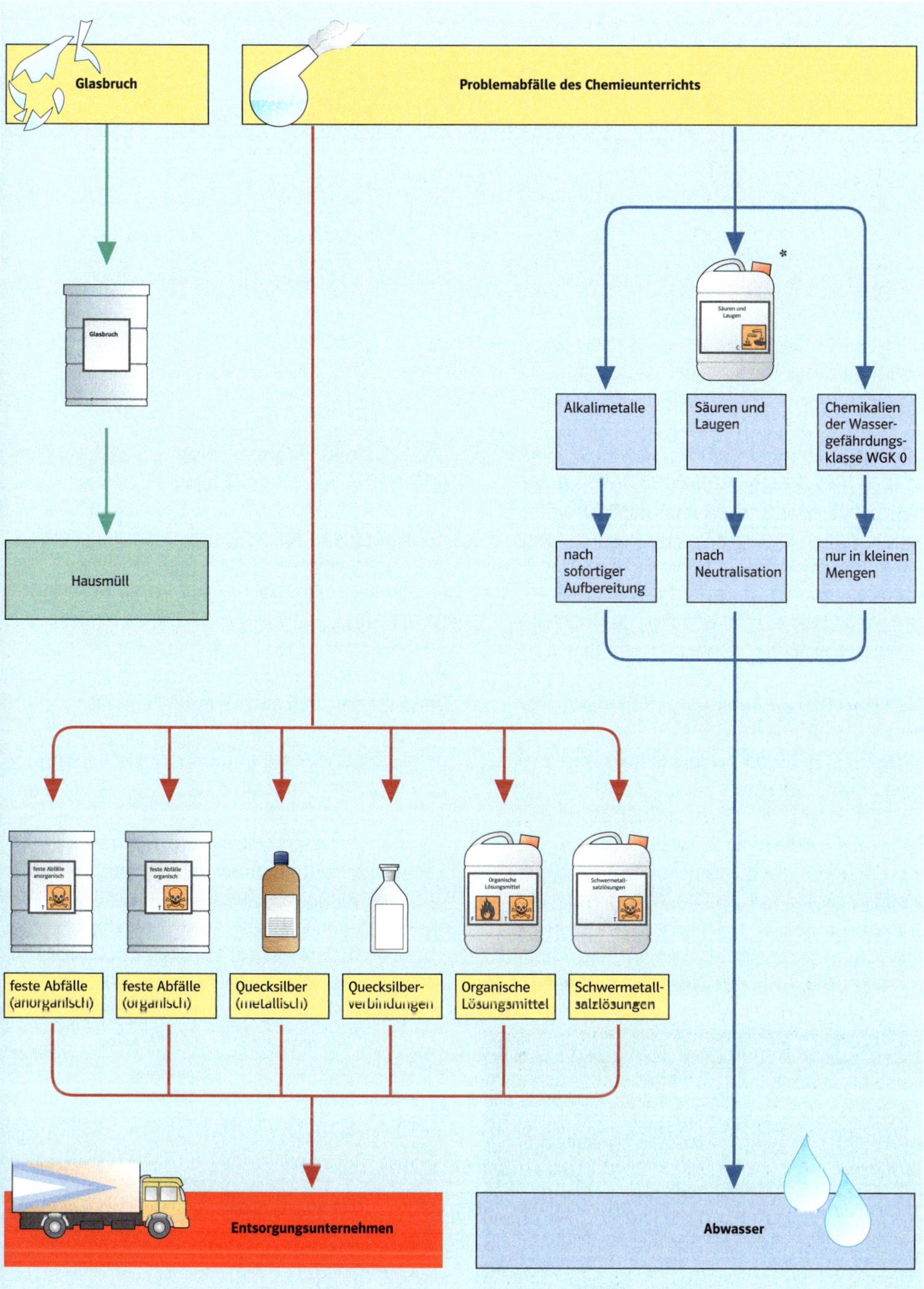

* Problemabfälle müssen in geeigneten Sammelgefäßen aus Kunststoff oder Glas gesammelt werden.

Zeichnerische Darstellung von Versuchsaufbauten

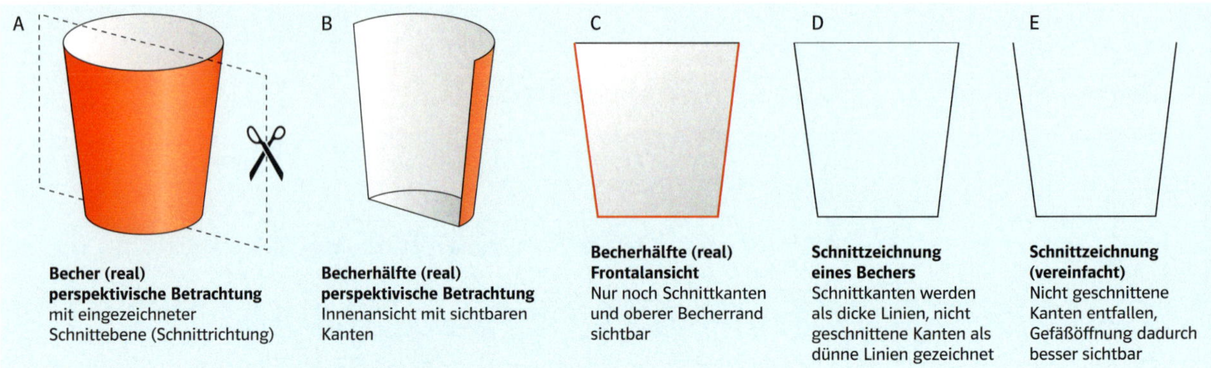

B1 Vom realen Gegenstand zur Schnittzeichnung

Chemische Experimente werden mit speziellen **Laborgeräten** durchgeführt. Werden *mehrere* solcher Geräte zu einer Versuchsapparatur zusammengebaut, kann eine Skizze den Aufbau und die Funktion der Apparatur verdeutlichen und eine Hilfe bei der Beschreibung und Auswertung des Experiments sein. Im Folgenden wird gezeigt, wie man Geräte und Apparaturen *zweckmäßig zeichnerisch darstellen* kann.

Die Schnittdarstellung [B1]. Schneidet man einen Becher aus Pappe der Länge nach in der Mitte durch (A) und betrachtet die Innenseite einer Hälfte, erkennt man die Schnittkanten und Halbbögen der Becheröffnung und des Bodens (B). Bei *frontaler* Betrachtung (C) sieht man nur noch Schnittkanten und Becherrand (als gerade Linie). Diese Ansicht eignet sich gut für zeichnerische Zwecke: Das Bild ist einfach und enthält alles Wesentliche. Schnittlinien werden dick, die übrigen sichtbaren Kanten dünn gezeichnet (D). Oft lässt man auch noch die dünnen Linien weg (E). Man erhält eine **einfache Schnittdarstellung**.

Zeichnung von Apparaturen. [B2] zeigt eine Destillationsapparatur als Foto, [B3] als *einfache Schnittdarstellung*. In der *Zeichnung* ist die Apparatur *nicht mit allen Einzelteilen* wiedergegeben. Das Stativmaterial fehlt ganz, da es nur zur Befestigung dient; die Zeichnung gewinnt dadurch an Übersichtlichkeit. Dagegen müssen die *entscheidenden Geräte* deutlich gezeichnet und benannt sowie ihre Verbindungen untereinander dargestellt sein.

Bei manchen Geräten ist jedoch eine *exakte* Schnittdarstellung unnötig (z. B. Brenner) oder unzweckmäßig (z. B. Keramik-Drahtnetz, Thermometer, Dreifuß). Man stellt diese Geräte ebenfalls frontal betrachtet, aber in einer vereinfachten oder symbolhaften Form dar.

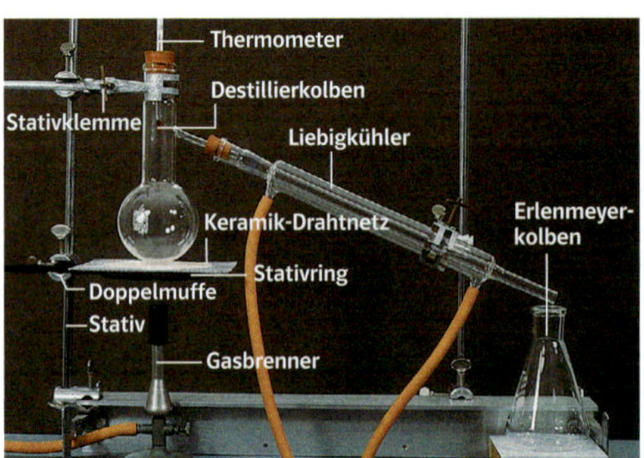

B2 Foto einer Destillationsapparatur

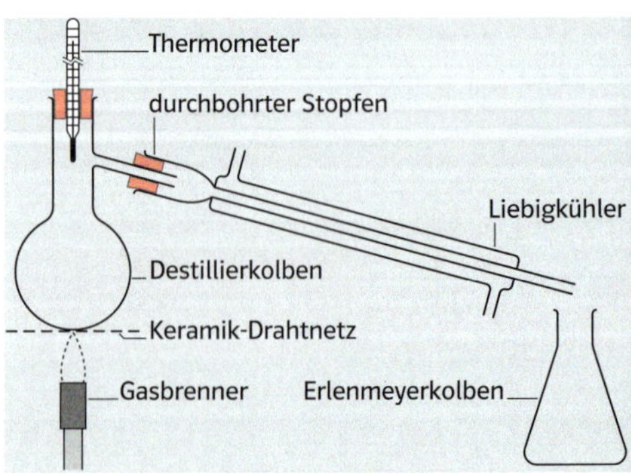

B3 Schnittzeichung einer Destillationsapparatur

Laborgeräte

So zeichnet man z.B. in einem Versuchsprotokoll:

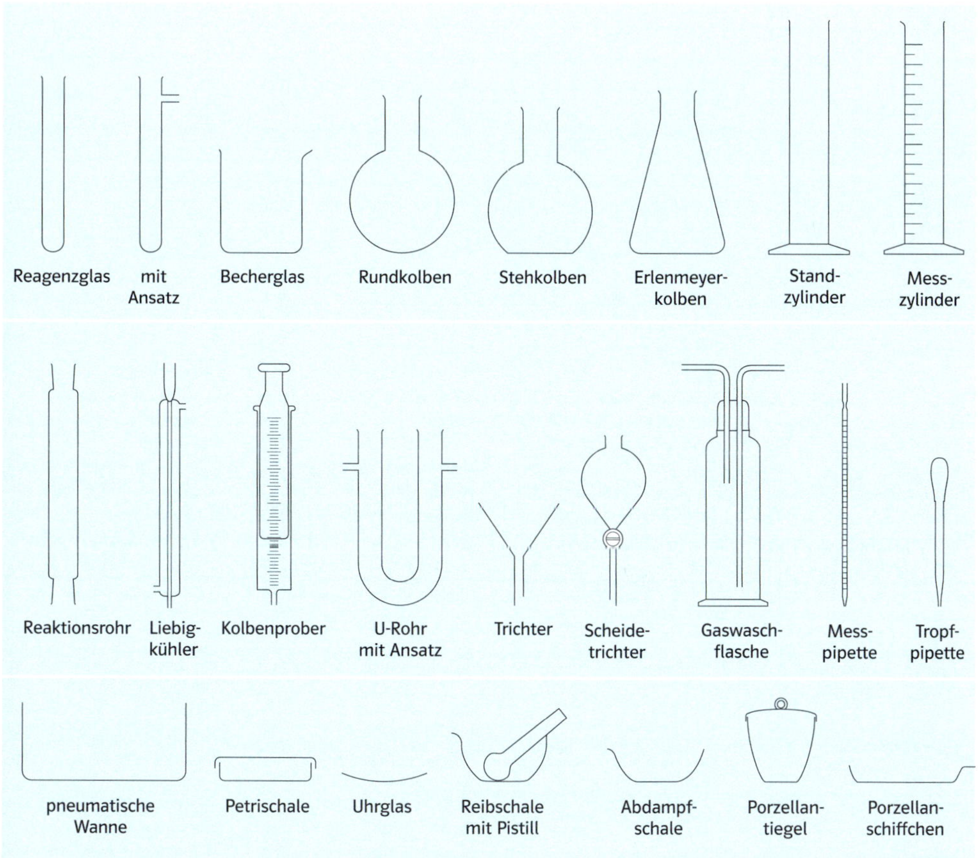

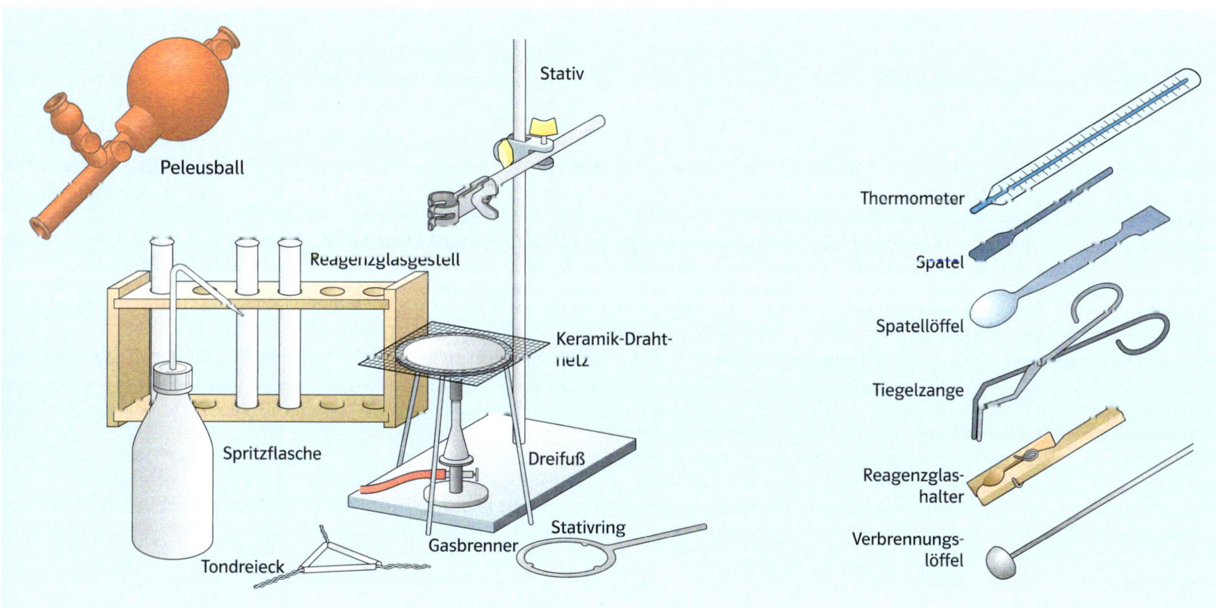

Stichwortverzeichnis

U1.1 Getty Images (Photographer's Choice/Pete Atkinson), München; **U1.2** Getty Images (Dorling Kindersley/Clive Streeter), München; **U1.3** plainpicture GmbH & Co. KG (Grimm), Hamburg; **6.1** Sascha Reuers, Essen; **6.2** Klett-Archiv (Fabian H. Silberzahn), Stuttgart; **8.3a** Corel Corporation Deutschland, Unterschleissheim; **8.3b** Getty Images RF (Photo Disc), München; **8.3c** Ingram Publishing, Tattenhall Chester; **8.3d** Klett-Archiv (Hartmut Fahrenhorst), Stuttgart; **9.1a** Klett-Archiv (Seilnacht), Stuttgart; **9.1b, 9.1c** Klett-Archiv, Stuttgart; **9.1d** Klett-Archiv (Thomas Seilnacht), Stuttgart; **10.1a** FIRE Foto, Thomas Gaulke (Thomas Gaulke), München; **10.1b** SUPERBILD (Number_Three), Taufkirchen/München; **10.2** Klett-Archiv, Stuttgart; **11.1** Mauritius Images (Spectrum), Mittenwald; **11.2** Schlüter, Heinz (Heinz Schlüter), Flensburg; **12.1a** Klett-Archiv (Thomas Seilnacht), Stuttgart; **12.1b** Eisenbeiss, Hermann, Bad Kohlgrub; **12.1c** Klett-Archiv (Thomas Seilnacht), Stuttgart; **12.1d** Eisenbeiss, Hermann, Bad Kohlgrub; **161.1** Getty Images (Mel Yates), München; **161.2** Avenue Images GmbH (PhotoDisc), Hamburg; **161.3** Look at Sciences (CNRS), Pantin; **161.4** Corbis (Streichan), Düsseldorf; **161.5** Getty Images/Photographer's Choice RF/David Gould; **161.6** Avenue Images GmbH (fStop), Hamburg; **161.7** Getty Images (Stone/Rosenfeld), München; **162.1** Klett-Archiv (Toni Cramer), Stuttgart; **162.2** imago sportfotodienst, Berlin; **162.3** iStockphoto, Calgary, Alberta; **163.4** Mauritius Images, Mittenwald; **163.5a** Fotolia LLC (Hans Peter Loosli), New York; **163.5b** Klett-Archiv (Aribert Jung), Stuttgart; **163.6** culture-images (GP), Köln; **163.7a** Getty Images (DEA/A. RIZZI), München; **163.7b** Okapia (Breck P. Kent), Frankfurt; **164.2a** Avenue Images GmbH (Corbis RF), Hamburg; **164.2b** Avenue Images GmbH (Corbis RF), Hamburg; **164.2c** Comstock, Luxemburg; **164.2d** Comstock, Luxemburg; **164.2e** Dream Maker Software (RF), Colorado; **165.5, 165.6** Klett-Archiv, Stuttgart; **166.1** Getty Images (Time Life Pictures/Mansell), München; **167.2a+b** Klett-Archiv (Brückl), Stuttgart; **169.2** Klett-Archiv (Aribert Jung), Stuttgart; **172.1** Deutsches Museum, München; **173.2** Strasser, Stephan, Witterswil; **173.3** Hess - Holzspielzeug GmbH & Co. KG, Olbernhau; **174.1, 174.2a 174.2b, 174.3, 175.6a, 175.6b, 175.6c, 176.1, 176.2, 176.3, 177.6a, 177.6b, 177.6c, 178.1, 178.2, 179.4, 180.1, 180.2, 180.3, 180.4, 181.5a, 181.5b, 181.5c** Klett-Archiv, Stuttgart; **182.1** MEV Verlag GmbH, Augsburg; **182.2** Stadt- und Hospitalarchiv, Schwäbisch Hall; **182.3** Staatsbad Salzuflen GmbH, Bad Salzuflen; **183.4** Stadt- und Hospitalarchiv, Schwäbisch Hall; **183.5a, 183.5b** Stadt- und Hospitalarchiv, Schwäbisch Hall; **184.1** Bayerische Landesanstalt für Landwirtschaft (LfL), Freising; **184.3** WILDLIFE Bildagentur GmbH (S.E.Arndt), Hamburg; **185.1** Getty Images RF (Photodisc/John Lund), München; **185.2** Okapia (Johan De Meester), Frankfurt; **186.1a, 186.1c** Klett-Archiv (Seilnacht), Stuttgart; **186.1d, 186.1e** Klett-Archiv, Stuttgart; **186.2a, 186.2b, 186.2c, 186.2d, 186.2e** Klett-Archiv (Seilnacht), Stuttgart; **186.3a** Klett-Archiv, Stuttgart; **186.3b** Klett-Archiv (Seilnacht), Stuttgart; **186.3c** Klett-Archiv, Stuttgart; **187.1b** Klett-Archiv (Seilnacht), Stuttgart; **187.5** Osram GmbH ZVA-WI, München; **187.5b** Osram GmbH ZVA-WI, München; **188.2a, 188.2b, 188.2c** Klett-Archiv, Stuttgart; **188.3, 188.4** Deutsches Museum, München; **189.5** Klett-Archiv, Stuttgart; **189.8** Heinze, Bernhard (Bernhard Heinze), Geislingen; **190.1** Klett-Archiv, Stuttgart; **191.4** Corbis, Düsseldorf; **192.2** Deutsches Museum, München; **193.3** imago sportfotodienst (Ulmer), Berlin; **196** Bilderberg, Hamburg; **196.2** Corbis (Corbis Sygma), Düsseldorf; **204.2** Klett-Archiv (Zuckerfabrik digital), Stuttgart; **204.3** Okapia (V.Steger/P.Arnold), Frankfurt; **207.1** © John W. Banagan; **207.2** Klett-Archiv (Hartmut Fahrenhorst), Stuttgart; **207.3** Helga Lade, Frankfurt; **207.5** Getty Images (Ben Edwards), München; **207.6** Galerie Zauberwelt, Trier; **208.1** AKG, Berlin; **208.2** AKG, Berlin; **208.2** K+S Aktiengesellschaft, Kassel; **208.4** Prof. Dr. Rüdiger Blume, Bielefeld; **209.5** H.B. Schleifmittel GmbH, Ransbach - Baumbach; **209.6a** Klett-Archiv (Toni Cramer), Stuttgart; **209.6j** Klett-Archiv (Aribert Jung), Stuttgart; **209.6b, 209.6c, 209.6d, 209.6e, 209.6f, 209.6g, 209.6h, 209.6i** Klett-Archiv (Toni Cramer), Stuttgart; **210.2, 211.4** Klett-Archiv, Stuttgart; **211.5** Mauritius Images, Mittenwald; **211.6** FOCUS (SPL/National Cancer Institute), Hamburg; **213.4** Getty Images, München; **213.5** FOCUS (Wayne Scherr), Hamburg; **213.6** Klett-Archiv (Thomas Seilnacht), Stuttgart; **213.7** Fachhochschule Jena (FB SciTec, SG Werkstofftechnik), Jena; **214.1** Mauritius Images, Mittenwald; **214.2, 214.3, 217.1** Klett-Archiv, Stuttgart; **217.2** Getty Images (Stock4B Creative), München; **217.3** Freilichtmuseum an der Glentleiten, Groáweil; **218.1, 219.1** Klett-Archiv, Stuttgart; **220.1** Klett-Archiv (Aribert Jung), Stuttgart; **220.2** FOCUS (Degginger/NatureSource), Hamburg; **220.3** laif (Kurt Henseler), Köln; **220.4** NOAA, Washington, DC; **220.5** Brigitte Karwath (Brigitte Karwath), Baden-Baden; **221.1** Helga Lade (E.Bergmann), Frankfurt; **221.2** RW silicium GmbH, Pocking; **221.3** Wacker Siltronic AG, Burghausen; **221.4** IBM Deutschland GmbH, Stuttgart-Kornwestheim; **224.1** Okapia (Breck P. Kent), Frankfurt; **224.2** Stefan Schorn (Mineralienatlas/Frank Liebscher), Vaterstetten; **224.3** Getty Images (Colin Keates), München; **225.5** Premium-Werbeartikel GmbH, Paderborn; **225.7** Getty Images (Photonica/Special Photographers), München; **226.1** Mauritius Images

(AGE), Mittenwald; **226.2** Klett-Archiv (Toni Cramer), Stuttgart; **226.3** Ullstein Bild GmbH (Paul Springett), Berlin; **226.4** Helga Lade, Frankfurt; **227.6** PantherMedia GmbH (Christine Tom), München; **227.7** Klett-Archiv (Toni Cramer), Stuttgart; **227.8** iStockphoto (Jarrett Green), Calgary, Alberta; **227.9** plainpicture GmbH & Co. KG (artur), Hamburg; **227.10** Mauritius Images, Mittenwald; **228.1** Klett-Archiv, Stuttgart; **228.3** Getty Images (stone/Paul Hurd), München; **228.4** Mauritius Images (age), Mittenwald; **229.2, 229.3** Klett-Archiv, Stuttgart; **230.1** MEV Verlag GmbH, Augsburg; **230.2** StockFood GmbH, München; **230.4** Klett-Archiv (Bettina Sommer), Stuttgart; **231.6, 231.7, 232.2** Klett-Archiv, Stuttgart; **234.5** Getty Images (Photonica/Neo Vision), München; **234.6** Picture-Alliance (dpa), Frankfurt; **234.7** Caro Fotoagentur (Hoffmann), Berlin; **235.2** Getty Images (Stone/Rosemary Weller), München; **235.3** MEV Verlag GmbH, Augsburg; **235.4a, 235.4b, 235.4c** Infoherz New Media GmbH, Neubrandenburg; **237.1** Getty Images (The Image Bank/Wayne R. Bilenduke), München; **237.2** Getty Images (Photographer's Choice/Jack Ambrose), München; **237.3, 237.3** Klett-Archiv, Stuttgart; **237.4** Getty Images (Iconica/George Diebold Photography), München; **237.4** Helga Lade (D.Rose), Frankfurt; **237.5** Tierbildarchiv Angermayer (Hans Pfletschinger), Holzkirchen; **237.5** Klett-Archiv (Zuckerfabrik digital), Stuttgart; **237.6** Getty Images (Robert Harding World Im./Thorsten Mils), München; **238.1** Corel Corporation Deutschland, Unterschleissheim; **238.2** blickwinkel (Hecker/Sauer), Witten; **238.3a, 238.3b, 238.3c** Klett-Archiv (Toni Cramer), Stuttgart; **238.4a** Corbis (Craig Tuttle), Düsseldorf; **238.4b** Avenue Images GmbH (Corbis RF), Hamburg; **239.5** Klett-Archiv (Toni Cramer), Stuttgart; **239.6** Klett-Archiv, Stuttgart; **239.7** PantherMedia GmbH (Katrin Figge), München; **239.8** Harald Lange Naturbild, Bad Lausick; **244.1** Graphit Kropfmühl AG, Hauzenberg; **244.1a, 244.1b** Avenue Images GmbH (Corbis), Hamburg; **244.3** Deutsches Museum, München; **245.6** Prof. Dr. Hertel, Tobias, Nashville, TN; **247.4** Deutsches Museum, München; **248.1** LAZI film foto, Stuttgart; **249.3** Okapia (Karl Gottfried Vock), Frankfurt; **249.7** Carl Zeiss AG, Oberkochen; **250.2a, 250.2b** Klett-Archiv, Stuttgart; **252.1, 252.2** Klett-Archiv (Zuckerfabrik digital), Stuttgart; **254.1** StockFood GmbH (Johansen), München; **254.2** LAZI film foto (Franz Lazi), Stuttgart; **255.1** Getty Images RF (Photographer's Choice/Küster), München; **259.1** iStockphoto (RF), Calgary, Alberta; **259.2** Arnold Holste, Bielefeld; **259.3, 259.4** Klett-Archiv (Zuckerfabrik digital), Stuttgart; **259.5** vario images GmbH & Co.KG (Juergen Moers), Bonn; **259.6** Bildarchiv Sammer, Neuenkirchen; **259.7** PantherMedia GmbH, München; **260.1a** Rich. Hengstenberg, Esslingen; **260.1b** StockFood GmbH (Schliack, Amos), München; **260.1c, 260.2** Klett-Archiv, Stuttgart; **260.3** Klett-Archiv (Ralph Grimmel), Stuttgart; **260.4** ThyssenKrupp AG, Düsseldorf; **260.5** Mauritius Images (J.Bauer), Mittenwald; **261.6** Klett-Archiv, Stuttgart; **261.7** SUPERBILD (BSIP), Taufkirchen/München; **261.8** shutterstock (Aleksey Kondratyuk), New York, NY; **262.1** Klett-Archiv, Stuttgart; **262.2, 263.4** Klett-Archiv, Stuttgart; **264.1** Getty Images (The Image Bank/Laurie Rubin), München; **264.2, 264.3** Klett-Archiv (Zuckerfabrik digital), Stuttgart; **266.1, 266.2, 266.3** Klett-Archiv, Stuttgart; **268.1** Klett-Archiv (Zuckerfabrik Digital), Stuttgart; **268.2, 268.3, 268.5, 269.6** Klett-Archiv, Stuttgart; **269.7** Getty Images (Stock4B/Susanne Wegele), München; **270.1, 270.2, 270.3** Klett-Archiv (Zuckerfabrik Digital), Stuttgart; **271.5** Klett-Archiv, Stuttgart; **272** SUPERBILD (Bernd Ducke), Taufkirchen/München; **273.1** Getty Images RF (McVay), München; **275.1a** Klett-Archiv (Eberhard Theophel), Stuttgart; **275.1b** Bildarchiv Stanko Petek (www.LUFTBILD.com), Radolfzell; **275.1c** Avenue Images GmbH (Ingram), Hamburg; **275.1d** Mauritius Images, Mittenwald; **275.1e** Getty Images (Sorensen), München; **276.1** Klett-Archiv (Edgar Brückl), Stuttgart; **276.2** Klett-Archiv, Stuttgart; **278.1a** Kaiser, Harald (Harald Kaiser), Alfdorf-Vordersteinenberg; **278.1b** Klett-Archiv, Stuttgart; **284.2** Intro (Rainer F. Steussloff), Berlin; **286.2** Klett-Archiv, Stuttgart

Gestaltung Bildperiodensystem: normaldesign, Schwäbisch Gmünd und Thomas Seilnacht, Bern

Nicht in allen Fällen war es uns möglich, den Rechteinhaber der Abbildungen ausfindig zu machen. Berechtigte Ansprüche werden selbstverständlich im Rahmen der üblichen Vereinbarungen abgegolten.

Erläuterungen zu den Abbildungen im PSE

Elementsymbol mit Ordnungszahl	Beschreibung der Abbildung
1 H	**Wasserstoff** wird in roten Stahlflaschen aufbewahrt.
2 He	**Helium** wird in grau/gelben Stahlflaschen aufbewahrt.
3 Li	**Lithium** wird wegen seiner hohen Reaktionsfähigkeit unter Paraffinöl aufbewahrt.
4 Be	elementares **Beryllium**
5 B	elementares **Bor**
6 C	**Kohlenstoff** in der Modifikation Graphit
7 N	**Stickstoff** wird in grün/schwarzen Stahlflaschen aufbewahrt.
8 O	**Sauerstoff** wird in grau/weißen Stahlflaschen aufbewahrt.
9 F	**Fluor** wird in grau/gelben Stahlflaschen aufbewahrt.
10 Ne	**Neon** erzeugt bei der elektrischen Entladung in Leuchtröhren rotes Licht.
11 Na	**Natrium** wird wegen seiner hohen Reaktionsfähigkeit unter Paraffinöl aufbewahrt.
12 Mg	**Magnesium**band
13 Al	**Aluminium**folie wird als Verpackungsmaterial für Lebensmittel verwendet.
14 Si	**Silicium** ist der Grundbestandteil in Mikrochips.
15 P	schwarzer und weißer **Phosphor**
16 S	**Schwefel** in Stangenform
17 Cl	**Chlor** ist gelbgrün und besitzt eine bleichende Wirkung.

Elementsymbol mit Ordnungszahl	Beschreibung der Abbildung
18 Ar	**Argon** erzeugt bei der elektrischen Entladung in Leuchtröhren violettes Licht.
19 K	**Kalium** wird wegen seiner hohen Reaktionsfähigkeit unter Paraffinöl aufbewahrt.
20 Ca	elementares **Calcium**
21 Sc	elementares **Scandium**
22 Ti	Künstliche Hüftgelenke sind zumeist aus **Titan**.
23 V	**Vanadium** ist als Legierungsbestandteil in Werkzeugen enthalten.
24 Cr	Sanitär-Armaturen werden häufig mit einer **Chrom**schicht überzogen.
25 Mn	**Mangan**haltiger Stahl erzeugt Härte und Festigkeit. Dieser Stahl wird z. B. für technische Federn verwendet.
26 Fe	Nägel sind oft aus **Eisen**.
27 Co	In Rasierklingen ist **Cobalt** als Legierungsbestandteil enthalten. Es sorgt für verschleißfestes Schneiden.
28 Ni	In wiederaufladbaren Nickel-Metallhydrid-Batterien (Akkumulatoren) dienen **Nickel**verbindungen als Anode.
29 Cu	**Kupfer**draht
30 Zn	Eine **Zink**beschichtung z. B. auf Gießkannen dient als Rostschutz.
31 Ga	**Gallium** ist bei Zimmertemperatur zähflüssig.
32 Ge	Wegen ihrer hohen Brechungsindices werden **Germanium**verbindungen dem Glas von optischen Linsen beigemengt.
33 As	**Arsen** ist als Arsen-Gallium-Legierung in Leuchtdioden enthalten. Dort ist es für die rote Farbe verantwortlich.
34 Se	**Selen** ist in Selen-Hefe-Tabletten enthalten, welche die Regenerierung von Haut, Haaren und Nägeln fördern.

Elementsymbol mit Ordnungszahl	Beschreibung der Abbildung
35 Br	**Brom** besitzt eine braungelbe Farbe. Es liegt bei Zimmertemperatur als Flüssigkeit und Gas vor.
36 Kr	**Krypton** ist als Füllgas in vielen Glühlampen enthalten.
37 Rb	**Rubidium** wird wegen seiner hohen Reaktionsfähigkeit in zugeschmolzenen Glasröhrchen aufbewahrt.
38 Sr	**Strontium** wird wegen seiner hohen Reaktionsfähigkeit unter Paraffinöl aufbewahrt.
39 Y	**Yttrium**verbindungen verursachen die rote Farbe in manchen Lasern.
40 Zr	**Zirconium** verbrennt unter hellem Leuchten und wird deshalb in Blitzlampen eingesetzt.
41 Nb	**Niob** wird als Legierungsbestandteil in chirurgischen Geräten (z. B. Arztscheren) verwendet.
42 Mo	**Molybdän** wird als Anodenwerkstoff in Elektronenröhren (z. B. Bildröhren) verwendet.
43 Tc	radioaktives **Technetium**
44 Ru	**Ruthenium**legierungen sind besonders hart und werden deshalb z. B. für Federn von Füllfederhaltern verwendet.
45 Rh	**Rhodium** dient als Beschichtungsmaterial für viele medizinische Geräte (z. B. Mundspiegel beim Zahnarzt).
46 Pd	Zahnkronen bestehen meist aus **Palladium**-Gold-Legierungen.
47 Ag	Silberbesteck besteht aus einer **Silber**legierung oder ist mit einer Silberschicht überzogen.
48 Cd	**Cadmium** bildet die Kathode in wiederaufladbaren Nickel-Cadmium-Akkumulatoren.
49 In	**Indium**verbindungen werden vor allem in der Halbleiterindustrie z. B. zur Herstellung von Transistoren eingesetzt.
50 Sn	Konservendosen (Weißblech) bestehen aus **Zinn**legierungen.
51 Sb	**Antimon**-Blei-Schmelzen dehnen sich beim Erstarren aus und dienen deshalb als Gußwerkstoffe für Bleilettern.

Elementsymbol mit Ordnungszahl	Beschreibung der Abbildung
52 Te	**Tellur** wird bei der Herstellung von Autoreifen zur Vulkanisierung benötigt.
53 I	**Iod** ist schwarz-violett und sublimiert bei Raumtemperatur zu violettfarbigem Ioddampf.
54 Xe	**Xenon** wird als Füllgas für Hochdrucklampen verwendet.
55 Cs	**Caesium** wird wegen seiner hohen Reaktionsfähigkeit in zugeschmolzenen Glasröhrchen aufbewahrt.
56 Ba	**Barium** wird wird wegen der hohen Reaktionsfähigkeit unter Paraffinöl aufbewahrt.
72 Hf	elementares **Hafnium**
73 Ta	Aufgrund seiner chemischen Widerstandsfähigkeit wird **Tantal** in Kondensatoren verwendet.
74 W	Wegen seiner hohen Schmelztemperatur wird **Wolfram** als Glühdraht in Glühlampen verwendet.
75 Re	Wegen seiner hohen Schmelztemperatur wird **Rhenium** als Glühdraht in elektrischen Feuerzeugen verwendet.
76 Os	**Osmium** wird gerne als Platin-Legierungsbestandteil z. B. für Kompassnadeln verwendet.
77 Ir	Viele chirugische Geräte (z. B. Injektionsnadeln) bestehen aus **Iridium**legierungen.
78 Pt	Die Hohlräume des Autoabgaskatalysators sind oft mit Platin beschichtet. Dabei wirkt **Platin** als Katalysator.
79 Au	**Gold**barren
80 Hg	**Quecksilber** wird zur Füllung von vielen Flüssigkeitsthermometern verwendet.
81 Tl	**Thallium** ist sehr giftig und fruchtschädigend. Es wird daher in einem verschlossenen Gefäß aufbewahrt.
82 Pb	**Blei** bildet in Autoakkus die Anode.
83 Bi	**Bismut** wird als Schmelzdraht in Schmelzsicherungen verwendet.

Periodendsystem der Elemente

mittlere Atommasse in u — 186,2
Ordnungszahl — 75
Re — Elementsymbol
Elementname — Rhenium

Metalle (hellblau), Halbmetalle (hellgrün), Nichtmetalle (hellgelb)

Elementsymbol: ■ fest · ■ gasförmig · ■ flüssig

	I (1)	II (2)	IIIA (3)	IVA (4)	VA (5)	VIA (6)	VIIA (7)	VIIIA (8	
1	1,0 1 H Wasserstoff								
2	6,9 3 Li Lithium	9,0 4 Be Beryllium							
3	23,0 11 Na Natrium	24,3 12 Mg Magnesium							
4	39,1 19 K Kalium	40,1 20 Ca Calcium	45,0 21 Sc Scandium	47,9 22 Ti Titan	50,9 23 V Vanadium	52,0 24 Cr Chrom	54,9 25 Mn Mangan	55,8 26 Fe Eisen	58,9 27
5	85,5 37 Rb Rubidium	87,6 38 Sr Strontium	88,9 39 Y Yttrium	91,2 40 Zr Zirconium	92,9 41 Nb Niob	95,9 42 Mo Molybdän	98 43 Tc 4,2·10⁶ a Technetium	101,1 44 Ru Ruthenium	102,9 45 Rh
6	132,9 55 Cs Caesium	137,3 56 Ba Barium	57–71 Lanthanoide	178,5 72 Hf Hafnium	180,9 73 Ta Tantal	183,8 74 W Wolfram	186,2 75 Re Rhenium	190,2 76 Os Osmium	192,2 77
7	223 87 Fr 22 min Francium	226 88 Ra 1600 a Radium	89–103 Actinoide	261 104 Rf 78 s Rutherfordium	262 105 Db 34 s Dubnium	266 106 Sg 21 s Seaborgium	267 107 Bh 17 s Bohrium	269 108 Hs 9 s Hassium	268 109 Me

Lanthanoide	138,9 57 La Lanthan	140,1 58 Ce Cer	140,9 59 Pr Praseodym	144,2 60 Nd Neodym	145 61 Pm 17,7 a Promethium	150,4 62 Sm Samarium	152,0 63 Eu
Actinoide	227 89 Ac 22 a Actinium	232 90 Th 1,4·10¹⁰ a Thorium	231 91 Pa 3,3·10⁴ a Protactinium	238 92 U 4,5·10⁹ a Uran	237 93 Np 2,1·10⁶ a Neptunium	244 94 Pu 8,0·10⁷ a Plutonium	243 95 An